本书受到云南省哲学社会科学学术著作出版专项经费资助

宋代园林变革论

Transformation of Landscape Gardening in Song Dynasty

齐 君◎著

人民出版社

目　录

绪　　论

一、研究问题及意义

宋代园林在中国园林的发展进程上有着煊赫不凡的历史地位,陈从周、张家骥、周维权几位园林历史研究先辈均在三千余年造园历程的回顾与梳理后将宋代园林视为中国园林"成熟"之标志,称其为"园林艺术在明清之际的全面发展成熟的先声"①,"历史上园林艺术兴旺发达的时代"②以及"富于创造进取精神的完全成熟的境地"③。两宋以来,社会造园活动大放异彩。园林不再是皇室及门阀世族的专属,其持有群体随富民阶层的兴起而逐渐扩大。造园活动在民间形成风尚,无论贫富贵贱,生活稍有盈余者均投身于相应规模的园林经营。园林的公共属性不断加深,即使不是园主,也可以感受到园林游憩的休闲体验。与此同时,造园活动的精细程度也在不断加深。园艺、叠山、建筑技术空前繁荣,所创之景大致能够涵盖后世园林中植物景观、山石景观、建筑景观的所有形态。细节的装饰与雕琢更加普遍,从建筑屋顶门窗及钩阑院墙的刻意修饰,到观赏植物与特置景石的造型要求,局部景观的营造更加精致。园林的文人趣味随文人造园活动的频繁而得以彰显并迅速浸淫于各种类型的园林之中,奠定了中国园林厚重的文化底蕴,园林营造开始进入自由艺术创作的领域。明清时期同样是中国园林的"成熟"阶段,其社会造园活动同样

① 陈从周:《中国园林鉴赏辞典》,上海:华东师范大学出版社2000年版,第958页。
② 张家骥:《中国造园史》,台北:明文书局1990年版,第160页。
③ 周维权:《中国古典园林史》,北京:清华大学出版社2008年版,第25页。

活跃至极,且随市民文化的勃兴,园林社会化程度甚至比宋时更高。明清园林营造的科技及艺术水平同样令人惊叹,甚至因为造园行业的成形以及理论专著的出现而在园林精细程度上比宋代更胜一筹。如此看来,宋代园林"成熟"的表现与明清园林竟有一辙之同。这不禁引发深思,宋代园林的历史地位到底是什么?其与明清园林之间难道仅是"成熟"与"更成熟"的差别?

事实上,宋代园林的"成熟"的定位是十分准确的,但其仅是线性史观下对中国园林历史脉络进行把握的分析逻辑,是构成宋代园林历史印象的一个维度。这一逻辑重点不啻于表达造园在宋时的炉火纯青,更是为突出宋代园林对后世园林影响的推波助澜。其在论述园林通史时也许是一个不错的选择,然在聚焦于两宋这一特定时期时,"成熟"的定位过于侧重历史结果,不免带来理解上的一些缺憾。故此,宋代园林之专述亟待一个过程视角的解读。

《中国古典园林史》在"园林的成熟期(一)——宋代"一章的小结中有如下一段结论:

> 总之,以皇家园林、私家园林、寺观园林为主体的两宋园林,其所显示的蓬勃进取的艺术生命力和创造力,达到了中国古典园林史上登峰造极的境地。元、明和清初虽然尚能秉承其余绪,但在发展的道路上就再没有出现过这样的势头了。①

这段话指出,宋代园林史的整体特征在于其强大的发展动力,即使是后世园林也难以企及。这一特征若从过程角度解析,则意在表明园林之发展在宋时获得了高于后世的变量,而两宋园林的"成熟"定位即为由量变到质变造成的历史结果。以是,"变革"兴许是阐述宋代园林历史的一个不错的过程视角。

且将宋代园林的定位问题暂时搁置,首先回顾一下历史学界对两宋时期

---

① 周维权:《中国古典园林史》,北京:清华大学出版社 2008 年版,第 350 页。

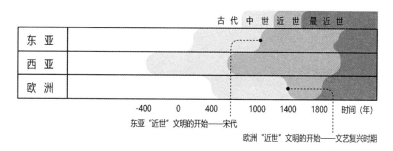

图 0.1　宫崎市定的世界史观①（作者改绘）

的研究成果。20 世纪初,日本东洋史学家内藤虎次郎及其门生宫崎市定所抛
出的"唐宋变革"学说对宋史研究产生了国际范围内的巨大影响。其理论将
世界历史分为"古代""中世""近世""最近世"四个阶段,并将宋代视为整个
东亚地区"近世"文明的发端(图 0.1)。日本学者指出唐宋以来,社会的经济、
政治以及文化结构均发生了深刻的变革。经济中心由内陆转变为运河地带,
城市商业似火如荼,土地私有程度加重,货币经济开始兴起。随科举制度的完
全成熟,贵族集团全面失势,人民地位显著提高,君主独裁逐步转变为政治商
议。学术思想突破了墨守成规的引经注律,创新意识逐渐突出,文学艺术气氛
活跃。社会结构的种种变化喻示了"近世"文明的到来。内藤等人的"唐宋变
革"学说引发了中、日、英、法、美多国学者的激烈讨论,虽然宋代"近世"说的
假设存在诸多质疑,但唐宋之际社会的巨大变革却是普遍认可的②。正是由
于巨变的存在,宋史研究才会自 20 世纪以来就展现出了格外耀眼的活力,有
宋一代也才会在诸如陈寅恪先生"华夏民族文化造极于赵宋"③、钱穆先生
"中国之为中国,是惟宋儒之功"④、邓广铭先生"两宋物质文明与精神文明在
中国封建社会中空前绝后"⑤、漆侠先生"宋代社会生产居于整个封建时代两

---

①　宫崎市定:《宫崎市定全集(第 1 册)》,东京:岩波书店 1993 年版,第 18 页。
②　李华瑞:《"唐宋变革"论的由来与发展(下)》,《河北学刊》2010 年第 5 期。
③　陈寅恪:《金明馆丛稿二编》,北京:生活·读书·新知三联书店 2001 年版,第 227 页。
④　钱穆:《中国学术通义》,台北:兰台出版社 2009 年版,第 190 页。
⑤　邓广铭:《谈谈有关宋史研究的几个问题》,《社会科学战线》1986 年第 2 期。

个马鞍形的最高峰"①等极具影响的史学论断中俱现其深刻的社会变革以及两宋变革在整个中国历史上的价值地位。

回到园林,宋代社会的变革与其园林历史的变革绝非偶然。无论在历史语境下还是当代学术中,园林与国家或社会在概念上一直保持着命运共同体的联系。在孟子思想中,王侯苑囿是治国决策的折射,故其借用了周文王经营灵囿的典故来构建"文王之囿,与民同之"的政治话语。诗人杜牧在《阿房宫赋》中描绘了秦始皇宫苑园林的奢华恢弘,同时又使用了"楚人一炬,可怜焦土"的隐喻揭露了园林兴废与政权盛衰的如影随形。宋人李格非则在《洛阳名园记·后序》中提出:"天下之治乱,候于洛阳之盛衰而知;洛阳之盛衰,候于园圃之废兴而得。"②更加直接地挑明了国家、城市、园林之间的共生关系。而现如今,随园林历史研究不断从社会学、历史学、人类学、地理学等领域汲取养分,对历史时期内社会发展与园林之间的相互关系的认识也更为深入。哈佛大学敦巴顿橡树园(Dumbarton Oaks)园林与景观研究中心主任米歇尔·柯南(Michel Conan)提出,园林历史的叙述已然引来了一场范式的变革,其研究的出发点已经由艺术风格转变为结合社会、政治、文化等的一系列问题③。美国西南大学客座教授吴欣表示,中国园林的历史研究已经开始由空间和造型转向为对园林的社会经济背景的分析④。香港中文大学冯仕达副教授认为,古代园林在传承上的瞬息万变,在本质上强调了宏观历史变迁与园林之间的联系⑤。天津大学及同济大学的李泽⑥、周向频等⑦学者也分别指出中国园林史的当代书写

---

① 漆侠:《宋代社会生产力的发展及其在中国古代经济发展过程中所处的地位》1986年第1期。

② 李格非、范成大:《洛阳名园记·桂海虞衡志》,北京:文学古籍刊行社1955年版,第13页。

③ MiChel Conan.*Perspectives on Garden Histories*,Washington D.C.:Dumbarton Oaks,The Trustees for Harvard University,1999,转引自顾凯:《范式的变革——读〈多视角下的园林史学〉》,《风景园林》2008年第4期。

④ 吴欣:《山水百家言——导读》,《风景园林》2010年第5期。

⑤ 冯仕达:《中国园林史的期待与指归》,慕晓东译,《建筑遗产》2017年第2期。

⑥ 李泽、张天洁:《文化景观——浅析中国古典园林史之现代书写》,《建筑学报》2010年第6期。

⑦ 周向频、陈喆华:《史学流变下的中国园林史研究》,《城市规划学刊》2012年第4期。

已经随着史学的流变而从形态叙述走向了文化景观的分析,故其必然需要从宏观的社会背景中发掘其文化发生的机制。

诚如周维权先生所言,中华民族"在经济、政治、意识形态方面所取得的光辉成就彪炳史册",其"不仅孕育了古典园林的产生,并且自始至终启导、制约着它的发展"①。有宋一代国家深刻的社会变革对其园林发展必然产生了同样刻骨的启导与制约,以"变革"为核心的宋史印象必然在宋代园林之中亦能拾得不少深入浅出的历史观照。如是,"变革"理应是当代史学思潮下重新解读两宋造园历史的一个过程视角,其相对于以往仅用"成熟"一词以蔽宋代园林历史地位的主流理解而言确能构成一个饶有意义的补充。

二、研究的现状综述

(一)宋代园林研究现状

鉴于两宋文化在中国历史上难以撼动的突出地位,学界对宋代园林的关注在近年来持续升温。但相较于其他时期的园林历史而言,宋代园林仍然是一个有待拓展的话题。据笔者统计,截至 2017 年底,唐、宋、明、清四朝园林研究的电子文献数据分别为:579 篇、474 篇、641 篇、1089 篇②。可见,宋代园林研究的文献数量位居四朝之末,比其他三代园林研究少 22.2%—129.7%。从专著视角看,自民国时期一直到 21 世纪初,多数宋代园林研究均从属于中国园林研究的其中一个章节。2010 年,侯迺慧教授出版《宋代园林及其生活文化》,宋代园林研究终于于此时诞生了独立的专门著述。直至最近两年来,毛华松、鲍沁星两位学者以博士论文为基础,各自出版了《礼乐的风景——城市文明演变下的宋代公共园林》以及《南宋园林史》,宋代园林研究至此开始正式跻身园林历史研究的主流领域。

综合专著、期刊论文、学位论文的研究状况,当前宋代园林研究主要可以

---

① 周维权:《中国古典园林史》,北京:清华大学出版社 2008 年版,第 11 页。

② 注:数据来源于中国知网数据库(www.cnki.net),检索日期为 2017 年 12 月 31 日,检索方法为"唐代"、"宋代"、"明代"、"清代"主题词分别以"并含"形式追加"园林"主题词。

归纳为如下几类。

1. 园林史学研究

史学类型的研究分为园林通史著作中的宋代部分以及宋代园林断代史两种情况。通史研究出现最早,开创了宋代园林研究之先河。著作有陈植《中国造园史》、汪菊渊《中国古代园林史》、张家骥《中国造园史》、周维权《中国古典园林史》等。通史著作作者均具有深厚的建筑学或园林学专业背景,在叙述宋代造园活动时常常以宏观历史背景为铺垫,以园林形态、要素特征为聚焦,致力于再现宋代园林的历史面貌。此类成果对宋代园林在中国园林发展进程中的历史地位作出了首度探赜,同时也为后续专题性质的园林历史研究奠定了基础。但囿于框架体系的庞大及篇幅的局限,通史研究在深度上只能尽量勾勒出宋代园林发展历程的大致轮廓。宋代园林断代史研究则在 21 世纪后才开始出现,且数量十分少,现仅有永昕群《两宋园林史研究》、鲍沁星《南宋园林史》两项成果。但断代史研究的出现极大程度地弥补了通史著作在论述宋代园林时因编撰体裁导致的翔实程度上的缺憾。

2. 园林文化研究

文化视野下的宋代园林研究同样分为两种情况,其一为哲学与美学思想与园林之间的观照联系,如金学智《中国园林美学》、曹林娣《中国园林文化》以及王毅《中国园林文化史》等几部著作中的宋代部分,侯迺慧《宋代园林及其生活文化》、董慧《两宋文人化园林研究》、欧阳勇锋等《中国传统文化对宋代园林的影响》等。其二为文学艺术对园林营造的渗透与感染,如罗燕萍《宋词与园林》、张媛《宋代私家园林记研究》、何征《宋文人山水画对园林艺术的影响》、张慧《从宋代山水画看宋代园林艺术》、冯肖岚《尺幅之变——两宋园林的写法与画法》等。文化型研究之著者多为文学艺术背景,故成果多具有跨学科的思维性质。其第一种研究理论深度极强,对造园活动给予了宏观的、哲学思想上的拔高;第二种则形象具体,对园林给予了微观的、创作技法上的提炼。

3.地域、类型或要素的专题研究

此类研究成果较为零散,多以期刊或学位论文的形式出现。如王铎《略论北宋东京(今开封)园林及其园史地位》、贾珺《北宋洛阳私家园林考录》、王劲韬《中国古代园林的公共性特征及其对城市生活的影响——以宋代园林为例》、毛华松《城市文明演变下的宋代公共园林研究》、毛华松及廖聪全《宋代郡圃园林特点分析》、鲍沁星《两宋园林中方池现象研究》、齐君《宋代园林自发性类型学研究》、齐君与郝娉婷《宋代城市与园林植物的传承与演变》、朱蠡《南宋临安(今杭州)园林研究》、张劲《两宋开封临安皇城宫苑研究》、秦宛宛《北宋东京皇家园林艺术研究》等。该类研究以某一地域、类型或园林要素的概念来限定研究对象,其广度上不及上述两类,但深度上却有明显增强,其范式更像是园林史学研究中某一章节的扩大探索。然而不同于史学研究侧重现象的早期趋势,专题类型的研究在近期不断涌现出更加浓厚的问题意识。

4.园林案例研究

案例类型的研究视角更加微观,成果数量也不及以上三者,目前有朱育帆《艮岳景象研究》、贾珺《北宋洛阳司马光独乐园研究》、张树民《唐宋园林之瑰宝——晋祠》、陈增弼《沧浪亭"苏舜钦祠"考略》、鲍沁星《杭州自南宋以来的园林传统理法研究——以恭圣仁烈宅园林遗址为切入点》、张敏霞与鲍沁星《南宋私家园林石门张氏东园遗址考》等。由于宋代园林的历史遗迹已然不存,多数案例研究均只能从文献及绘画材料中追溯,故其研究重心也放置于历史格局的考证,同样可以视为是园林史学研究拓扑性质的案例论证。

上述四类研究中,前两者相对于后两者而言视角更为宏观,倾向于实现宋代园林的整体把握,故更适用于对两宋造园活动的系统分析。但自中国园林历史研究出现以来,史学型研究与文化型研究就一直存在一个范式的割裂。这一割裂或许由学者学术背景的区别导致。园林史学研究基于深厚的建筑学知识,在区域、城市及建筑尺度方面对园林景观的形态予以了高度的关注,其研究对象的界定更加全面、明确,但在论述形态流变时对其文化根源的挖掘略浅,难以形成体系。园林文化研究则以哲学美学以及文学艺术的知识背景为研究基础,从文化动因解释现象演变,对园林历史流变的洞悉更为透彻深入,然而其与园林本身的结合程度并不理想,论断主观属性过强,往往造成一种研究游离于园林之外的初读印象。其对研究对象的界定不成系统,有将"园林"视同于"园林艺术"的倾向。

国外的园林研究也有很多涉及宋代园林的内容,其主要可以从世界园林研究及中国园林研究中找寻。前者如德国学者路易斯·戈泰恩(Luise Gothein)的《园林艺术史》(*A History of Garden Art*)及英国学者汤姆·特纳(Tom Turner)的《亚洲园林:历史、信仰与设计》(*Asian Gardens:History,Beliefs and Design*),后者如德国学者玛丽安妮·博伊谢特(Marianne Beuchert)的《中国园林》(*Die Gärten Chinas*),英国学者玛姬·克斯维科(Maggie Keswick)的《中国园林:历史、艺术与建筑》(*The Chinese Garden:History,Art and Architecture*),意大利学者比安卡·玛丽亚·里纳尔迪(Bianca Maria Rinaldi)的《中国园林:当代景观设计中的园林类型》(*The Chinese Garden:Garden Types for Contemporary Landscape Architecture*),日本学者冈大路的《中国宫苑园林史考》等。其中非常值得一提的是克斯维科的著作。虽然全书并没有以时间线索为主线,而是以园史、绘画、建筑、设计的解构思维展开叙述。但从全书内容上看,作者赋予了宋代园林较大的比重。如在皇家园林一章着重介绍了宋徽宗的造园思想,北宋艮岳及南宋西湖的情况;在文人章中提及了苏轼、司马光等宋代文人;在绘画章节中着重介绍了郭熙以及北宋的山水画。克斯维科认为,虽然如白居易、李德裕等唐代造园家都是推动园林发展的文人先锋,但直到宋代开始,园林的形态以及文化寓意才开始与造园家自身的个性因素结合①。这一发现显然是宋代园林变革的重要内容。

(二)园林变革研究概述

"变"不啻体现为事物性质发生更改的现象,更指代着一个广泛适用且具备中华民族特色的哲学范畴。"变"之思维的重要性是不言而喻的,否则作为

---

① Maggie Keswick, *The Chinese Garden:History,Art and Architecture*, London:Academy Editions,1978,pp.88-90.

中国传统文化之发祥的《易》也不会以变化为名目。《周易·系辞》云："穷则变，变则通，通则久。"①"变"的契机是对事物发展状态式微后的突破，通过事物属性的变化将其发展导入至一个不同的轨道，从而达到延续与继承的结果。此理解反映了《周易》对事物发展易变的哲学释读，显示了中华民族不单主张"知变化"，更致力于"知变化之道"的学术传统。对于历史研究而言，这一学术传统无疑与近今"史学"对"史料学"的反思自省前呼后应②，共同为人类文明史的考究提供了一条鞭辟入里的学术路径。

　　园林的历史变革是一个宽泛研究问题，其根据学者的学术背景以及研究对象的具体情况始终呈现出多样的现状特征。有侧重于地域者，如王丹丹《北京公共园林的发展与演变历程研究》、刘禹希《河南皇家陵园演变及园林艺术研究》、贺艳《武汉古琴台园林历史演变与造景艺术探微》等；有侧重构园要素者，如郁敏《初探中国古典私家园林植物造景流变》、刘刚等《中国古典园林彩画微环境监测及色彩衰变规律研究》、齐君及郝娉婷《宋代城市与园林植物的传承与演变》、李璟《千年曲水话流觞——"曲水流觞"在园林中的演变和应用研究》、顾凯《中国传统园林中"亭踞山巅"的再认识：作用、文化与观念变迁》等；有侧重造园艺术者，如冯肖岚《尺幅之变——两宋园林的写法与画法》、江俊浩等《从两宋园林的变化看南宋园林艺术特征》等。虽然不少研究均以造园活动之"变"为主题，但却惯常地将变革视为是园林发展过程之本身，缺乏对"变"之哲学意义的本体思考，故多着力于整理园林变革的现象内容，虽然明晰了园林形态演变的结果，但在变革之动因的分析上却仍然意犹未尽。

　　另外，当代研究中也有一些优秀成果开始转向于深掘变革现象背后的社会及文化内涵。王毅《中国园林文化史》是将园林变革追溯到思想变革，并以思想史统筹园林史的代表著作。其据古代文化为线索创新性地将中唐至两宋园林视为一个整体，提出宋代园林文化之变革集成于"壶中天地"的完成，其

---

① 《周易》，杨天才译注，北京：中华书局 2016 年版，第 367 页。
② 桑兵：《傅斯年"史学只是史料学"再析》，《近代史研究》2007 年第 5 期。

中包括园林格局与营造手段的成熟以及士大夫文化艺术体系的完善两个互为表里的维度①。毛华松《城市文明演变下的宋代公共园林研究》是通过社会变革诉诸园林变革的典型代表。其研究视点出发于文化社会学,在系统剖析两宋湖山风景区、城市园圃、城市风景点三个尺度公共园林的空间形态特征后,将宋代公共园林的大发展解读为两宋商贸娱乐型城市革命下大众游赏风气炽热的物化结果②。鲍沁星《杭州自南宋以来的园林传统理法研究——以恭圣仁烈宅园林遗址为切入点》虽然是基于南宋园林遗址的考古凭据及文字史料,从南宋皇家园林的再现过程中探索南宋园林与杭州园林之传承关系的一项研究,但其部分章节对园林"方池"及"飞来峰"现象的文化基因展开了追查探索,在微观视角上为园林局部景观设计模式的出现予以了深厚的文化关怀。

综上所述,无论是宋代园林研究所呈现出来的两种范式的割裂,还是园林变革研究追溯社会文化内涵的起势,二者均喻示了一个共同的趋向——既着手运用理性思维揭示宋代园林变革在不同维度的发生与表现,以实现对其变化内容的科学把握;同时又结合政治、经济、文化等多元视角,通过社会文明的变迁来审视造园活动的变化,以透过现象深悉其文化本质的异动。这一趋向不仅是"知变化"与"知变化之道"的统一在园林历史研究领域的哲学观照,更是针对全球范围内叙事主义历史哲学走向新文化史学而做出的积极尝试③。

三、研究范围及方法

(一)研究范围

1.园林概念的范畴

"园林"一词所指代的范畴始终是动态发展的,每个历史时期园林范畴的概念都有所不同,如先秦至两汉时期的"园"、"圃"、"囿"、"苑"、"台"、"池"

---

① 王毅:《中国园林文化史》,上海:上海人民出版社 2014 年版。
② 毛华松:《城市文明演变下的宋代公共园林研究》,重庆大学学位论文,2015 年。
③ 埃娃·多曼斯卡:《邂逅:后现代主义之后的历史哲学》,彭刚译,北京:北京大学出版社 2007 年版,第 266 页。

之类,魏晋隋唐时期的"山水"、"林泉"、"山池"、"别业"、"草庐"之类,宋代之后的"园"、"园亭"、"园林"、"郡圃"之类,再到近代以来的"公园"、"绿化"、"地景"、"景观"之类。故此,很难使用一个统一的术语来概括这一范畴在不同时期的涵盖范围,本书使用"园林"一词为名也是勉力而为。对研究范围的界定不能拘泥于词汇概念,应当回到时代语境中寻求园林背后的范畴领域。那么,宋时的园林范畴以什么为内容?

由于园林范畴的发展过程具有外延特征,宋代园林的含义必然是建立在前代之上,同时又有继续发展。先秦、两汉之园林虽然古拙,但力求建筑与场地之宏大、植物与动物之齐备,本质上属于对人力的欣赏。自魏晋山水审美意识崛起之后,园林审美开始真正走向完满,兼具人工与自然景观的欣赏。晚唐至两宋之后,文人士大夫文化的兴起使园林审美包含了更加丰沃的精神内容,人工景观的概念普遍拓展至文化景观的维度。因而就美学视角而言,一切人力经营的具有自然景观或文化景观意义的室外场所均可视为两宋时期的园林范畴。若从功能视角出发,早期园林具有农业生产性质,游憩功能仅占从属地位。秦汉之后,虽然园林游憩功能日益凸显,但由于其服务对象仅限皇亲国戚、豪门世族,属于贵族享乐文化的构成。有宋一代,贵族阶层逐渐衰落,园林开始走向大众,社会生活与园林之间的结合更加紧密,功能也趋于多样。办公、学习、修行、祭祀、居家、踏青等生活内容均与园林环境相互结合,园林功能走向复合。因此,一切与生活文化紧密相关的绿化环境也当属于宋代园林的范畴。最后在形态方面,早期园林具有内向型与外向型两种形式。内向型园林如"园"、"圃",有分割空间的明显边界。外向型园林如"亭"、"台",无明显空间边界,提供四面环顾的开阔视野。宋代园林之形态同样沿袭了这两种基本形式,前者继续发展为宫苑、庭院、宅园、郡圃、寺观、祠庙等,后者则发展为凭借自然地形或城墙之高而建置的各式亭台楼阁。以上审美、功能、形态三点之指代构成了本书宋代园林的概念范畴。

2. 宋代园林的时空范围

本书的研究思路为借社会文明之演进以探讨园林在两宋时期所发生的历

史变革,并非严格意义上的宋代园林断代史研究。本书书名虽以"宋代园林"为名,初衷并非在于以历史朝代的变化来划分社会文明及园林历史的阶段,故本书所涉及的内容并不严格局限于公元960—1279年、享国319年的赵宋王朝。然而不可否认的是,历史朝代的演替确实对社会文明造成了不可衡量的影响。特别是改革运动深入至国家各个方面的宋代而言,土地、科技、教育、宗教、科举、税赋、律法、文化等各项制度的改动喻示了社会文明的巨大转变,以宋代为划分园林历史研究的时间线索并不与社会文明的发展线索相矛盾。故此,本书所涉及的具体园林仍严格以赵宋政权之兴亡为时间界限,但对园林文化的分析则突破宋代而追溯到了先秦,同时侧重隋、唐、五代以及元、明、清的前后比较。

空间范围层面,本书所探讨的园林均集中分布于宋时国土疆域之内。北宋时,国家北以今天津,河北、山西、宁夏南部,兰州,西宁为界;西以西宁,四川东部,贵州、广西大部分地区为界;东面及南面则以包括海南岛在内的东、南海沿岸为界。南宋时由于金人入侵,丧失了秦岭、淮河以北的所有领土,以南方地区为疆域。北宋与南宋国土面积的变化为研究造成了一定困难,特别是南宋时期,金人统治下的北方地区鲜有园林史料流传。然则中国文化研究之先驱柳诒徵先生指出,北宋东京沦陷以来,金人兵力远及江浙,"其为宋患者滋深,即其受宋教者亦滋巨","金自熙宗读书讲学,尊崇孔教,效法中国之帝王,已足为同化于汉族之标准"[①]。宋金战争以来,原本作为全国中心的中原疮痍凋瘵。金中后期,豫鲁地区大兴儒学,推行全真教,经济也逐步复苏,只是已不见昔日辉煌。如此一来,社会文明并未在宋室南渡之后发生断裂式的转变,大体上并不妨碍对两宋园林的结合讨论。

(二)研究方法

1. 理性主义方法

景观语言的历时分析。瑞士语言学家索绪尔所提出的"历时"(Diachrony)

---

① 柳诒徵:《中国文化史(下)》,长沙:岳麓书社2009年版,第648页。

概念为园林历史叙述范式的社会及文化转向提供了一套有效的思维工具。相对于"历史"比较,"历时"的逻辑意义不单纯在于厘清"语言沿时间轴线的变化",更在致力分析"使语言从一个状态过渡到另一个状态的现象"①。而如美国风景园林学家斯本(Anne Whiston Spirn)所述,景观包含着语言的一切特征,是人类的第一语言②。对于高度人化的两宋造园活动而言,其设计语言已经体现出强烈的符号寓意。以新文化史观审视宋代园林的历史变革,本质就是考察推动其景观语言从一个状态过渡到另一个状态的历时变化。当然,对宋代园林的历时比较并不排除对其共时性的考察,宋代园林景观语言自身之状态是开展历时比较的基础条件,其仍然构成着本文的重要研究内容。只是相较于再现宋代园林之面貌,本书的理论目的更侧重阐释园林景观于宋时的变化规律。故此,景观语言的历时分析将会是始终贯穿本书主体的核心分析方法。

社会结构分析。既然园林历史研究之范式已经从园林形态与风格转换到了社会文明的历史,研究范围开始向政治、经济、文化各个维度开拓。然而一个潜在的问题是,如果研究不是园林与社会文明某一个维度的专项研究,而是放眼整个历史时期内社会的宏观变革,那么将如何处理社会文明各个维度之间及其各自与园林之间的作用关系?"社会结构"(Social Structure)理论正好是回应这一问题的理想决断。19世纪下半叶以来,社会科学家开始着手使用"结构"概念来分析如社会般无形的、没有实际构架的对象③。社会结构研究将社会文明拆解为几个特定组分,其整体形成某种构成关系,各组分之间存在作用与反作用、决定与反决定的复杂联系。借助社会结构理论分析造园活动之发生能够使造园背景的分析层次分明、逻辑清晰,从而打破笼统含糊的罗列社会史料以作引论的日益套路化的叙述范式。

---

① 费尔迪南·德·索绪尔:《普通语言学教程》,高名凯译,北京:商务印书馆2009年版,第112页。

② Anne Whiston Spirn, *The Language of Landscape*, New Haven and London: Yale University Press, 2000, p.15.

③ 杜玉华:《社会结构:一个概念的再考评》,《社会科学》2013年第8期。

类型及要素分析。类型与要素分析均属实现对事物进行科学认知的理性思维,前者为对事物共同属性的外向集成,后者为对事物结构内容的内向拆分。类型与要素分析是科学研究的常规手段,也是当前宋代园林研究、特别是上文综述中所提及的史学型与专题型两种研究中惯例性质的方法。目前,园林历史研究中较为通用的分类方法为按园林隶属关系,即将其分为皇家园林、私家园林、寺观园林等。园林的构成要素则主要为建筑、植物、山石、水体等。主流的分类方法及要素构成虽然于中国园林而言具有强烈的普遍适用性,但其并不能反映园林历史发展的时代特征,故本书将探求最能切合两宋园林之实情的分类方法与要素构成对其形态演变的结果、原因以及影响展开分析。

概念谱系分析。概念谱系分析是哲学美学领域的常用研究方法,其特点在于通过树形思维有机衔接了概念发展的宏观与微观、整合与发散,规避截面式研究视角所造成的无体系的、碎片化的概念理解。传统园林历史研究较为注重园林形态的谱系发展,但对园林美学思想的探讨则多以"写实走向写意"、"功利走向审美"的线性逻辑或者"虽由人作,宛自天开"、"壶中天地"此类总括性的只言片语作为结论,扩大了形态研究与文化研究的差异悬殊。本书在研究宋代园林审美文化之流变时首先从两宋各地园林琐碎繁杂的造园思想着手,对其展开了"自下而上"的谱系分析,以提炼出几大数量趋于有限的园林审美的上级概念。通过对上级概念思想源流的历史发展解读宋代园林的美学转变。

2. 经验主义方法

文献及图像资料分析。鉴于两宋园林实物之普遍不存,以当代与历史文献、图像资料的分析仍然是本书开展研究的主要方法。由于本书将宋代园林之变革推深到了社会文明的层面,故所涉文献的广度随之拓宽。除借助社会经济,历史地理,思想文化,建筑、规划与园林领域的当代研究成果之外,作为本书分析对象的史料主要包括:《宋史》、《续资治通鉴长编》、《宋会要辑稿》、《三朝北盟会编》、《东都事略》等史书;《东京梦华录》、《梦粱录》、《癸辛杂识》、《梦溪笔谈》、《洛阳名园记》等杂文笔记;《太平寰宇记》、《舆地纪胜》、

《方舆胜览》、《景定建康志》、《咸淳临安志》等地理方志;《营造法式》、《全芳备祖》、《种艺必用》、《相鹤经》、《云林石谱》等建筑、植物、动物、山石之专书;《全宋文》所录园记文体;宋代园林诗词等共计六大类别。图像史料包括《长安志》、《景定建康志》等地理著作中的配图;《宋画全集》所收录的园林相关的绘画作品两类。

统计及空间分析。空间分析(Spatial Analysis)是以地理学为核心,多学科交叉运用的研究方法,其于 20 世纪 90 年代后随计算机与信息技术的腾飞而呈现出了蓬勃的发展动力。空间分析的特点不单在于客观反映研究对象的空间关系、格局及格局特征,更能解释表面现象背后空间格局的发生机理①,故其对园林历史流变的解读具有十分积极的意义。然而由于园林史料在时间跨度、分散程度、解读难度以及内容翔实程度等方面均对古代园林地理信息的获取与统计构成了阻碍,对古代园林的空间分析一直难以开展。而两宋时期的园林史料相对丰富,加之当代历史学家对宋代文献整理已经取得了突出成果,以统计及空间分析的方法研究宋代园林开始具有一定可行性。本书将首先对两宋地理著作及园记散文中所记述的园林作出统计,并以统计结果为数据来源运用 GIS 技术对宋代园林展开国土领域内的空间分析。分析结果将客观反映造园活动在宋时的地域变迁,揭露地域变迁背后的文化意义。

案例分析。案例分析(Case Study)是社会科学领域,同时也是园林史学以及当代风景园林学中的一般性研究方法。于园林历史研究而言,案例分析的目的在于通过对一个或多个案例历史档案的分析得出某一普遍结论或印证某个共性推断,具有理论联系实际的特点,故其是对古代园林、特别是历史遗迹已经湮灭的园林进行形象理解的重要方法。过去的园林文化研究往往缺乏系统的案例分析,造成了其成果"游离于园林之外"②的读者印象。鉴此,本书在园林形态及文化的论述中都将充分利用案例分析的方法,实现对宋代园林变革从抽象至具象的整体把握。

---

① 王劲峰:《空间分析》,北京:科学出版社 2006 年版,前言。
② 永昕群:《两宋园林史》,天津大学学位论文,2003 年。

四、研究技术路线图

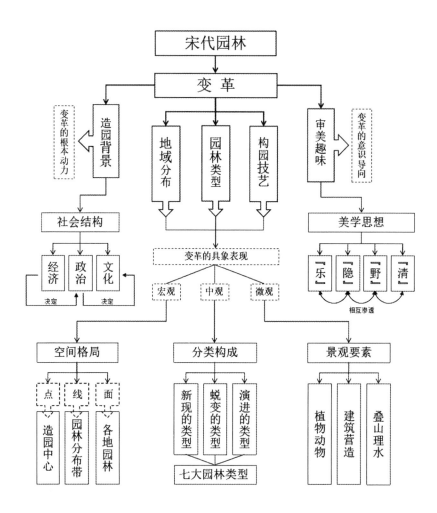

第一章　造园背景之变

马克思主义的历史唯物论是分析宋代园林变革的理论指导。在马克思主义的语境下,社会结构就是庞杂的社会关系的综合,其具体表现为三个层次——生产关系的总和、政治关系的总和以及文化关系的总和,分别对应社会的经济结构、政治结构以及意识形态结构。据此,宋代造园背景的变革可以从经济发展、政治制度、思想文化三个层面展开分析。

第一节　经济发展

生产力的进步是两宋以来造园背景发生改变的出发点。宋人在造园领域取得的成就均是站在相比前代而言更加强大的自然改造能力及其动力的基石上继续完成的。因社会生产力的发展而产生的变化是决定两宋园林深层结构的质性因素。

一、经济结构的转变

以需求为目的的自然经济及以交换为目的的商品经济是人类社会的两大经济形式。中国汉唐以来的传统社会均以发达的自然经济为突出特点,然而在赵宋王朝统治以来的 300 余年间,自然经济虽然基本保持着国家经济主体份额,但商品经济的地位已经显著提高,成为继战国秦汉以来,中国古代史上商品经济发展的第二个高峰①。在传统社会母胎中飞速成长的商品经济带领

---

① 漆侠:《辽宋西夏金代通史:社会经济卷(上)》,北京:人民出版社 2010 年版,第 370 页。

国家迈入了近代社会的前夜,成为宋代社会变革中最为闪耀的特点①。

商税是国家商品经济发展的重要见证。中唐以前,"商税"一词的出现是十分罕见的,即使是建中元年(780)政府将商税正式列入国家税收的一大项目之后,商税的概念仍然不是很明确,其内容、范围及税率都无法维持到一个稳定状态②。这一情况在入宋之后马上发生了转变,宋人陈傅良有言"我艺祖开基之岁,首定商税则例,自后累朝守为家法"③,可见宋廷在开国时就已经建立了一套全国统一的商税条例,商税机构的分布从京师覆盖至墟市。在发达的商品经济以及完备的征商制度背景下,国家商税收入一度达到全国货币总收入的18%—56%④,成为政府财政收入的主要途径之一。

市场结构的立体化也是商品经济进步的一大表现。兴起于两晋、隋唐时期的村镇市场——"草市"、"墟市"在宋代以来继续得到发展,其靠近城市者甚至还被吸纳为外厢,成为城墙之外的城市用地。而城市级别的市场——"瓦市"则更加发达,不仅涉及食品、服装、日用百货、家居用品等传统商品,甚至还出现了娱乐表演等文化服务类的新兴商品。表现更为突出的则是村镇、城市级别之上的区域市场与国际市场。北宋建国以来,五代时期动荡的政治局面得以恢复稳定,商品经济的繁荣在国家局部统一的条件下孕育了四个主要区域市场⑤,其分别为:其一,以东京为中心,由开封府、京东、京西、河北诸路构成的北方市场;其二,以苏杭为中心,由东南六路构成的东南市场;其三,以成都府为中心,由梓州、兴元府以及川蜀诸路构成的西部市场;其四,以永兴军、太原、秦州互为支点的西北市场。唐时,中国的对外贸易主要通过"丝绸之路"展开陆路运输。宋后,国家海运技术空前发达,加之陆路交通受少数民

---

① 葛金芳:《宋代经济——从传统向现代转变的首次启动》,《中国经济史研究》2005 年第 1 期。

② 张邻、周殿杰:《唐代商税辨析》,《中国社会经济史研究》1986 年第 1 期。

③ 马端临:《文献通考(上册)》,北京:中华书局 1986 年版,第 144 页。

④ 漆侠:《中国经济通史:宋代经济卷》,北京:经济日报出版社 1999 年版,第 1152 页。

⑤ 漆侠:《辽宋西夏金代通史·社会经济卷(上)》,北京:人民出版社 2010 年版,第 328—331 页。

族政权阻挠,国际贸易因而多改走海路。宋人的国际商贸往来涉及亚非五十多个国家和地区,航线从东亚延伸至南亚以及东非,与日本、高丽(朝鲜)、勃泥(加里曼丹北部)、阇婆(爪哇)、三佛齐(苏门答腊东南部)、大食(阿拉伯)、层拔(非洲中部东海岸)等国发生频繁交易①。南宋时市舶贸易(即除朝贡之外的海上贸易)税收可达每年2百万缗,占全国货币收入的5%②。

信用货币的出现则是国家经济发展历程上的一个重大事件。两宋以来,铜钱是流通量最大的货币形式,然而面对频繁且数额庞大的市场交易量,铜钱制度开始显现出弊端,不仅不便于转移、携带,还因需求量的过高而导致了全国范围的"铜荒"。在此背景下,作为信用货币的纸币开始出现。北宋四川地区商品经济发达,然而市面流通的货币却是"小钱每十贯重六十五斤,折大钱一贯重十二斤"③的铁钱,因过于沉重严重阻碍了批量的市场交易。为解决这一问题,民间十六家商户联合发行信用纸币——"交子"。北宋天圣元年(1023)宋廷于益州(今四川一带)设"交子务"发行官方"交子",纸币开始在整个西部市场上广泛流通。南宋时除四川外,两浙、两淮以及荆湖地区也出现了纸币,高宗绍兴末年也发布官办的"东南会子"。虽然宋代信用货币最终因发行泛滥而导致了货币体系的崩溃,但这段历史却使中国成为了世界上首个使用纸币的国家。④

手工业的长足发展与商业一同构成了宋代经济进步的原动力。得益于中国11世纪以来所取得的一系列科技进步,手工业生产在两宋时期展现出了前所未有的蓬勃态势,在采矿、铸币、军工、纺织、陶瓷、印刷、建筑、食品加工等各个行业内都发生了一次影响深刻的工艺革命。宋朝的手工业相比前代而言逐步脱离了"家庭副业"的生产地位,独立的手工业经营个体、作坊开始增多,私营手工业经济持续上涨,其生产过程不断实现精细化,雇佣劳动的现象也开始

---

① 徐规、周梦江:《宋代两浙的海外贸易》,《杭州大学学报(哲学社会科学版)》1979年第1—2期。

② 卢苇:《宋代海外贸易和东南亚各国关系》,《海交史研究》1985年第1期。

③ 李攸:《宋朝事实》,北京:中华书局1955年版,第232页。

④ 陈振:《宋史》,上海:上海人民出版社2003年版,第319页。

普及,私营与官营手工业分别靠匠师制度与考功制度来保障生产技术的传承与发展。更值得注意的是,手工业与商业借城镇市场相互融合,诞生了当代意义下的各类行会,对业内秩序及利益展开自主管理与协调。①

虽然商品经济在宋代取得了飞跃性的发展,但因为古代生产力的局限以及"以农为本"、"重农抑商"的政治思想,以农业为主体的自然经济依旧占据了社会经济的最大比重。然而在技术及政策的双重鼓励下,宋代农业生产,特别是江南地区的农业生产同样为国家经济实力的壮大作出了巨大贡献。在技术层面,两宋是铁农具发展变革的重要阶段,也是中国古代农具发展史上的鼎盛时期②,其生产工具从垦荒翻耕、播种灌溉再到收割脱粒均取得了长足的科技进步。同时,种子培育、土壤增肥、作物管养方面的技术持续优化,南方地区更是借助其天时地利方面的优势迅速发展成为国家农业生产的重要基地。从数据上看,宋代以来全国耕地面积最多时期(北宋徽宗时期)达到了 8 亿宋亩左右,合今 6.933 亿亩。国家全境的平均亩产量为 1.675 石,换算成当代计量单位则是每亩地产出粮食 177 市斤,比唐代 116 市斤的平均亩产提高了 53%,可以说是一个非常显著的飞跃③。

不同于商品经济,国家对自然经济的发展持续给予了意识形态层面的关怀。宋代于立国之初就明确了"农为政本,食乃民天"④的政治口号,对农业生产给予了最高程度的重视。每年春耕之前均有籍田之礼,皇帝亲率众臣于郊进行躬耕观稼,以先天下,"国家每下诏书,必以劝农为先"⑤,地方官吏更以全科农桑为己任,不仅于文章诗作中留下大量劝农题材的作品,同时也身体力行,每逢正月均携僚属至农家设肴饮宴,教导务农。国家对农业生产的重视还

---

① 漆侠:《辽宋西夏金代通史·社会经济卷(上)》,北京:人民出版社 2010 年版,第 310—321 页。

② 漆侠:《辽宋西夏金代通史·社会经济卷(上)》,北京:人民出版社 2010 年版,第 228 页。

③ 葛金芳:《中国经济通史·第五卷》,长沙:湖南人民出版社 2002 年版,第 215—221 页。

④ 徐松:《宋会要辑稿(第 10 册)》,刘琳等校点,上海:上海古籍出版社 2014 年版,第 5945 页。

⑤ 司马光:《劝农札子》,载曾枣庄、刘琳主编:《全宋文(第 54 册)》,上海:上海辞书出版社、合肥:安徽教育出版社 2006 年版,第 240—241 页。

体现于管理机构。两宋以来,从中央级别的户部到路级监察级别(相当于省级)的转运司、提点刑狱司、提举常平司、安抚司,再到地方级别的知州、通判、知县、县丞,每一层级的机构、官职均承担着农业管理的职能①。

在两宋自然经济与商品经济的角逐之中,国家经济实力达到了历史以往以及世界同期水平的一个峰值,国民富裕程度显著提高,包含官吏在内的富民阶层占据人口总户数的13.3%—33.9%②。数量庞大的社会贵富积极推动了两宋园林的广泛建设。城市之中富民阶层人数众多,东京城内资产"百万者甚多,十万而上,比比皆是"③,"公侯广第宅,连坊断曲,日侵月占,死而不已"④。乡村地区的上户更是坐拥数顷庄园,"大农之家,田连阡陌,积谷万斛,兼陂池之利,并林麓之饶"⑤。两宋贵富殷实的资产积累为园林设计的进一步深化提供了条件。如北宋权相王黼在东京城西竹竿巷的宅园,一区"穷极华侈,垒奇石为山,高十余丈。便坐二十余处,种种不同,如螺钿子,即樑柱门窗什器皆螺钿也,琴光漆花椤木雕花镶玉之类悉如此"⑥,一区则"号西村,以巧石作山径,诘屈往返数百步,间以竹篱茅舍为村落之状"⑦,园林整体的设计构思以及局部景观的精细程度都表现出了明显的进步。宋代国家的经济结构虽然扩大了社会贫富差距,但同时也扩大了富民阶层的数量以及富裕程度,为造园活动提供了坚实的资本条件,推动了两宋园林在广度——造园活动的普遍程度,以及深度——园林设计的精致程度上共同的质性飞跃。

虽然两宋商品经济高度发达,已经基本形成与传统自然经济抗衡的势力,但囿于手工劳动的生产力限制,自然经济依旧如秦汉隋唐之故,在国家经济体制中扮演着根深蒂固的角色。两宋以来,国家"农为政本,食乃民天"的政治

---

① 周方高:《宋朝农业管理初探》,浙江大学2005年。

② 薛政超:《唐宋以来"富民"阶层之规模探考》,《中国经济史研究》2011年第1期。

③ 李焘:《续资治通鉴长编(第4册)》,北京:中华书局2004年版,第1956页。

④ 王禹偁:《李氏园亭记》,载曾枣庄、刘琳主编《全宋文(第8册)》,上海:上海辞书出版社、合肥:安徽教育出版社2006年版,第68—69页。

⑤ 秦观:《淮海集(上)》,徐培均笺注,上海:上海古籍出版社2000年版,第524页。

⑥ 徐梦莘:《三朝北盟会编(甲)》,台北:大化书局1979年版,第304—305页。

⑦ 徐梦莘:《三朝北盟会编(甲)》,台北:大化书局1979年版,第304—305页。

口号、皇帝率臣躬耕观稼的活动、地方官吏劝课农桑的举措以及文人士大夫对重农思想的文学宣扬等的系列事件都极大程度地支持着农业的经济以及文化竞争力。因而,出于农业生产的客观需要以及农本主义的意识倾向,宋代造园设计在形式及文化上均展现出了古代农业文明的深刻印记,多数园林都保持着一定规模的、具备实际生产意义的农业用地,其园林文化也四处弥漫着以标榜农耕生活为代表的人居环境审美理想。如词人辛弃疾于信州(今江西上饶)所经营的园林"稼轩"即以标榜农耕为造园构思,践行其"人生在勤,当以力田为先"①的尚农信条。于湖州、嘉兴交界一带筑园"农隐"的宋人吴伯承,即使身为仕宦大族,也不忘于政务之余躬耕其庄园中的五十余亩良田。北宋名相寇准知湖北巴东县时以劝农为契机砌建了"劝农亭",留下了名垂后世的《劝农亭赋》,该亭在今日还尚有重建。

二、土地的商品化

土地问题一直是"唐宋变革"学说中的一个核心论点。20世纪初期,日本学者内藤湖南率先认为:中唐以来政府通过"均田制"的强硬手段控制土地的分配以及产权,抑制地主对小农土地的收购,以此缓解社会矛盾。而宋代以来均田制度开始瓦解,政府没有制定明确的土地制度,"田制不立"、"不抑兼并",直接导致了两宋期间土地的商品化。近年来,这一广泛认同的观点开始遭受到越来越多的质疑。一方面,自北朝隋唐均田制实行以来,全国各地仍有大量无地贫民。国家公有的屯田即使在唐代最盛时期也不会超过10万顷,而全国耕地总数则在800万—850万顷之间②,国家授田的能力十分有限,均田制下并非"无无田之夫,无不耕之民"③。另一方面,宋代"田制不立"、"不抑兼并"之说源于元人脱脱,但事实上,抑制兼并仍然是宋代政坛上的主流思

---

① 脱脱:《宋史》,北京:中华书局2000年版,第9556页。
② 汪篯:《汪篯隋唐史论稿》,北京:中国社会科学出版社1981年版,第67页。
③ 杨际平:《唐宋土地制度的继承与变化》,《文史哲》2005年第1期。

想,其议题一度出现于太宗、仁宗、神宗、徽宗、孝宗、理宗朝堂之上①,而"田制不立"的说法也有极大可能是对不立"井田制"的误读。虽然唐宋期间土地变革"从均田制到不立田制、不抑兼并"的说法未必准确,但史实证明,宋代土地交易频仍,土地商品化的现象确实存在。两宋土地的商品化并非是纯粹的制度问题,其根本原因是通过科举、经商而发展起来的新兴地主阶层与传统小农阶层之间生产力的现实差距,故而本书将土地问题归属到经济而非制度背景的范畴。

当代宋史专家漆侠先生指出,与前代相比,宋代"一个最为明显的特点就是私有制土地远大于国有制土地的数额",国有制土地与私有制土地比重分别约合 4.3% 与 95.7%,其中封建地主占据私有制土地 60%—70% 的份额,小农仅占 30%—40%②。在地主中,以皇室、官户为构成的特权阶层在资本与权力两方面均具有强烈的把控能力,故而成为地主中土地资产最为丰腴的群体。两宋官僚阶层人口占全国总户数的 1‰—2‰,个别时期或地区为 3‰,然而官户却通过承袭祖业、朝廷赏赐、兼并交易的方式获得了大量土地,部分宦官还通过滥用职权、非法强占的方式获取土地③。《皇宋中兴两朝圣政》有记绍兴年间"郡县之间,官户田居其半"④,官僚庄园田产动辄方圆数里,甚至跨连郡县,佣庄夫佃户千百余。皇室、官户之外的庶民地主则包括通过经商致富的商贾大地主以及一部分构成复杂的中小地主。商贾地主谋利意识强烈,不仅投身经商致富,同时也注重收购土地攫取地租。中小地主包括乡村上户、落魄世族子弟、富裕的僧道户等群体,通过继承、典当、抢占或其他途径获得土地后发展为地主。

无论特权地主还是庶民地主,交易买卖均是宋代地主阶层获取土地主要的方式。虽然土地的交易自秦汉以来就开始发生,但出于自然经济的统治地

---

① 杨际平:《宋代"田制不立"、"不抑兼并"说驳议》,《中国社会经济史研究》2006 年第 2 期。
② 漆侠:《辽宋西夏金代通史·社会经济卷(上)》,北京:人民出版社 2010 年版,第 146 页。
③ 漆侠:《辽宋西夏金代通史·社会经济卷(上)》,北京:人民出版社 2010 年版,第 147 页。
④ 《皇宋中兴两朝圣政(二)》,台北:文海出版社 1980 年版,第 835 页。

位,土地是百姓最为首要的生产资料,土地的买卖交易并不是很盛行。唐代以来,政府出于保障农业税收、弱化社会矛盾的考虑,对土地交易的限制是比较严格的。其律法有定,"诸占田过限者,一亩笞十,十亩加一等;过杖六十,二十亩加一等,罪止徒一年。"①"诸买地者,不得过本制……凡买卖皆须经所部官司申牒,年终彼此除附。若无文牒辄卖买者,财没不追,地还本主。"②因而土地交易在唐时也没有风靡起来。有宋一代,迅速腾飞的商品经济推动了土地典卖的进行。宋人罗椅《田蛙歌》道:"古田千年八百主,如今一年换一家。"袁采亦云:"贫富无定势,田宅无定主。有钱则买,无钱则卖。"③足见土地交易在两宋时期已经蔚然成风。在强烈的市场需求下,宋廷对私有土地的买卖已经难以控制,只能加强管理。一方面加强对土地产权的保护力度,"令民典卖田宅,限两月输钱印契"④,由官方制定受法律保护的交易契约;另一方面强调土地交易后要及时过割税赋,防止典卖土地后税赋未变但却无力缴纳,最终导致百姓的流亡,造成政府税额以及社会稳定程度的衰减。

在土地利用方面,两宋期间广泛采用的"租佃制"及"典权制"是土地变革的另一项主要表现。租佃制与典权制并非是两个并列概念。所谓租佃,即是指地主将私有土地或者承包了的官田出租于佃农耕种,从中收取地租。这一形式相对魏晋以来世族地主佃佣农民至庄田耕种的情况明显进步了很多,佃户基本属于自主经营,其与地主之间的人身依附关系下降。典权制则是土地使用权与所有权之间两相分化的体现。原本意义上的佃户不仅可以通过文书契约的方式买断土地的收益权以及部分的处置权,还可以将此权利再度典卖他人,其本身由佃户转变为"田面主",与地主之间的租赁关系不断弱化。而地主手中土地的产权则演化为土地回赎的一种保留权力,其本身由传统意义

① 长孙五忌等:《唐律疏议》,北京:中国政法大学出版社 2013 年版,第 166 页。
② 杜佑撰:《通典》,北京:中华书局 1984 年版,第 16 页。
③ 袁采:《袁氏世范》,贺恒祯、杨柳注释,天津:天津古籍出版社 2016 年版,第 171 页。
④ 陈均:《九朝编年备要》,载[清]永瑢等主编:《文渊阁四库全书(第 328 册)》,上海:上海古籍出版社 2003 年版,第 52 页。

上的地主演化为"田底主"①。这一转变导致了土地产权多样化的局面,土地在产权与使用权上均可进行多次交易,地租总利润(或者说对农民的剥削程度)随土地利益相关者的增加而不断提高,其分配也随利益相关主体的增加而多元展开,土地交易中流露出了明显的商机。

两宋土地私有的基本国情加之商品经济的快速崛起导致了土地商品化的程度加深,市场流动频繁。宋廷从官方立场上给予了土地文书契约法律效应又在一定程度上推动了土地的典卖交易。在此背景下,以土地为基础的造园活动得到了极为充分的支持与保障。只要在经济条件许可的情况下,用于园林建设的绝大多数土地均可通过买卖手段获取,既为已经落成的各式官私园林的扩建提供了便利,同时又鼓励了地主对新兴园林的继续开发。诸多宋代名园均是通过土地交易获取建设用地。如苏舜钦初谪苏州靠租房居住,后物色得城南孙承祐池馆旧址,于是以四万钱购地始建沧浪亭,欧阳修当时有诗和曰:"清风明月本无价,可惜只卖四万钱。"朱长文的乐圃也是通过买地建成。乐圃原址为五代时吴越国广陵郡王钱元璙的金谷园,吴越灭亡后金谷园成为民居,土地几经易主,在庆历年间时才被朱氏祖母吴夫人购得,后被朱长文于熙宁末年建为乐圃。经济潦倒的邵雍则是靠朋友的捐赠才得以在洛阳城中建得园林"安乐窝",邵雍诗云:"重谢诸公为买园,买园城里占林泉。七千来步平流水,二十余家争出钱。"②安乐窝虽属邵雍,但其园宅契户名司马光、园契户名富弼、庄契户名王拱辰,园林的筹建极具戏剧性。另外如沈括梦溪园、洪适爽堂、司马光独乐园及叠石庄、岳珂研山园等园林的建设用地皆是交易而来,例多不赘,足见两宋土地的商品化对园林建设的推动作用。

三、城市与交通的发展

中国历史上"城市"一词的使用最早出自《韩非子·臣》"是故大臣之禄虽

---

① 戴建国:《从佃户到田面主:宋代土地产权形态的演变》,《中国社会科学》2017年第3期。
② 邵雍:《伊川击壤集》,北京:中华书局2013年版,第194页。

大,不得籍威城市"①之句,然而这里的"城市"实际指代"城中之市",并非当代意义上的城市。中国古代的城市概念长期以来都是"城"、"市"两分的。如《说文解字》的解释"城,以盛民也","市,买卖之所也"。城市发展史研究表明,中国古代的城市建设经历了夏初之前的"有城无市",到夏初至西周前期的"城、市分离",再到西周以后的"城、市合一"三个阶段②。然而从西周至唐代以来,城与市之间的合一是十分刻板的,市场虽然得以进入到城墙之内,但其与市民居住用地——"坊"之间存在一道坊墙,坊墙上的坊门只在街巷鼓楼起鸣后打开,市场的经营受到限制,城与市对外表现为合一,但对内却表现出市与坊的隔离。中唐之后,"市、坊分离"的状态持续受到城市商业经济的冲击而摇摇欲坠。北宋初期为沿袭城市规划之先制同样砌筑坊墙隔离"坊"、"市",然而这道坊墙已经经受不住国家安定之后经济飞速发展的冲击,最终于仁宗、神宗年间完全坍塌。以东京为例,虽然宋初以来国家就应经济发展的需求而对市场进行了扩建,但即便如此,突破市场范围的"侵街"交易现象仍然屡禁不止,街道两侧商肆林立,根本没有坊与市的区别。宋敏求《春明退朝录》言:"二纪以来,不闻街鼓之声,金吾之职废矣。"③巷道街鼓虽然保留了形式,但已经完全失去限制交易时间的功能。陆游《老学庵笔记》载:"京都街鼓今尚废,后生读唐诗文及街鼓者,往往茫然不能知。"④足见南宋之后,街鼓已经完全淡出了市民的日常生活,市场交易的开放程度较隋唐已不能同日而语。伴随着坊墙的倒塌,城与市之间的合一状态开始由机械转变为有机,当代生活语境下的城市概念于此刻开始形成。

经济导向的镇市兴起则是宋代城市发展的另外一大特征。"镇"本来是

---

① 《韩非子》,李维新等注译,郑州:中州古籍出版社 2008 年版,第 10 页。
② 张全明:《论中国古代城市形成的三个阶段》,《华中师范大学学报(人文社会科学版)》1998 年第 1 期。
③ 范镇、宋敏求:《东斋记事·春明退朝录》,北京:中华书局 1980 年版,第 11 页。
④ 陆游:《老学庵笔记》,李剑雄、刘德权点校,北京:中华书局 1979 年版,第 130 页。

军事堡垒性质的驻地,然而宋代之后相当数量的一批中小城镇则是由于商品经济为导向发展而来。神宗元丰年间全国镇市数量达 1956 座①,其多数均为除主要城市之外商业及手工业的聚集地。宋人高承云:"民聚不成县而有税课者,则为镇。"②镇虽然在行政级别上从属于县,然而部分镇市经济高度发达,其所产生的税收甚至超过州城、县城,而部分镇市的行政地位也随其经济地位的提高而迁升。

基于两宋前后城市发展的诸多改变,美国汉学家施坚雅提出了"中世纪城市革命"一说归纳了中国城市于此时表现出五大方面的变革③:其一,放松了每县一市,市须设在县城之内的限制;其二,官市组织衰替,终至瓦解;其三,坊市分隔制度消灭,而代之以"自由得多的街道规划,可在城内或四郊各处进行买卖交易";其四,有的城市在迅速扩大,城外商业郊区蓬勃发展;其五,出现具有重要经济职能的"大批中小市镇"。虽然这五个方面的变革只代表了一种趋势,并未在宋代国土领域内的大部分城市中展开,但这一系列趋势对城市的格局与风貌产生了潜移默化的影响。

城市商业、手工业的发展是引导两宋城市发生变革的根本原因,但其所造成的结果才是这场中世纪城市革命的重点。宋代之后,市场经济的繁荣导致了城市活力的迅速提升,进而促使城市生活走向便利化、娱乐化、多元化、现代化,市民阶层对城市发展的重要性日益突出。城市意象发生了由"冷"至"暖"的重要转变,无论都城、府城还是县城,过去以宫城或衙署构成的行政空间为城市意象的主体,现在则融入了商业空间的元素,充满了丰富的生活趣味。因此,作为一种择居环境,宋代城市其相对其他类型的环境而言可谓是极具竞争力的。然而从造园视角出发,宋代以来的城市宅园虽在数量上确有很大程度的增长,但园林选址的主流却非城市,而是城墙之外的近郊。其原因虽然不排除城郊地块在景致资源上的优势,但另一个决定性

① 漆侠:《辽宋西夏金代通史·社会经济卷(上)》,北京:人民出版社 2010 年版,第 327 页。
② 高承:《事物纪原(三)》,北京:中华书局 1985 年版,第 251 页。
③ 施坚雅:《中华帝国晚期的城市》,叶光庭等译,北京:中华书局 2000 年版,第 24 页。

的因素在于土地价格。城市商业与手工业的入驻导致了市区地价的持续上涨,宋人王禹偁在《李氏园亭记》中有感慨:"重城之中,双阙之下,尺地寸土,与金同价……非勋戚世家,居无隙地。"①多数"坊郭户"即便有房屋也多用于僦屋租房或经营商行作坊,只有资产殷实的官宦人家、巨商富甲才会于大城市中辟屋构园。

　　宋代交通运输在陆路与水路方面均有发展,东京与临安分别是北宋、南宋水陆交通的中心。陆路方面,东京东向有两条干道连接京东路,分别通至登州以及密州板桥镇(即通向今山东一带);向南有四条干道,分别通杭州、真州、广州、桂州(即通向江南、两广地区);向西有一条干道,通至京兆府(今西安),自京兆府而西又可入蜀。南宋时虽交通中心转为临安,但道路网络并没有太大改变。两宋时期全国各地的道路转接可参考漆侠主编的《辽宋西夏金代通史·社会经济卷(上)》或谭其骧主编的《中国历史地图集:宋·辽·金时期》关于交通的考证,此处不赘。自北宋仁宗时期以来,政府就开始对道路路面实施砖石铺面,于道路两侧挖掘排水沟,虽然道路硬化及排水工程仅涉及了城市中的少数干道,但却是宋代陆路交通发展的重要成就。此外,道路植树、道旁建亭的做法则于景观层面表现出了突出意义。特别是郊野长亭的设置,为路人、车马提供了短憩之地,特别是两浙一带交通发达、山川秀美的江南地区,长亭短垢俨然构成了数条靓丽的风景道,于当时的畜力交通时代具有非凡意义。水路方面,北宋时期东京共有四条水路可以通航,其一为汴河,其与黄河、淮河、长江、钱塘江相联系,是国家最为重要的一条水道;其二为城北的黄河,其与汴河相连通;其三为惠民河,也称闵河、蔡河,主要与陈、颍、许、蔡、光、寿诸州(即河南南部地区)相联系;其四是广济河,原名五丈河,通至齐鲁地区。南宋临安则北有江南运河连通长江流域,南有浣江、曹娥江联系浙东地区,东南有钱塘江接浙东运河,经庆元府入海。其中以江南运河及浙东运河为主要航道,北宋时期的汴河则逐渐湮

---

① 王禹偁:《李氏园亭记》,载曾枣庄、刘琳主编:《全宋文(第8册)》,上海:上海辞书出版社、合肥:安徽教育出版社2006年版,第68—69页。

废。两宋时期的海上交运也十分频繁,海道除联系国内登州、莱州、明州、福州、广州、海南等南北诸地外,还时常与高丽、日本以及东南亚地区有商贸往来。

在交通工具的发展上,陆路运输仍然以畜力为主,少数情况下使用人力。由于北方地区长期被少数民族政权统治,宋代马匹的培育在数量与质量上均受到限制,因此在陆路交通工具上并没有本质的突破,只是轿子在载人交通工具中开始盛行。水路交通方面,造船领域的成就则是时代交运发展的重点体现。两宋时期的造船业分为官营与私营,其二者在货运船只的生产上表现尤为突出。宋代官营货船因纲运制度而称"纲船",年产量在真宗时期达到了2916艘,徽宗时为运输花石应奉更增建巨舰2400艘[1]。纲船依据载重不同又分为"小料船"与"大料船"。小料纲船载重300—500料,合今16.5—27.5吨,大料纲船则往往上千料,载重合数百吨。徽宗时为出使高丽更造有六艘"神舟"海船,按船体规模估计,其载重甚至高达1100吨以上,造船业之发达可居世界领先水平[2]。

交通运输的发展促进了全国南北、甚至海内外物资以及文化的相互交流,进而也推动了园林设计从具体的形式与用材,到抽象的美学文化上的南北融合。特别是徽宗时期的"花石纲"事件,在全国范围内刺激了园林景石及南方植物的流通,引领了向全国各地进购园林素材的造园趋势。而其事件本身的技术保障就是宋代高度发达的漕运交通。

四、科学技术的创新

经济基础是生产力及生产关系的总和,而科学技术又从属于生产力的范畴。因此,两宋科学技术的创新构成了考察其社会经济发展的重要内容。英国著名学者李约瑟在《中国科学技术史》中谈道:"在3—13世纪之间保持一

---

[1]　周宝珠:《宋代东京研究》,开封:河南大学出版社1998年版,第474页。

[2]　王曾瑜:《谈宋代的造船业》,《文物》1975年第10期。

个西方所望尘莫及的科学知识水平"①,而宋代更是在技术层面上"把唐代所有设想的许多东西都变成为现实"②,其科技进步在数学、化学、天文学、工程学、地理学、医学、农学等领域均有体现:

> 数学方面的高次方程的数值解法、高阶等差级数的求和;天文学方面的天象观测精密化、历法的编制;物理学方面的人工磁化的发现;地学方面立体地图的制作;农学方面地力常新壮理论的提出及其在实践中的运用;技术方面指南针的发明及其应用;雕版印刷的普遍化和活字印刷术的发明;火药配置的精化及火器的发明和应用;瓷器烧造技术的大发展及各色名瓷的涌现;机械方面的水运仪象台的创制;纺织方面的水力大纺车的创制和缂丝技术的成熟;建筑方面用材制度的数量化、科学化和大型桥梁的建造;冶金方面灌钢技术的进步,及湿法炼铜技术的发明和应用;车船的大发展及实际应用、优良海船的建造及远洋航行,等等,无不是科技史上的重大成就。③

若将视线稍微推远后即可发现,两宋时期中国所取得的科技成就在整个华夏历史上都是极为辉煌的一笔,中华民族引以为傲的四大发明中有三项在宋时实现。宋代开国之初定下"文治"政策左右国家300余年,为社会培育了诸如沈括、苏颂、贾宪、秦九韶、李诫、钱乙、宋慈、毕昇、薛景石等大批科技英才。其中以沈括最为突出,其学术浸淫数学、天文、历法、气象、地质、地图、物理、化学、冶金、医学、植物学、动物学、建筑、农艺以及法律、军事、文学、艺术、哲学等多个领域,可谓是中国历史上著名的"百科全书式"的人物。在这些科

---

① [英]李约瑟:《中国科学技术史:第一卷·导论》,上海:科学出版社,上海古籍出版社1990年版,第1页。

② [英]李约瑟:《中国科学技术史:第一卷·导论》,上海:科学出版社,上海古籍出版社1990年版,第138页。

③ 漆侠:《辽宋西夏金代通史:教育科学文化卷》,北京:人民出版社2010年版,第168页。

学巨匠的努力下,科技进步不仅迅速推动了社会经济发展的步伐,同时也提升了宋人对自然的认识及改造能力,为国家文明形态向近世的转变提供了技术支持。于造园而言,这一时期所取得的科技进步同样也为宋代园林在局部景观形态上的多样化提供了技术支持。如建筑技术的发展为园林建筑与构筑物的样式变化提供了多样的选择,园艺技术的进步为观赏植物新品种的研发、异国异地植物的养护及驯化提供了技术支撑,对景石的地学认识也丰富了园林用石的多种类型等等。由于技术革新对园林的影响内容庞杂,本书将在第四章中综合论述。

第二节　政治制度

由政治关系演化而来的制度背景的改革,是左右园林外在表现的形态因素。政策的制定与实施对园林产生着直接或间接的影响,如国家对士大夫的优惠政策之于文人园林的影响、对佛道两教的扶植与抑制之于寺观园林的影响、对教育事业的重视之于学校园林的影响等。一般情况下,政治制度的变革对园林发展产生的影响在深刻程度上是要弱于经济背景的。但如新马克思主义者阿尔都塞(Louis Althusser)的主张,经济基础不可能在社会结构中永远占据统治地位①。在一定历史条件下,政治环境的改变对园林造成的影响甚至更加明显。宋人李格非云:"园圃之废兴,洛阳盛衰之候也"②,洛阳园林的兴衰就是通过政治结构的变动而反映出来。因此,政治制度的变革需要结合具体情况展开分析。

一、文以靖国的基本国策

唐末五代的动荡使宋廷意识到,武将掌权是国家军事政变的导火索。若

---

① 周怡:《社会结构由"结构"到"解构"——结构功能主义、结构主义和后结构主义理论之走向》,《社会学研究》2000 年第 3 期。
② 李格非、范成大:《洛阳名园记·桂海虞衡志》,北京:文学古籍刊行社 1955 年版,第13 页。

想政权稳定,必须通过兴文教、抑武事的方式对国家官僚人事结构展开重新洗牌。因而在太祖"宰相须用读书人"①、"朕欲武臣尽读书以通治道"②、"誓不杀大臣及言事官"③等一系列惠文言论下,两宋"文以靖国"的国策开始成立。这一国策的确立直接导致了宋代政治及社会文化诸多方面的深刻变革。

为调整政府官员的人事结构,朝廷最迫切的任务莫过于向社会吸纳大批优秀文人。宋初为在藩镇中安插文官缓解地方军事压力,郡县官职缺口极大。太祖开宝年间"诸道幕职、州县官阙八百余员"④,太宗太平兴国年间"县邑猥多,动皆缺员,历年未补",直到真宗咸平年间依旧是"州县阙多员少"的情况⑤。为弥补官职空缺,最直接的办法就是增加科举取士的力度。源起隋朝的科举制度是国家取士用人制度重大的良性改革。自隋唐科举运营以来,门阀世族政治地位受到打击,士庶百姓可以通过后天努力而跻身官僚之列,进而优化统治阶层的知识结构。宋代是中国科举制度发展的重要阶段,科举取士数量空前绝后。宋廷统治的三个世纪以来共通过科举取士 115427 人,平均每年 361 人。而唐代、元代、明代、清代平均每年取士人数仅分别为 71 人、12 人、89 人、103 人⑥,即使是取士最多的清朝也不及宋代人数的三分之一。两宋取士人数之众是社会公平的一种表现。宋人郑樵云:"自隋唐而上,官有簿状,家有谱系。官之选举必由于簿状,家之婚姻必由于谱系……自五季以来,取士不问家世,婚姻不问阀阅,故其书散佚而其学不传。"⑦可见唐代取士不仅仅凭靠科举成绩,与中举者家世也有深厚关系。而宋代取士则根本不问家世,

---

① 李焘:《续资治通鉴长编(第 1 册)》,北京:中华书局 2004 年版,第 171 页。
② 脱脱:《宋史》,北京:中华书局 2000 年版,第 7 页。
③ 注:关于"太祖誓碑"真伪的问题一直是史学界一大公案,虽然宋太祖是否曾立此誓尚待考究,但可以确定的是宋代以来诛杀士大夫的事件十分少见。参见李峰:《论北宋"不杀士大夫"》,《史学月刊》2005 年第 12 期。
④ 李焘:《续资治通鉴长编(第 1 册)》,北京:中华书局 2004 年版,第 261 页。
⑤ 林駉:《古今源流至论》,转引自张希清:《论宋代科举取士之多与冗官问题》,《北京大学学报(哲学社会科学版)》1987 年第 5 期。
⑥ 林駉:《古今源流至论》,转引自张希清:《论宋代科举取士之多与冗官问题》,《北京大学学报(哲学社会科学版)》1987 年第 5 期。
⑦ 郑樵:《通志二十略》,王树民点校,北京:中华书局 1995 年版,第 1 页。

甚至还禁止了官吏的推荐,只要成绩突出且品行端正、身体健康者均可入仕。此外,科举在唐代并非完全是自由报考,其对应举人社会身份有所限制,规定"工商之家不得预于士"①。宋代起初沿袭唐制,也革除了工商阶层的科举资格,但太宗晚年政策开始放宽,规定"如工商杂类人内有奇才异行、卓然不群者,亦许解送"②。到北宋中后期时对应举人社会身份的限制基本解除(僧道以及本身已为官吏者除外),如苏辙所形容:"凡今农工商贾之家,未有不舍其旧而为士者也。"③

宋廷对科举进士的授官整体上十分优渥,同样的进士高科,唐代仅授县尉之类的九品小官,而宋代则可授予将作监丞、大理评事、诸州通判、知县等此类六品至八品不等的官职④,既有京官,也有地方官。这些科举入仕的官员数量庞大,在两宋14860名文官中前三十年科举及第者达7833人,占总人数的52.71%⑤。相当一部分科举入仕的官员后来都迁升到了正一品、正二品的级别,位高而权重。《宋史·宰辅表》所记133名宰相中有123名皆是科举出身,达到了整体比例的92%⑥。如此一来,国家官僚群体在人事结构上涌现出了一大批出身孤寒的布衣文臣,这批文臣凭借宋廷持续性的优待政策逐渐壮大,最终形成了两宋数量庞大、权力卓著的士大夫阶层,提高了整个官僚体系的知识素养。而宋代皇帝"为与士大夫治天下,非与百姓治天下也"⑦的态度方针也为士大夫阶层的安邦治国提供了历史舞台。

无论是进士科还是诸科,宋代科举考试内容虽然历朝以来有所变更,但基本不脱离《周易》《尚书》《毛诗》《礼记》《论语》《春秋左传》之类儒家经典。故此,士大夫从政期间,至少在初入仕途之时多数都表现出了儒家"经世

---

① 李林甫等:《唐六典》,陈仲夫点校,北京:中华书局1992年版,第74页。
② 徐松:《宋会要辑稿(第9册)》,刘琳等校点,上海:上海古籍出版社2014年版,第5538页。
③ 苏辙:《上神宗皇帝书》,载曾枣庄、刘琳主编:《全宋文(第65册)》,上海:上海辞书出版社、合肥:安徽教育出版社2006年版,第192—204页。
④ 何忠礼:《科举改革与宋代人才的辈出》,《河北学刊》2008年第5期。
⑤ 徐吉军:《论宋代文化高峰形成的原因》,《浙江学刊》1988年第4期。
⑥ 诸葛忆兵:《宋代士大夫的境遇与士大夫精神》,《中国人民大学学报》2001年第1期。
⑦ 李焘:《续资治通鉴长编(第9册)》,北京:中华书局2004年版,第5370页。

致用"的积极思想,形成了"士当以天下为已任"的强烈社会责任意识,范仲淹
"先天下之忧而忧,后天下之乐而乐"的忧乐精神就是这种责任意识最典型的
结晶。在晚年或身陷囹圄时,士大夫的社会责任意识逐渐消磨,出现由"兼济
天下"至"独善其身"的转变倾向。但即便如此,多数人仍然在自我世界中不
断挣扎徘徊于仕与隐的思想斗争,对国家的重新启用怀揣期望。

两宋的文治策略视士大夫为国家治理的中流砥柱,极大程度地增加了文
人士大夫阶层的社会影响力。故此,文人士大夫成为了两宋期间表现最为抢
眼的一个社会群体。其所产生的社会影响以政治贡献为契机,辐射于包括园
林在内的各个方面的社会文化。于政治层面,士大夫强烈的社会责任意识时
刻推动着"与民同乐"思想的发展,刺激了大批城市郡圃、郊野亭台的兴建,加
速了古代公共园林发展的历史进程。于生活层面,士大夫深厚的文化素养以
及格调清雅的生活品味引领了造园活动的美学风尚,其促使宋代民间的宅邸、
寺观一直到皇家宫苑的建设都产生了不同程度的文人化倾向,扭转了隋唐以
来形成的雍容华贵的园林景观意象。总之,宋廷相比前代而言赋予了士大夫
更多的财力与权力,使这一群体成为造园活动最为积极的实践者,文人园林、
特别是士流园林自此以后开始成为中国园林的杰出代表。

二、军财政策的中央集权

不同于五代,宋朝在政治上表现出了高度的中央集权。国家政权集团所
面临的内在军事威胁主要来自两个层面,第一层为武将统帅的中央禁军,第二
层是名为"藩(方)镇"的戍边军镇。宋代开国之后,太祖赵匡胤首先于建隆二
年(962)上演了一出"杯酒释兵权",迫使禁军将领交出兵权,转枢密院掌管,
同时又在枢密院内任命多名军事长官,文武兼用,相互牵制。如此一来化解了
政权的第一层、也是最重要的一方军事压力。其后的一段时间内,太祖、太宗、
真宗又相继作出过削夺藩镇军权的政治决策。北宋早期的诸地藩镇因五代以
来的长期战乱,其军事力量较历史上的其他时期而言本就相对薄弱。宋廷首
先以充补禁军为由对诸藩实施了人员上的釜底抽薪,随后又陆续通过变更职

权的方式不断剥夺军官指挥权;"藩镇屯重兵,多以赋入自赡"①的政策剥夺藩镇财权;于藩镇中安插文臣为督官,随时保持中央对地方军事力量的监控。如此通过阶段性的瓦解方式削减了第二个层面上的威胁。太宗真宗时期甚至还对宰相、大臣、三司的实权加以控制,重大国务均需采用商议制度,任何官吏不得单独决断②。除军事外,宋廷的中央集权还表现在财政方面。如同对藩镇财权的剥削,为防止地方势力的滋长,政府将路级、州级、县级的财权均限制于一个非常狭小的范围内。即使是地方最高级别的行政长官也无权增减辖地税目及税率。州郡收入在如数上缴中央之外,即使有所盈余,其支配权也属朝廷。自太祖以来国家更设有"内藏库"吸纳一定数额的税赋收入,这笔资金在使用权上绕过了管理国家财政的三司,直接由皇帝掌握,用于应付诸如战争、灾害等特殊时期的国家需求,同时也用于皇室自身的开支③。其又在相当程度上增加了皇帝所直接掌控的财权。总而言之,宋廷于军事及财政方面高度集权化的举措巩固了赵宋皇权的绝对地位,在此背景下,由皇家主导的国家级别的土木兴修工程很少出现政见、财务方面的内部阻碍。

三、教育改革的全国运动

由于儒学在隋唐以来的衰微,师道学风长期以来都处于一个萎靡的态势。唐人韩愈曾有感:"嗟乎! 师道之不传也久矣……今之众人,其下圣人也亦远矣,而耻学于师。"④柳宗元也说:"今之世,为人师者众笑之,举世不师,故道益离。⑤"有宋一代,儒学复兴的要务之一便是重新整治国家教育事业,同时在教育思想以及教育机构两方面实现突破。

---

① 李焘:《续资治通鉴长编(第 1 册)》,北京:中华书局 2004 年版,第 152 页。
② 漆侠:《辽宋西夏金代通史:政治军事卷》,北京:人民出版社 2010 年版,第 102—113 页。
③ 漆侠:《辽宋西夏金代通史:社会经济卷(下)》,北京:人民出版社 2010 年版,第 517—522 页。
④ 韩愈:《韩愈选集》,孙昌武选注,上海:上海古籍出版社 2013 年版,第 220—221 页。
⑤ 柳宗元:《柳宗元集》,北京:中华书局 1979 年版,第 531 页。

教育思想的建设者主要是从事教育事业的先生教授,其中贡献杰出者当以胡瑗为首的"宋初三先生"。胡瑗是北宋早期深受士人尊敬的教育家,于皇祐四年(1052)任国子监直讲。胡瑗在培育学生时同时注重道德教育及知识教育,一方面致力于"尊师重道"的学风扶正,严格制定学规并且以身先行。胡瑗执教太学以来,"诸生服其德行,遵守规矩,日闻讲诵,进德修业"①。在知识教育方面,其以"明体达用"为方针在学校中创立"经义斋"、"治事斋"②,前者主理论,后者重实践,主张理论与实践的相互结合。在授业方面,胡瑗的教育实践还体现出了因材施教的特征,"好尚经术者,好谈兵战者,好文艺者,好尚节义者,皆使之以类群居,相与传习"③,对专业人才的培育作出了重要贡献。三先生中的其他二人——孙复与石介,虽各自学术观点不同,但其对师道学风的建设以及毕生的教学实践均与胡瑗相似。南宋时最为突出的教育家则是朱熹。朱熹不仅是宋代著名的理学家,更是成果累累的教育家,其一身执教四十余年,亲手创办学校4所、复兴3所,读书讲学的学校则多达47所④。朱熹认为:"古昔圣贤所以教人为学之意,莫非讲明义理,以修其身,然后推己及人。"⑤其教育思想时刻透露着浓郁的理学气息。除上述所举之外,两宋期间从事教学领域的文人俯拾皆是,特别是理学家,各个学派对门生的培育及学术的传播均赋予了高度重视,其对国家教育事业的复兴均表现出了举足轻重的意义。

教育机构的建设者虽然也包括授业先生,但毕竟个人力量有限,在该方面的突出贡献者还得数影响力较高的政治家。宋代以来发生过三次规模较大的兴学运动——庆历兴学、熙宁兴学以及崇宁兴学,发起人分别是范仲淹、王安

---

① 欧阳修:《举留胡瑗管勾太学状》,载:曾枣庄、刘琳主编:《全宋文(第32册)》,上海:上海辞书出版社、合肥:安徽教育出版社2006年版,第248—249页。

② 黄宗羲:《宋元学案》,北京:中华书局1986年版,第24页。

③ 黄宗羲:《宋元学案》,北京:中华书局1986年版,第28页。

④ 林建华:《论朱熹教育思想体系的生成与建构》,福建师范大学学位论文,2010年。

⑤ 朱熹:《白鹿洞书院揭示》,载曾枣庄、刘琳主编:《全宋文(第251册)》,上海:上海辞书出版社、合肥:安徽教育出版社2006年版,第366—367页。

石与蔡京。范仲淹与胡瑗交往密切,对教育的重视程度深入骨髓,其言称"善国者,莫先育才"①,将教育提升到了国政当中的优先地位。范仲淹在地方就任时就开始兴修学校,任参知政事时开始发起兴学运动,投身教育改革。在其指导下,州县之学开始大兴,太学及科举制度也更加完备,诸如宋初三先生等一批先进教育家的影响力得以扩大,更多基层人才也被其吸纳到教育建设的事业中来。王安石也是一位热衷的教育改革家,其思想同样深受胡瑗影响,秉持着"天下不可一日而无政教,故学不可一日而亡于天下"②的政治呼吁。在庆历兴学的基础上,王安石于熙宁、元丰期间再度掀起了一次兴学运动,继续加强州县的办学力度,改良太学管理制度,提出"三舍法",据考试成绩将学生分入"上舍"、"中舍"、"下舍"三舍,每舍学生又分上中下三等,依"舍"、"等"鉴定学生良莠,同时又作为教学成果考核的依据③。徽宗崇宁元年(1102),蔡京同样打出以教育为国务之先的口号组织了一场兴学运动,这次兴学同样在太学及州县学两个层面上实现制度优化,基本是熙宁兴学的延续,但规模更加宏大。蔡京虽被后世誉为"北宋六贼"之首,但其对国家教育事业的推进确实作出了贡献。

在此背景下,各地政府热衷于兴建州学、县学,民间个人、集体也纷纷跻身创办书院。无论官办还是民办,学校的建设不仅在于土木兴修,同时也侧重一定规制的室外环境。因而,一方面,两宋教育事业的大发展为社会带来了大批校园景观的建设工程,学校园林于此时开始成为造园活动中的一大主流园林类型。另一方面,教育的普及极大程度地提高了宋代学术思想,特别是理学思想的影响力,进一步深化了因观念导致的园林审美由"自然环境"到"内圣场所"的转向。

----

① 范仲淹:《上时相议制举书》,载曾枣庄、刘琳主编:《全宋文(第18册)》,上海:上海辞书出版社、合肥:安徽教育出版社2006年版,第293页。

② 王安石:《慈溪县学记》,载曾枣庄、刘琳主编:《全宋文(第65册)》,上海:上海辞书出版社、合肥:安徽教育出版社2006年版,第52页。

③ 王炳照、郭齐家:《中国教育史研究(宋元分卷)》,上海:华东师范大学出版社2000年版,第73页。

四、宗教事业的政治干预

历代统治阶级均通过干预宗教的方式把控国家的意识形态,宋代也不例外。但是,宋廷对宗教事业的建设在政策上多有支持,在管控方面也表现出了较高的柔度,并没有出现魏晋至五代以来诸如"三武一宗"灭佛运动般强硬、极端的政治措施。在此背景下,两宋期间宗教事业基本上是欣欣向荣的,社会上流传的佛教、道教、摩尼教、一赐乐业教(犹太教)、袄教等宗教基本呈现出自由发展的态势。其中最为主流的佛、道二教因信徒众多、影响深刻,国家的干预程度也较为突出。

佛教方面,除徽宗统治期间外,宋代历朝皇帝都给予了佛教比较优惠的政策。唐末五代以来,佛教仍然没有从唐武宗及周世宗期间的两次"法难"中恢复,寺院凋敝,经书散佚。太祖、太宗之时,宋廷本着"浮屠氏之教有裨政治"①的态度对佛教加以扶植利用,同时又防止僧人过度增长给国家财政造成压力而制定一系列限制措施。因而北宋初期,大量佛寺得以重建,经典再度从天竺流传,佛教事业迅速回暖。至真宗天禧五年(1021),全国僧尼数高达458854人②,佛教发展迎来宋史上的一个高峰。北宋末期,由于徽宗崇道抑佛,甚至下诏"并佛入道",佛教的兴盛态势受到打压。宋室南渡之际,在缺乏政策限制的情况下,僧尼、寺院一度增多,但这种情况在国家稳定后又逐步受到制约。自孝宗之后,仰佛之势再起,此后佛教就一直处于平稳发展的阶段。宋代以来,佛教宗派有禅宗、天台宗、净土宗、律宗、贤首宗、慈恩宗。其中以禅宗声势最大,发展出"五家七宗"的分支派系,其一反隋唐"不立文字"、"教外别传"的做法,通过记录祖师言行的"灯录"、"语录"来扩大禅宗的传播力度。思想方面,不同于理学家表面"辟佛"却又暗自汲取佛家心性学说的做法,佛教僧

---

① 李焘:《续资治通鉴长编(第1册)》,北京:中华书局2004年版,第554页。
② 徐松:《宋会要辑稿(第16册)》,刘琳等校点,上海:上海古籍出版社2014年版,第9979—9980页。

侣一度公开主张儒、佛会通①,以"中庸"化的佛学理论来俘获士人之心。因此,宋代以来,多数文人士大夫仍同僧侣保持着密切联系,佛学教义也经由文人的酬唱诗作从寺院中走了出来。

相比佛教僧尼近 46 万之众的庞大数据,道士、女冠在同一时期人数仅有 20337 人②,《咸淳临安志》亦云:"寺以百计者九,而羽士之庐不能什一。"③即便如此,道教仍然是当时佛教之外最为盛行的第二大宗教。赵姓皇帝推崇道教的程度比佛教更大,并且表现出更加厚重的政治色彩。与佛教类似,北宋初期,太祖、太宗一贯秉承以教裨政的方针对道教大力扶持,一方面投入资金兴修道宫,另一方面选拔道官、规范管理。北宋中前期之后,宋廷对道教的推崇开始愈演愈烈,集中表现在真宗与徽宗两位皇帝。真宗赵恒为彰显皇威,导演了一场炮制天书的神话,称半夜就寝时忽有神人至,告知其于殿内设黄箓道场一月则降天书《大中祥符》三篇。赵恒设道场一月后果于宫门屋角上发现了所谓的天书,其内容无非神化赵恒的天子地位。后来群臣为合其意,纷纷谏言封禅泰山,同时又再度上演了一场天书闹剧。而道教则随真宗一系列的崇道活动大肆发展,宫观陵庙的建设一时极兴。徽宗赵佶虽然没有像真宗那样制造神化演义,但其对道教的推崇同样达到了迷信的程度,其首先表现为对道士的宠幸,不仅于道士生前封赏不断,甚至死后还有追加谥号。徽宗身边的道士对赵佶也是吹捧有加,不仅为其在仙界中找到一个"长生大帝君"的位置,甚至连其宠臣爱妃也有仙家对象。此外,徽宗也十分注重利用仙道来宣扬自己君权神授的威仪,自号"道君皇帝",频繁兴修宫观,还亲自编撰道典,企图通过道教巩固自己的统治。南宋之后,历代皇帝对道教的推崇虽没有真宗、徽宗那样极端,但诸朝期间的崇道活动都十分热烈,道教也一直在皇室的匡扶下逐

---

① 张立文、祁润兴:《中国学术通史(宋元明卷)》,北京:人民出版社 2004 年版,第 530—531 页。

② 徐松:《宋会要辑稿(第 16 册)》,刘琳等校点,上海:上海古籍出版社 2014 年版,第 9979—9980 页。

③ 潜说友:《咸淳临安志·寺观》,载《宋元方志丛刊(第 4 册)》,北京:中华书局 1990 年版,第 4026 页。

渐壮大。两宋时道教教派主要是茅山派、张天师派与阁皂山派,除此之外还有几个新生派系,如天心、神霄、全真、太一、净明等①,派别繁复的推陈出新反映了当时道教文化的活跃程度。

宋廷对宗教的扶持及推崇使得佛、道两教在五季之乱后于北宋初期就开始迅速中兴,并在后续的两百余年中稳步前进,即使中途国家发生了山河动荡,两教的发展也没有受到任何重大的阻碍。作为佛教、道教的产物,寺院及宫观园林建设亦随宗教事业的兴旺而如春雨新笋,宋英宗平治年间,官方认可的寺观数额多达 41200 所左右,创两宋之最高②。随着佛、道两教造园实践的不断积累,二者均总结出了寺院、宫观建设的设计范式,显示出了宋代寺观园林的成熟境地。再者,无论佛教还是道教,二者在思想上均与儒家发生了合流,导致了僧道与儒士在园林审美观念上产生更多交融,进而在一定程度上促进了寺观园林内部及其与祠坛、学校以及大量宅园别墅在园林形态上的同化。

第三节　思想文化

思想文化是影响园林内涵表达的语意因素,其在造园经济条件及制度规定许可的范围内决定着园林文化的发展的主流走向。从整体的空间处理,到局部的植物搭配,园林设计的一举一动均时刻与当时的哲学、艺术以及日常生活文化形成特定的对照关系。宋代是中华文化登峰造极的时代,其思想上的高度解放为园林的发展创造了一个气氛十分活跃的背景。

一、理学思想的蒙生与蕃昌

宋代学术思想在史学界中称为"宋学",其包括胡瑗、孙复、石介、李觏、邵雍、周敦颐、司马光、张载、王安石、程颐、程颢、苏洵、苏轼、苏辙、朱熹、吕祖谦、

---

① 吴怀祺:《中国文化通史(两宋卷)》,北京:北京师范大学出版社 2009 年版,第 168—177 页。

② 游彪:《宋代寺观数量问题考辨》,《文史哲》2009 年第 3 期。

张栻、陆九渊、陈亮、叶适等等一大批宋代思想家的学派主张，其中以"北宋五子"——周敦颐、张载、邵雍、二程，以及南宋朱熹、陆九渊等为代表的"理学"最具时代特点。由汉至明，中国哲学思想的发展呈现出了"两汉经学"、"魏晋玄学"、"隋唐佛学"、"宋明理学"的几个阶段。其中，经学与理学都属于儒家的范畴（后者还同时吸收了佛、道思想），玄学与佛学则分属道家与佛家。由此而知，宋代理学的出现则是儒家在经历了魏晋隋唐衰落之后的一场复兴。所谓理学，即是一种义理之学，其相对于经学而言虽然同属儒家，但思想逻辑却不尽相同。经学是对儒家经典的训诂释义，又称"章句之学"。而理学则突破文本章句，针对经典主旨开展发挥，是宋代儒学进步之所在。

　　两宋理学有两个特征需要格外注意，其一表现在思维逻辑方面。宋儒在构建理学理论时普遍遵循着一套"以上贯下"、"以天理诉诸人性"的思维范式，首先将视点凌驾至一个本体论的高度，通过"道"、"理"、"气"、"太极"、"天地"、"阴阳"、"五行"、"万物"等概念在形而上的层面实现对世界本源的把握，然后以自然诉诸人事，视点重回地面展开个人与社会伦理道德的讨论。理学"开山祖师"周敦颐所著《太极图说》即是这一逻辑的典型，其文共分两个部分，第一部分从宇宙本源讲到万物化生，第二部分则马上转入到人伦，大谈"圣人"与"天地合德"、"日月合明"、"四时合其"之种种①。朱熹的理论也始终遵循着这个范式，《朱子语类·理气》云："先有个天理了，却有气。气积为质，而性具焉。"②中间虽然多了个"气"，但不过是天理与人性之间的一个媒介概念。总之，两宋理学惯常视道德伦理为自然真理的观照，以"仁义礼智信"比附"金木水火土"，整套思路概括起来就是以哲学情怀来匡扶社会伦理。宋代理学以天理诉诸人性的思路重温了两汉以后逐渐冷却的"天人合一"哲学思想，而天人合一也在理学的清润下得以拔高，最终奠定了其在中国哲学历史上无可撼动的重要地位。

　　理学的第二个特征表现为对佛、老思想的吸收，最终促成了宋代儒、道、佛

① 周敦颐：《周敦颐集》，梁绍辉等点校，长沙：岳麓书社2007年版，第5—8页。
② 黎靖德：《朱子语类（第1册）》，王星贤点校，北京：中华书局1986年版，第2页。

三家思想的合流局势。于儒、道两家而言,其在理论本源上共同具有《周易》的文化基因,历代以来又均有"儒道互补"的传统,两宋文人、士大夫常常也是"儒道双修",理学"主静"、"灭欲"的特点更是与老庄之间产生了无法撇清的相互联系。虽说两家在某些问题上存在分歧,但其二者的思想合流并不存在太大障碍。而儒、佛两家的合流则表现在宋儒对佛家"心性论"融汇吸收。自唐代之后,佛教各宗均普遍建立起了本体化的心性学说,从天台宗、华严宗到宋代以来蔚为大观的禅宗,"心是诸法之本"、"自心显万法"等心性言论成为佛释时代思想的核心①。宋儒在理学的建设过程中对佛家心性论的内容是进行了扬弃吸收的,即使是张载、程颐、程颢、朱熹等摆出"辟佛"态势的理学家也普遍对佛经展开过长期的研读②。而到了南宋末期的陆九渊那里则在程朱理学的基础上明确提出:"人皆有是心,心皆具是理,心即理也"③,把"心"和"理"的概念完全打通,成立了理学的"心学"学派。最后,儒、道、佛三家合流的结果并不以某一方对其他思想或势力的吞并为代价,而是三家和谐共存,同时又各有所长,如孝宗赵昚所云"以佛修心,以老养身,以儒治世"④,这一命题反映出了两宋以来学术思想方面的显著特征。

两宋以来理学思想的发展对园林文化产生的影响是极其深刻的,无论是"天人合一"的总结深化还是儒、道、佛的三家合流,整个宋代在思想意识上始终落脚于人性的内省自修,心性哲学的发微成为两宋理学美学区别于前代的最为突出的特点⑤。此时,园林不只是有景可观的休闲场所,同时更是养性修心的环境,其在性质上由单纯的审美活动的对象演化为人格的美学境界的表达。这一转变孕育了园林设计主旨思想的突出,而园主所追寻的生活美学亦

---

① 方立天:《儒、佛以心性论为中心的互动互补》,《中国哲学史》2000年版第2期。

② 李四龙:《论儒释道"三教合流"的类型》,《北京大学学报(哲学社会科学版)》2011年第2期。

③ 陆九渊:《陆九渊集》,钟哲点校,北京:中华书局1980年版,第149页。

④ 赵昚:《原道辨》,载曾枣庄、刘琳主编:《全宋文(第236册)》,上海:上海辞书出版社、合肥:安徽教育出版社2006年版,第297页。

⑤ 陈望衡:《中国美学史》,北京:人民出版社2005年版,第354页。

通过景观语言的方式反过来谱写于园林环境之中。

二、生活文化的雅俗共赏

宋人长期以来均置身于政治稳定的清平时代,再加上经济与文化事业的蓬勃,人民生活水平展现出了不同以往的进步性,特别是对于东京、临安两京以及周围的城市而言,"上层阶级的中国人大概享有当时全球范围最高水平的生活"。① 这里所谓的生活水平的提高不啻表现在生活需求的满足,更偏向于强调生活资料的多元化。换言之,宋代以来,生活的娱乐方式开始出现了多样化的发展态势,休闲化程度加深,部分群体甚至出现艺术化的生活方式。这种高度休闲化、艺术化的生活文化哪怕是中华民族引以为傲的李唐盛世也不曾有过。

宋人的生活休闲方式,一者较具社会普遍性,属于世俗文化的一部分。一者则由于对主体物质条件、文化素养有所要求而仅局限于士人阶层,比较突出的代表是"雅集"与"古玩"。雅集是士人之间特有的一种社交聚会活动,由于两宋期间文人士大夫"举世重交游"社交风气,雅集活动臻极一时,出现了历史上著名的"西园雅集",苏轼、苏辙、黄庭坚、秦观、张耒、晁补之等十六位文人聚会于王诜之西园,于园中抚琴吟诗、绘画讲禅,被后人传为佳话。见于史料记载的宋人雅集活动不仅常见,且种类丰富,除了一般性质的酒席宴会外还包括以"怡老"为名的集会,如文彦博组织的"同甲会"、王安石组织的"耆英会"、司马光组织的"真率会",以及各种"五老会"、"六老会"、"九老会等";也有"颍川诗社"、"豫章诗社"、"彭城诗社"、"许昌诗社"等社团性质的诗社集会;以曝书防霉为契机的"曝书会",等等。古玩收藏则是风行于士大夫之间的又一大生活文化。古玩之风由北宋早期刘敞、欧阳修、李公麟等一批士大夫首先发起,后来则一发不可收拾。由于士大夫对古玩的钟情,都市之中甚至还出现了文物商人以及文物市场,如孟元老记东京记潘楼街一带集市就有书画、

---

① 胡志宏:《西方中国古代史研究导论》,郑州:大象出版社 2002 年版,第 306 页。

珍玩、犀玉出售,大量文物来路不明,故而"每日自五更市合"①,白天则不再交易。士大夫不仅喜好收藏古玩,还将古器视作是学术研究的对象,以至于诞生了考古学的前身——金石之学。据《宋史·文艺志》②记,两宋期间的金石著作达一百余卷,包括赵明诚《金石录》三十卷、张有《宣和重修博古图录》三十卷、吕大临《考古图》十卷、欧阳修《集古录跋尾》六卷、胡寅《庆元嘉定古器图》六卷、刘敞《先秦古器图》一卷、李公麟《古器图》一卷、蔡京《崇宁鼎书》一卷等,从这些金石书著中可以看出士大夫古玩收藏与鉴定的专业精神。

较为大众的生活文化则集中于"品茶"、"赏花"、"出游"等。中国茶文化素有"兴于唐,盛于宋"之说。于市民阶层而言,茶无疑是时下最为流行的饮料。在《东京梦华录》、《梦粱录》此类都市笔记中茶肆、茶馆、茶坊、茶摊之类的贩茶商铺比比皆是,张择端《清明上河图》中所绘茶坊前更是人头攒动。宋人嗜茶成风,已经将茶视为了一种生活必需品,如王安石所云:"茶之为民用,等于米盐,不可一日以无。"③对于精英阶层而言,茶的概念则不止停留于饮料。宋代文人士大夫通过对茶叶品质以及品茶仪式的构建将茶上升到了精神文化的高度。徽宗《大观茶论》序云:"至若茶之为物,擅瓯闽之秀气,钟山川之灵禀,祛襟涤滞,致清导和,则非庸人孺子可得而知矣;冲澹间洁,韵高致静,则非遑遽之时可得而好尚矣。"④品茶被视为是接受山川灵秀之气的熏陶,成为了心性哲学的一种实践途径。赏花也是宋代生活文化中异常突出的一大表现。宋代文人阶层对花卉文化的积极构建以及社会在商品经济、园艺科技上取得的进步共同促进了赏花之风的形成。每逢花季,城中赏花人不断,花卉交易一连三月不绝于市,更有地方官吏抓住时机于城中举办"万花会",打造花

---

① 孟元老:《东京梦华录笺注(上)》,伊永文笺注,北京:中华书局2006年版,第144页。
② 脱脱:《宋史》,北京:中华书局2000年版,第3388—3392页。
③ 王安石:《议茶法》,载:曾枣庄、刘琳主编:《全宋文(第64册)》,上海:上海辞书出版社、合肥:安徽教育出版社2006年版,第62页。
④ 赵佶等:《大观茶论》,北京:中华书局2013年版,第5页。

卉文化。花卉的培育也在地方形成市场，洛阳及彭州的牡丹、扬州的芍药、眉州的荷花、川蜀的海棠、吴地的古梅等均在当时闻名于天下。花卉的欣赏同样也是不分等级地位的，欧阳修云："城中无贵贱皆插花，虽负担者亦然。"①足见宋人对花的喜爱甚至达到了"留意于物"的痴迷程度。宋人的世俗生活还以频繁的出游活动为特色。两宋是一个旅游发展突飞猛进的时代，市民对近郊游憩的生活需求强过于之前的任何一个朝代。《梦粱录》云："临安风俗，四时奢侈，赏玩殆无虚日"②；张琰《洛阳名园记序》云："风俗之习、岁时嬉游"③；苏轼《和子由蚕市》诗也道："蜀人游乐不知还"。据调查，宋人出游的目的地一者包括山、湖、溪、岩、洞之类，一者包括寺观、园林、亭台、楼阁、古迹、城市、乡村之流，自然景观及文化景观的游憩都十分频繁④。另外一个突出的时代特点是，各地游人出游不论性别、年龄、社会身份，表现出了极其广阔的社会参与面，足以说明两宋时期出游活动已经形成习俗。

《梦粱录》云："烧香点茶，挂画插花，四般闲事，不宜累家。"⑤吴自牧这段话造就了两宋生活文化意味清雅的艺术形象。宋代文人士大夫不遗余力地将生活推向雅的维度，以至于宋代生活文化在表面上看似趋雅，但实际上，士人阶层所引领的典雅风尚很快受到了市民阶层的追捧与模仿。格调高雅的生活内容因实践主体的冗化及世俗化，最终走向了一种雅俗共赏的境地。同理，宋代园林在形式上长期受文人士大夫的渲染而呈现出了典雅的风格特征。然而，园林的内容就是生活，两宋生活文化在美学品格上的雅俗共赏直接导致了园林文化的亦俗亦雅，以往以园林为载体的精英阶层专享的休闲生活至此走向大众。

---

① 欧阳修：《洛阳牡丹记·风俗记第三》，载曾枣庄、刘琳主编：《全宋文（第35册）》，上海：上海辞书出版社，合肥：安徽教育出版社2006年版，第172页。
② 吴自牧：《梦粱录》，杭州：浙江人民出版社1980年版，第27—28页。
③ 李格非、范成大：《洛阳名园记·桂海虞衡志》，北京：文学古籍刊行社1955年版，第1页。
④ 王福鑫：《宋代旅游研究》，河北大学学位论文，2006年。
⑤ 吴自牧：《梦粱录》，杭州：浙江人民出版社1980年版，第185页。

三、艺术创作的美学转变

绘画艺术与文学艺术是与中国园林关系最为直接的两大艺术类型,而这两种艺术在宋代发生的美学嬗变亦对园林有所浸透。五代之时虽然山河动荡,但绘画艺术的发展却没有受到阻滞,如南唐、西蜀等地由于统治者的青睐,正式成立了国家画院——"翰林图画院"。画坛上也于此时呈现出关仝、李成、范宽"三家山水"与徐熙、黄筌"徐黄体异"为代表的山水画与花鸟画之间的两相争鸣①。可以说,中国绘画艺术在唐末及五代之时已经酝酿出了一个十分积极的态势,而这段时期以来的所有积淀借两宋期间的文治政策一鼓作气地迸发而出,最终迎来了中国绘画史上的一个鼎盛时期②。

宋代绘画在发展历程上表现出了如下四个方面的特点。其一,宋代文人士大夫阶层的迅速崛起改变了绘画创作群体的社会结构,从而引发绘画艺术在价值观层面上的升格。杜甫曾有言论评价唐代画家薛稷"惜哉功名迕,但见书画传",讽刺其身为权臣,却以书画出名。对此,北宋画家米芾作出了抨击,认为政绩功业何如笔墨精妙,"甫,老儒,汲汲于功名,岂不知固有时命?殆是平生寂寥所慕"③。可见,在宋代文人心中,艺术追求一反前代地实现了对政治理想的超越。其二,宋代趋向写意的文人画与趋向写实的院体画同时风靡画坛,两大画派之间的分庭抗礼鞭策了宋代绘画艺术在对抗与融合中走向巅峰。院体画作者以宫廷职业画家居多,其在创作过程中讲究法度,其视觉效果形象具体,整体风格细腻华丽。院体山水画代表画家有郭熙、李唐、刘松年、马远、夏圭等,花鸟画则有徐熙、黄筌、崔白以及徽宗赵佶所创"宣和画院"的诸多宫廷画家。文人画虽有文人创作之意,但其含义实际指代画作具有文人趣味的风格及流派,其以王维为祖,以董源、巨然、李成、范宽等一批五代宋初

① 徐书城:《宋代绘画史》,北京:人民美术出版社 2000 年版,第 3 页。
② 陈野:《南宋绘画史》,上海:上海古籍出版社 2008 年版,第 33 页。
③ 米芾:《画史自序》,载曾枣庄、刘琳主编《全宋文(第 121 册)》,上海:上海辞书出版社、合肥:安徽教育出版社 2006 年版,第 3 页。

画家为先锋。文人画轻形式而重气韵,其并不具备院体画作所呈现出的极强的专业素养,而是侧重画家主观世界的自我表达。其三,文人审美趣味的形成引导了写意绘画对艺术境界的苛求。宋人在绘画作品的创作与鉴赏过程中常常通过借鉴前人的绘画理论创造出全新的表达绘画艺术境界的词汇概念。如宋人郭若虚借南齐画家谢赫的"气韵"概念作出了提炼与发展,指出气韵是"依仁游艺"的绘画造诣以及"高雅之情"的艺术情怀于画中的凝聚,其境界"不可以巧密得,复不可以岁月到,默契神会,不知然而然也"。① 又如黄休复在唐代书画家张怀瓘的"神、妙、能"三格画品理论上继续提出"逸格"——"画之逸格,最难其俦。拙规矩于方圆,鄙精研于彩绘,笔简形具,得之自然,莫可楷模,出于意表,故目之曰逸格尔。"②可见,逸格境界摒弃了外形、色彩之规矩,以自然而又高度简约的方式创造出意料之外的丰富意蕴,这一境界概念可谓是宋代文人画美学品格的高度总结③。最后,同时也是与园林关系最为密切的一点,伴随日益休闲化、常态化的山水交游而产生的环境审美态度自觉作用于宋人对山水画取材对象的选择及主观改造。郭熙云:"林泉之志,烟霞之侣,梦寐在焉,耳目断绝,今得妙手郁然出之,不下堂筵,坐穷泉壑,猿声鸟啼依约在耳,山光水色滉漾夺目,此岂不快人意,实获我心哉,此世之所以贵夫画山之本意也。"④此话直接道出了山水交游与绘画创作之间的紧密联系。自魏晋山水美学激发公众环境审美意识之后,游山玩水就开始成为官僚、文人乃至百姓的放松方式之一,而对于日常生活高度休闲化的两宋而言,山水交游更是极为普遍。而自理学统一了儒、道二家的自然审美态度之后,山水之乐更是在文人士大夫之间广受追捧。对于画家而言,其交游过程中真实的环境体验就是其创作对象的灵感来源。再者,中国山水画不重写生,而是讲究"得之于心"、"意在笔先",绘画的创作多发生于环境体验结束之后。因此,其所表现的对

---

① 郭若虚、邓椿:《图画见闻志·画继》,米田水译注,长沙:湖南美术出版社 2010 年版,第31 页。

② 黄休复:《益州名画录》,何韫若、林孔翼注,成都:四川人民出版社 1982 年版,第 6 页。

③ 陈望衡:《中国古典美学史(中卷)》,武汉:武汉大学出版社 2007 年版,第 393—394 页。

④ 郭思:《林泉高致》,北京:中华书局 2010 年版,第 11 页。

象并非是自然客观,而是画家对自然的主观理解。因此方才出现了诸如"山有三远"以及"可行可望不如可游可居"此类审美态度与游憩体验相互结合的创作美学。

周维权先生说:"(宋代)园林中熔铸诗画意趣比之唐代就更为自觉,同时也更为重视园林意境的创造。不仅宅园别墅如此,宫苑和寺观园林也有同样的趋向。山水诗、山水画、山水园林互相渗透的密切关系,到宋代已经完全确立。"①而画与园的相互渗透具体而言表现在人对环境的感知,山水画的兴盛孕育了景观审美"如画性"概念在中国本土的生长。宋人已有将园林景观比作绘画的普遍自觉,范纯仁《薛氏乐安庄园亭记》形容:"清宵月明,千里如画……众木交阴,画不见日。"②晁补之《金乡张氏重修园亭记》云:"北望南武、七日诸山或断或绩,屏列远陆如画。"③王十朋《绿画轩记》:"左右青山,环合映带,蓝黛之色与天连碧,四时不凋,眼界常青,望之宛然如在图画中。"④洪适《盘洲记》曰:"茭蘆弥望,充仞四泽,烟树缘流,帆樯下上,类画手铺平远之景。"⑤与英国强调复杂、变化以及不规则的"如画性"概念不同的是,宋人眼中的"如画性"趋向于散点透视式的宏大与开阔,这种倾向增加了对远景体验的审美需求,促进了园林登览或借景设计的运用。明代之后,"如画性"概念开始随叠石技艺的高度成熟而发生转向,成为山石美学的一大参考。

在文学艺术方面,两宋期间虽然文体繁多,但主流者不外乎如下五大门类:诗、词、文、小说、戏曲。其中小说与戏曲作为通俗文学的代表,虽在宋时已

---

① 周维权:《中国古典园林史》,北京:清华大学出版社2008年版,第268页。

② 范纯仁:《薛氏乐安庄园亭记》,载曾枣庄、刘琳主编:《全宋文(第71册)》,上海:上海辞书出版社、合肥:安徽教育出版社2006年版,第299—301页。

③ 晁补之:《金乡张氏重修园亭记》,载曾枣庄、刘琳主编:《全宋文(第127册)》,上海:上海辞书出版社、合肥:安徽教育出版社2006年版,第23—24页。

④ 王十朋:《绿画轩记》,载曾枣庄、刘琳主编:《全宋文(第209册)》,上海:上海辞书出版社、合肥:安徽教育出版社2006年版,第111—112页。

⑤ 洪适:《盘洲记》,载曾枣庄、刘琳主编:《全宋文(第213册)》,上海:上海辞书出版社、合肥:安徽教育出版社2006年版,第379—382页。

经普及，但其真正的创作以及理论高潮还在元、明，尚不能与以诗、词、文三大文体为代表的文人文学艺术相抗衡①。诗、词、文在两宋期间的发展相比前代而言是蔚为大观的，"唐宋八大家"中宋代文人就占去六席。若以唐宋两代的古文辑校成果为参照，《全唐诗》收录作品数量4.89万余首，诗人2.2千余人；《全宋诗》收录作品数量27万余首，诗人9千余人。《全唐文》收录作品数量1.8万—2万余篇，作家数量3千余人；《全宋文》则收录作品数量17.83万篇，作家数量9176人②。《全宋词》也在词作数量上达到2万余首，作者1.33千余人。可见宋代的文学艺术作品较唐代而言均呈现出倍数上涨的趋势。而在文人文学艺术中，词作又是两宋最具时代特征的文体。王国维云："凡一代有一代之文学：楚之骚，汉之赋，六代之骈语，唐之诗，宋之词，元之曲，皆所谓一代之文学，而后世莫能继焉者也。"③词作为一种新文体的出现，又在宋代诗、文著作所取得的成就上将整个文学艺术的发展推向巅峰。

宋代文学在整个中国文坛历史上都表现出了极为丰富的艺术流派。宋诗之体派数量繁多，数量逾十，但基本可以分为"唐风"、"宋调"两大门类。唐风即诗风承袭唐人，包括宋初的"白体"、"西昆体"、"晚唐体"以及南宋之后的"四灵体"、"江湖诗派"。宋调即为时代特征突出的诗歌流派，多形成于北宋中期之后，包括"道学体"、"新变派"、"荆公体"、"东坡体"以及"江西诗派"。关于宋词的流派历史上众说纷纭，但以明代词学家张綖开创的"婉约派（体）"、"豪放派（体）"最为主流，"婉约者欲其辞情蕴藉，豪放者欲其气象恢弘"。④ 前者以秦观、晏殊、欧阳修、李清照等为代表，后者以苏轼、苏辙、王安石、辛弃疾等为代表。后来二派之间也有相互的融合借鉴，出现了既婉约又豪放的"新词派"，如南宋姜夔，其词以清空、骚雅为趣味⑤。由于词在文体上源

---

① 王水照：《文体丕变与宋代文学新貌》，《中国文学研究》1996年第4页。

② 邓绍基、曾枣庄、王水照等：《〈全宋文〉五人谈》，《文学遗产》2007年第2期。

③ 王国维：《宋元戏曲史》，上海：上海古籍出版社2011年版，第1页。

④ 张綖：《诗余图谱·凡例》，转引自张仲谋：《张綖〈诗余图谱〉研究》，《文学遗产》2010年第5期。

⑤ 陈望衡：《中国古典美学史（中卷）》，武汉：武汉大学出版社2007年版，第256—257页。

自市井文化,因而其流派以多情感表达更加通俗的婉约派为正统。① 散文方面,由于其篇幅、数量庞大,内部又细分有辞赋、奏议、书启、论说、序跋、杂记、箴铭、碑志等等多个分支文体,因而流派的确立也最为复杂。但通常情况下,宋人行文与其作诗写词在风格上往往是相互一致的,因而可以从诗词艺术中探寻宋文流派的风格特点。例如,以李昉、徐铉为代表的"五代派"一如既往保持了对唐风的尊崇;以杨艺、钱惟演一行为代表的"西昆派"文如其诗,辞藻绚烂,雕章丽句;以两宋理学家为代表的"理学派",文章侧重"文以载道";以欧、苏为盟主的"古文派",志古而又以议论见长。另外还有建炎南渡前后的"抗战派"、"功利派",因国家政局动荡而显得爱国主义思想高涨。②

宋代文学艺术在审美趣味上随朝堂之上的几次文学运动而表现出了如下几次转变:第一,从晚唐、五代之风到西昆体派的兴盛,文学美学表现出对形式与艺术的极致追求;第二,从古文运动的掀起到西昆美学的衰落,文学艺术开始体现出"文以载道"的内涵追求;第三,理学家引导下的古文运动表现出"文以载道"到"作文害道"的某些倾向,表现出内容晦涩、形式单一的审美趣味;文学家引导下的古文运动表现出"文道俱进"的平衡观点,诗文内容丰满,形式多样;第四,国家动荡之际,文学艺术表现出浓郁的家国情怀与政论意识;第五,理学家在文道观念上继续发展,以"文道合一"的一元思想打破了形式与内容的对立割裂,文学艺术更加灵活多态。

金学智在《中国园林美学》中指出,有无"园林情调"已经成为了唐宋文学艺术的主要区别③,两宋园林与文学之间已经产生了跨越艺术形式的交流与互动。建筑匾额或石头上的题字、题诗是园林与文学艺术相互联系的直观表现,其通过文字的方式对景观的抽象主旨给予了点题作用,助益于园林主题的表达。然而,园林与文学艺术之间的关系远不止于此,之间存在一个影响深刻

---

① 傅合远:《中华审美文化通史(宋元卷)》,合肥:安徽教育出版社 2007 年版,第 102—120 页。

② 王水照:《宋代文学通论》,开封:河南大学出版社 1997 年版,第 81—224 页。

③ 金学智:《中国园林美学》,北京:中国建筑工业出版社 2005 年版,第 47—49 页。

但又比较抽象的维度。

宋诗与宋词与园林关系是有所不同的,这取决于二者在文学体裁方面的特征。美学家李泽厚称:"诗常一句一意或一境。整首含义阔大,形象众多;词则常一首(或一阕)才一意或一境,形象细腻,含义微妙,它经常是通过对一般的、日常的、普通的自然景象(不是盛唐那种气象万千的景色事物)的白描来表现,从而也就使所描绘的对象、事物、情节更为具体、细致、新巧,并涂有更浓厚更细腻的主观感情色调,不同于较为笼统、浑厚、宽大的'诗境'。"①宋词对环境与情感的表达精致细腻,其赋予园林景观以浓烈的情感色彩,如李清照《添字采桑子》:"窗前谁种芭蕉树? 阴满中庭,阴满中庭,叶叶心心,舒卷有余情。"庭院不再是僵死的场地,而是园主游客感情的物化。"情景交融"至此成为中国园林的一大艺术境界。

宋诗对园林场景的刻画虽没有宋词那样细腻,但整首诗歌由多个刻画不同场景的诗句构成,序列变化丰富。如果说宋词侧重词人在游园时触景生情、情感逐渐涌现的时间过程,那么宋诗则是侧重诗人在游园时视觉空间连续变化的审美体验。诸如八景、十景此类"组景序列"现象即是园林诗化的典型产物,其虽然发生于唐,但直到两宋时期才真正完成定型,涌现出了惠洪《潇湘八景诗》与"潇湘八景"、范仲淹《苏州十咏》与"苏州十景"、庞籍《延州城南八咏》与"延州八景"等大批诗歌组景序列②。

宋文对造园活动的感染主要表现于"园记"的创作思想。园记是一种在唐代"山水游记"与"亭台楼阁记"的基础上发展出来的以园林为题材的记文体,自其诞生以来就以叙述见长,涉及描述对象的地理、景观、工程方面的诸多信息,文末稍作议论。有宋一代,园记随文坛中"文道"关系的辩驳而呈现出了明显变化,其集中表现为议论程度加重,园林景观逐渐成为园主生活美学、政治立场以及伦理教化的一种宣扬途径。宋人对园记议论部分的深化反映出

---

① 李泽厚:《美的历程》,北京:文物出版社 1981 年版,第 156 页。

② 李正春:《论唐代景观组诗对宋代八景诗定型化的影响》,《苏州大学学报(哲学社会科学版)》2015 年第 6 期。

了其在造园过程中对园林主题思想的重视,景观的文化寓意开始在宋代成为园林设计中足以同形式相抗衡的一个重要构成。

小　结

　　按社会结构主义的分析逻辑,两宋造园背景表现为经济发展、政治制度与思想文化三个层次,园林历史进程的变革以经济背景之变为基础,以政治背景之变为动力,以文化背景之变为趋向。三个背景的具体变化如下。

　　在经济层面,宋时国家在经济发展模式上首度迎来了近代社会的前夜。自然经济在农本思想的扶持下依旧保持着国家经济结构的主体地位,但商品经济所占份额相比隋、唐、五代时期已经有了显著提高,商业及手工业的全面繁荣以及农业生产上取得的持续进步扩大了社会资本的积累。在商品经济的推动下,土地交易现象日趋频繁,各地城镇化进程加剧,科学技术应生产力的发展之需而取得前所未有的辉煌。这一系列变革于造园而言,首先在广度上提升了园林的普及程度。随社会资本积累的增长,宋代富民阶层的数量与构成不断充盈,园林持有人的数量与构成也同步扩大,实现了园林在社会维度的普及。宋代处于"中世纪城市革命"之高潮,大城市不断蔓延,中小城镇迅速崛起,各城镇之间形成区域尺度的贸易网络,造园活动也随之遍布全国各地,实现了园林在地理维度的普及。其次,物质条件的改变在深度上提高了造园活动的精细程度。从造园的过程视角上看,土地的商品化在推动园林产权交易的同时也为园林的扩建、改造提供了便利,造园活动更加频繁,园林规模也更加灵活。在宋代科学技术发展的迅猛态势下,园艺、建筑、叠山理水等方面的造园技艺不断实现创新,园林景观的建设在经济与技术的共同保障下更加细腻。

　　在政治层面,宋廷立基以来所确立的"文以靖国"的基本国策使国家政治形态在这一时期发生了根本转变。有宋一代,国家官僚阶层的社会构成发生了洗牌式的剧变。政府通过科举制度向社会广纳贤才,年均取士数量达唐时的五倍,极大程度地削弱了门阀世族的政治影响,提升了官僚阶层整体的文化修养。在宋廷的惠文政策下,文人阶层的社会地位、政治地位均得到提升,其造园活动也更为频繁。在任之时,士大夫怀抱兼济天下的责任意识积极投身郡圃、风景名胜等具备公共属性的园林,退任或未入仕的文人则以"独善其身"之思全心经营自己的宅园别墅。因此,文人阶层成为两宋造园活动的中坚的群体,不仅在造园实践上将宋代园林的建设推向高潮,更在造园思想上引领了整个社会园林设计的审美风尚。除文人政治以外,军财政策、教育政策、宗教政策也分别对宫苑、学校、寺观三类园林的发展产生了根本影响。宋廷军事与财政的集权化确保了皇宫苑圃的建设有着充足的财力与人力,力倾全国、工程浩繁的艮岳在中央集权的保障下才能顺利的建设起来。以庆历、熙宁、崇宁三次兴学运动为旗帜的教育改革对官办、民办学校的建设均给予了高度的政治关怀,学宫、书院的园林环境因此才能发展成为一种独立的园林类型。国家对佛、道两教主扶持、兼抑制的管理模式进一步笼络了宋廷与宗教事业之间的关系,佛教与道教在稳定的政治环境中扶摇直上,寺院与宫观的园林建设日益成熟。

在文化层面,理学思想的深入人心是两宋社会思想意识的重大特质。理学是以儒学为主,同时又吸纳道、佛二家的部分观点后形成的一种哲学思潮。其思维逻辑上习惯于以自然规律贯通社会规律,强调将世界本源的认识把握贯彻于自我人格的开掘。随两宋文人士大夫对理学思想的构建与发扬,园林不再单纯作为客观的游憩、居住对象,更是滋养园主独立人格、心性禀赋的苗床。通过园林,主体的思维意识与自然世界紧密维系在一起,"天人合一"的哲学思想得以在此时成为造园活动的最高原则。生活是园林文化的重要内容。两宋日益繁荣的社会经济、相对稳定的政治局势以及宽松活跃的文化氛围赋予了宋人丰富而又休闲的生活方式。虽然园林生活在文人笔下本属格调高雅的生活方式,但随游园风气的大众化以及市民阶层对文人士大夫的追风效仿,园林的品藻也开始进入亦雅亦俗、雅俗共赏的境地。宋人在艺术创作时将内涵凌驾于形式之上的普遍倾向对园林设计同样产生着由此及彼的效应。

从绘画艺术领域文人画派的兴起以及文学艺术领域"文以载道"观念的发展上看,宋人自觉将思维或情感视为艺术作品的核心。园林营造同样重视主题立意的表达,于园林景观中熔铸以浓郁的诗情画意,以艺术境界为造园之追求。

第二章　地域分布之变

由于宋代国家经济、政治、文化中心较前代而言在地域上发生了变迁,故而两宋园林在地域分布上也随之产生了明显变化。这一变化既可以从宋代地方志、地理总志等文献中的园林记载反映出来,也可以通过宋人撰写的园记予以追溯。通过整理《全宋文》所收录的园林记文,结合 GIS 技术,宋代园林的地域分布可在一定程度上再现(见附图及附表)。据分析结果,园林分布的空间变化主要表现为如下三个方面:点状特征上,造园活动中心发生了由中原至江南的迁移;线状特征上,长江流域、黄河流域及东南沿海三大园林分布带的格局基本落成;面状特征上,全国各地的园林均取得了较大程度的发展。

第一节　造园活动中心的迁移

据《全宋文》园记所反映的园林地理信息显示,两宋期间,全国造园活动中心完成了由中原地区向东南地区的迁移(图 2.1)。唐末宋初,国家造园中心因都城变动而完成了一次小范围的东迁,形成了北宋时期以中原东京及洛阳(西京)的"两京"地区为中心的园林分布特征。然而这一次迁移地域跨度有限,并没有撼动中国园林自先秦以来始终以北方为造园中心的空间格局。南宋时期因国家局势变动,造园中心向东南方向迁移,范围跨越广至 4—5 个纬度,形成以江南"三吴"诸地为重心的局面。此次变动标志着南方园林的发展态势开始超越北方园林,正式成为中国园林的形象代表。

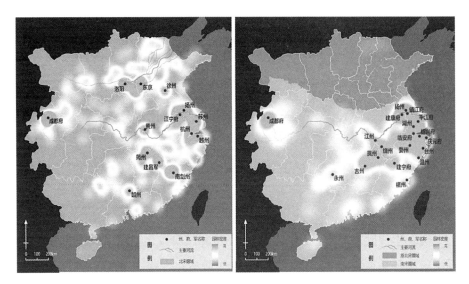

图 2.1 北宋(左)到南宋(右)造园活动中心的迁移(作者自绘)

一、北宋中原"东京"与"西京"

在中国园林发展历程上,集经济、政治、文化中心为一身的都城始终是造园活动的中心,而封建社会"多京制"的城市发展现象又促使历代陪都成为了造园活动的副中心。自西周以丰镐(今西安)、洛邑(今洛阳)分别为国之西都、东都以后,"长安—洛阳"的两京之选就以其卓越的经济、政治、军事优势而延续了上千年①。北宋虽然以"开封—洛阳"为首都、陪都,但其在格局上不仅没有打破前代以黄(渭)河为轴线、东西制衡的经典模式,反而在区位上缩短了两京之间的距离,以至宋代在中原地区形成了以开封、洛阳为首的,相比前代更为集中的造园中心。

"东京"开封府又被称为汴京、汴梁,曾为魏国、后梁、后晋、后汉、后周都城。"东京"的称谓虽然是相对"西京"洛阳而言,但其同时也作为国家首都的正式名称②,故本书统一以"东京"指代宋时的开封。据宋廷于崇宁元年

---

① 丁海斌:《谈中国古代陪都的经济意义》,《辽宁大学学报(哲学社会科学版)》2017 年第 1 期。
② 周宝珠:《宋代东京研究》,开封:河南大学出版社 1998 年版,第 25 页。

(1102)所开展的人口统计,东京及其辖区共吸纳人口 26.1 万户①,可谓当时中原第一城。东京地势平坦,水文条件突出,其北临黄河,城内又有汴河、惠民河、广济河、金水河四水穿城。在规划方面,东京城市格局呈现出隋唐以来的棋盘式,且因大致呈矩形的三重城墙及护城河的存在而表现出向心式的四重格局:皇城、里城、外城以及城郊(城外)(图 2.2)。东京是北宋时期园林分布最为集中、造园活动极其频繁的中心地,东京城市研究专家周宝珠先生誉其为"一座园林特别发达的花园之城"②。据考证,东京内城与外城建成面积达 57 平方千米(未包括皇城面积)③,这一区域内遍布皇室、官僚、巨贾、僧道经营的各式园林,达到了"都城左近,皆是园圃。百里之内,并无闲地"④的程度。皇城中的宫苑园林有艮岳、宫城后苑、延福宫、龙德宫、撷芳园、撷景园、芳林园,皇城外则有"四园苑":玉津园、瑞圣园、宜春苑、琼林苑(含金明池)。其他有所名著的园林包括:蔡太师园、童太师园、王太尉园、王太宰园、景初园、一丈佛园、奉灵园、灵嬉园、麦家园、虹桥王家园、李驸马园、下松园、养种园、庶人园、同乐园、马季良园、药梁园等⑤。据考证,《宋史》《汴京遗迹志》《东都志略》《东京梦华录》《宋东京考》《枫窗小牍》《玉海》以及宋人文集、笔记中出现的有名目的园林就达到了 80 余处⑥,而实际数量远不止于此。若算上寺观、学校以及小型的名胜园林,其数量绝不下于 100 处。

---

① 注:两宋时期政府对全国人口进行了多次统计,其中徽宗崇宁元年的统计开展于国家盛期,较其他时期而言更具代表性,下文中各地的人口数据皆以此次统计为主。另外,宋廷在人口统计时采用"户口制"将人口数据分为以家为单位的"户"数及以人为单位的"口"数,但并非所有人口均可入籍,因此下文中的人口数据将以"户"为基准,"口"数虽然各地有所不同,但可以粗略以学界普遍采纳的均数"一户五口"推算。

② 周宝珠:《宋代东京研究》,开封:河南大学出版社 1998 年版,第 453 页。

③ 李合群:《北宋东京布局研究》,郑州大学学位论文,2005 年。

④ 孟元老:《东京梦华录笺注(下)》,伊永文笺注,北京:中华书局 2006 年版,第 612—613 页。

⑤ 袁褧、周煇:《枫窗小牍·清波杂志》,尚成、秦克校点,上海:上海古籍出版社 2012 年版,第 28 页。

⑥ 刘益安:《北宋开封园苑的考察》,载:庄昭主编:《宋史论集》,郑州:中州书画社 1983 年版,第 558—578 页。

图 2.2　东京的城市及园林①

_____

① 王铎：《中国古代苑园与文化》,武汉：湖北教育出版社 2003 年版,第 139 页。

由于东京城内各式园林在元宵灯会之后多半有对公众开放的风俗,故元宵迄清明,老树新芽、百花争妍,举城市民争相赴园游赏,场面十分热闹。孟元老有文字记述当时之盛况:

收灯毕,都人争先出城探春,州南则玉津园外学,方池亭榭。玉仙观转龙弯西去,一丈佛园子、王太尉园,奉圣寺前孟景初园,四里桥望牛冈,剑客庙。自转龙弯东去,陈州门外,园馆尤多。州东宋门外,快活林、勃脐陂、独乐冈、砚台、蜘蛛楼、麦家园、虹桥、王家园、曹、宋门之间东御苑,乾明崇夏尼寺。州北李驸马园,州西新郑门大路,直过金明池西道者院,院前皆妓馆。以西宴宾楼,有亭榭,曲折池塘,秋千、画舫,酒客税小舟,帐设游赏。相对祥祺观,直至板桥,有集贤楼、莲花楼,乃之官河东、陕西五路之别馆,寻常饯送置酒于此。过板桥有下松园、王太宰园、杏花冈。金明池角,南去水虎翼巷,水磨下蔡太师园。南洗马桥西巷内,华严尼寺、王小姑酒店。北金水河两浙尼寺、巴娄寺、养种园,四时花木,繁盛可观。南去药梁园、童太师园。南去铁佛寺、鸿福寺、东西栖榆村。州北模天坡、角桥,至仓王庙,十八寿壁尼寺、孟四翁酒店。州西北元有庶人园,有创台、流杯亭榭数处,放人春赏。大抵都城左近,皆是园圃,百里之内,并无闲地。次第春容满野,暖律暄晴。万花争出粉墙,细柳斜笼绮陌。香轮暖辗,芳草如茵,骏骑骄嘶,杏花如繡,莺啼芳树,燕舞晴空。红妆按乐于宝榭层楼,白面行歌近画桥流水,举目则秋千巧笑,触处则蹴踘疏狂。寻芳选胜,花絮时坠金樽;折翠簪红,蜂蝶暗随归骑。于是相继清明节矣。[①]

这段文字显示,东京园林不只局限于城内,其分布在东、西方向至少分别绵延到了城外 15 里及 30 里,南、北方向 9 里及 20 里[②]。东京城墙内外所遍布的百

---

① 孟元老:《东京梦华录笺注(下)》,伊永文笺注,北京:中华书局 2006 年版,第 612—613 页。

② 周宝珠:《宋代东京研究》,开封:河南大学出版社 1998 年版,第 458 页。

余大小园林以及东京人春季的踏青游赏之风反映着北宋都城造园及游园活动郁勃强盛的生命力。

"西京"洛阳又称河南府,为北宋东京之陪都,崇宁年间共有人口 12.8 万户,其繁华程度仅次于东京。洛阳周围地形变化丰富,东南有嵩山、少室山,正南有龙门山,北及西北有邙山,城中又有洛、伊、瀍、涧四水流过,其自然条件在中原地区可谓十分优越。在政治、经济方面,洛阳作为北宋陪都,驻扎着大量朝廷要吏,而其在区位上又处于东京经济圈内,东距都城不足 200 千米,政治及经济地位仅次国家级别。而在文化资源上洛阳的优势则更加突出,处处显露着其十三朝古都的历史积淀,更有南北朝以及隋唐时期的门阀贵族定居于此。北宋以来,洛阳吸引了大批文人、士大夫寓居养老,因而其满城园林遍布。宋人李格非在《洛阳名园记》中记述了自己亲游的 19 处著名园林,同时留下了"洛阳名公卿园林,为天下第一"①的评价。此外,洛阳城内花卉文化风靡。自李唐以来,洛阳就成为了牡丹的培育、交易中心。宋时,以牡丹为首的花卉园艺产业更加繁荣,市内养花赏花成为风俗。如欧阳修《洛阳牡丹记》所云:"花开时,士庶竞为游遨,往往于古寺废宅有池台处为市井,张幄帘,笙歌之声相闻。最盛于月坡堤、张家园、棠棣坊、长寿寺东街与郭令宅,至花落乃罢。"②可见花卉园艺产业的发展促进了洛阳市民的园林游憩活动。当代学者贾珺深入历史文献辑得洛阳私家园林如下③:安乐窝、富弼宅园、薛氏园、丛春园、环溪、王尚恭宅园、王曙宅园、湖园、吕蒙正园、独乐园、张去华园、会隐园、宋氏园、李寔园、魏仁浦宅园、苗授宅园、赵氏宅园、张齐贤宅园、温仲舒园、范雍宅园、赵普宅园、文彦博宅园、楚建中宅园、松岛、归仁园、仁丰园、姚奭西园、杨希元宅园、东庄、张氏园、午桥庄、白莲庄、郭氏别墅、胡氏园、董氏东园、董氏西园、刘氏园、大隐庄、杨氏园、师子园、李氏园、刘氏郊园。以上宅园别墅虽非洛

---

① 李格非、范成大:《洛阳名园记·桂海虞衡志》,北京:文学古籍刊行社 1955 年版,第 14 页。
② 欧阳修:《洛阳牡丹记·风俗记第三》,载曾枣庄、刘琳主编:《全宋文(第 35 册)》,上海:上海辞书出版社、合肥:安徽教育出版社 2006 年版,第 172 页。
③ 贾珺:《北宋洛阳私家园林考录》,《中国建筑史论汇刊》2014 年第 2 期。

阳全貌,但数量上已达 42 座之多,若再纳入宅墅以外的其他类型,洛阳园林整体数量远逾 50 处。

宋金战争之际,中原的造园活动受到了严重阻碍,靖康之祸对东京园林的打击更属毁灭性质。靖康元年(1126)元月,金兵渡过黄河,以包围之势对东京展开了第一次进攻,徽、钦二宗密图撤逃,幸而抗金名臣李纲挺身而出,积极备战,死守之下击退了金兵。这次攻城战役已经对造园活动产生了极大的影响,民间造园活动基本停滞,荼毒百姓十余载的花石纲及艮岳的后续工程也完全停止。由于守城之需,大量的园林景石还被投入河中以阻断金人从水陆入侵,或者直接作为炮石使用①。同年冬,金兵发动总攻,北宋至此沦陷。东京被攻克之后,城市惨遭兵火损毁,宫苑、寺观、坊里硝烟弥漫②,昔日都市繁华的花园之城转眼化为废墟狼藉。据张淏《艮岳记》所载,东京城破之后,百姓多避难于艮岳。时年底大雪,冻馁交加,宋廷诏令允百姓伐木为薪。一时间,十万难民蜂拥而至,亭台楼阁拆毁殆尽③,一代名园就此湮灭。虽然海陵王完颜亮以开封为"南京",对开封宫阙有过修缮,然其意图实在对南宋发动剿灭战争,并非在于发展城市。金宣宗又在贞祐二年(1214)迁都开封,再度对开封进行了修整,然其实是为躲避蒙古人的南下④。天兴元年(1232),金元战争于开封爆发,城市再度毁于战火。洛阳的情况与东京开封如出一辙。靖康元年(1126)十一月,金人率先攻破洛阳,对城市进行了洗劫。在金宣宗迁都开封后升洛阳为"中京",再次将洛阳作为国之陪都。然好景不过短短 16 载,在元军攻破开封之后一年,洛阳又被蒙古人占领,自此以后,洛阳作为都城的历史完全结束。在频繁的战事影响下,东京及洛阳的城市建设均出现了严重倒退,其作为中原造园活动中心的地位完全消亡,全国造园活动完全转移至南方。

---

① 单远慕:《论北宋时期的花石纲》,《史学月刊》1983 年第 6 期。
② 周宝珠:《宋代东京研究》,开封:河南大学出版社 1998 年版,第 617 页。
③ 张淏:《艮岳记》,载曾枣庄、刘琳主编:《全宋文(第 308 册)》,上海:上海辞书出版社,合肥:安徽教育出版社 2006 年版,第 231—235 页。
④ 单远慕:《金代的开封》,《史学月刊》1981 年第 6 期。

二、南宋江南"行都"与"三吴"

北宋灭亡后,徽宗、钦宗被掳,康王赵构辗转南下,最终驻跸杭州,升杭州为临安府,开启了历时153年的南宋政权。临安曾是五代吴越国旧都,北宋崇宁年间人口数量已达到20.4万户左右,可谓江南一大都会。南宋时临安虽未称"京",而是作为复辟中原的幻想以"行在所"、"行都"(天子所在之地)代替,然而其实质上就是一国之都。其城市西承天目山余脉,至天竺山一分为二,北部诸山统称北山,南部则称南山。天竺山与南山、北山之间夹持西湖,西湖东岸紧接城区,城之正南又有钱塘江,城东则为平原。临安秀美的城市山水架构以及江南地区丰富的动植物资源为其园林的发展奠定了突出的先天基础。受地貌条件以及吴越、北宋时城墙格局的影响,临安都城规划在空间上呈现出了狭长的不规则形态。皇城的设置也打破了位于都城中心的惯例,建置于城南的凤凰山上。因而其在中国都城建设史上表现出了比较特别的意义(图2.3)。造园方面,由于北宋以来西湖治理成效突出,其周围的景观优势日益彰显。特别是元祐五年(1090)苏轼治湖修堤、并于沿岸开展一系列环境美化工程之后,临安城郊的湖光山色更加秀丽,吸引了大批人士开展造园活动。至南宋时,"山川秀发,四时画舫,遨游歌鼓之声不绝,好事者常命十题。有曰:平湖秋月,苏堤春晓,断桥残雪,雷锋落照,南屏晚钟,曲院荷风,花港观鱼,柳浪闻莺,三潭印月,两峰插云。"①西湖十景由此形成。临安园林无论宫苑、别墅还是寺观基本都围绕西湖展开。皇家宫苑包括:宫城后苑、龙德宫、玉津园、富景园、聚景园、屏山园、五柳御园、玉壶园、庆乐园、集芳园、真珠园、下竺御园、延祥园、琼华园等;私家别墅包括:云洞园、吕氏园、择胜园、秀邸新园、隐秀园、环碧园、养鱼庄、富览园、琼花园、秀芳园、湖曲园、水乐洞园、总秀园、小水乐、卢园、华津洞、刘氏园、裴禧园、杨园、乔园、史园、万花小隐园、香林园、斑衣园、后乐园、养乐园、水竹院落、香月邻、琼华园、半春园、小隐园、快活园、总

---

① 祝穆、祝洙:《方舆胜览》,北京:中华书局2003年版,第7页。

宜园、大吴园、小吴园、水月园、挹秀园、秀野园、寥药洲、北园、张氏北园、梅庄、蒋苑使园、壮观园、王保生园、阅古堂、陈侍御园、瞰碧园、罗家园、霍家园、四井亭、具美园、山涛园、凝碧园、续氏园、赵郭园、七位府园、泳泽园、水丘园等；寺院道观包括：灵隐寺、净慈寺、三天竺寺、兴福寺、梵天寺、韬光庵、太乙宫、太清宫、三茅观、显应观、表忠观、真圣观等①。其园林整体数量在 150 处左右，与北宋盛期的东京相比有过之而无不及。

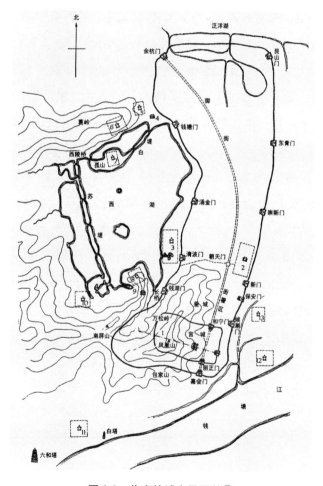

图 2.3　临安的城市及园林②

①　朱蠚:《南宋临安园林研究》,浙江农林大学学位论文,2012 年。
②　周维权:《中国古典园林史》,北京:清华大学出版社 2008 年版,第 275 页。

由于临安并未称"京",故也未设陪都,然其经济、政治、文化之发展实与首都无异,其都城城市圈范围内还是出现了以"三吴"之地为代表的全国造园活动副中心。"三吴"是东晋之后出现的地理概念,其分别指代吴、吴兴、会稽三郡,即南宋时的平江府、湖州、绍兴府。

平江府即苏州,其名称由徽宗政和三年(1113)时迁升府城后而来,崇宁时人口达15.3万户。平江位于江南运河中段,南通临安,北接汴河至东京,可谓两宋水上交通的重要枢纽,商贸密集,经济发达。城西有太湖、姑苏山,同样于城郊提供了优质的景致资源。据有幸流传的《平江府图碑》显示,平江城市空间形态大致呈规整的矩形,城中道路纵横,最大的特点在于水网。其大型河道横纵各有14条、6条,城内外桥梁共计314座至多①,城市意象上可谓是"江南水乡"之代表。由于平江城内及城郊风景均有不俗,因此其园林也均匀散布于市内以及城郊太湖、虎丘、姑苏山、尧峰山、洞庭西山一带。有名的园林包括:郡圃西园及南园、沧浪亭、乐圃、渔隐园、就隐园、招隐堂、道隐园、隐圃、藏春园、卢园、万华堂、蒙圃、瞿庵、闲贵堂、石湖别墅、沈氏园亭、孙巍山庄、丁家园、蜗庐、同乐园、章园、贺铸别墅、三瑞堂、虎丘、姑苏台等,有文献记载的还有隐园、梅都官园、范家园、张氏园池、西园、郭氏园、千株园、五亩园、何仔园亭、北园、翁氏园、孙氏园、洪氏园、依绿园、陈氏园、郑氏园、东陆园等②。平江所辖市县也多园林,如昆山有乐庵、墨庄、陈氏北园、西园、栎斋、四时佳景园、翁氏园、孙氏园、洪氏园、依绿园、止足堂、莫氏西园,吴县有复轩、水竹墅、只园,嘉定有怡园。此外,苏州一带是太湖石、黄石等园林用石的重要产地,其水陆交通也十分发达,因此对景石的开采与流通具有十分重要的意义,徽宗期间就曾于平江专设"应奉局",负责江南各地花石应奉的搜集及其向东京的运输。同时,由于平江景石流通便利、频繁,其园林叠石现象十分普及,市场上还出现了称为"花园子"的叠石工匠,其地区叠石技艺全国领先。

湖州古称吴兴,西依天目山脉,北临太湖、与平江跨湖相望,南面则直通临

---

① 耿曙生:《从石刻〈平江图〉看宋代苏州城市的规划设计》,《城市规划》1992年第1期。
② 周维权:《中国古典园林史》,北京:清华大学出版社2008年版,第314页。

安,距南宋都城仅60余千米,比洛阳与东京的距离更近,崇宁时有人口16.2万户,也是江南地区的主要城市。城内东、西苕溪二水贯流,城外又有山水之秀,自唐以来就陆续成为江南世族、文人理想的择居之地,如茶圣陆羽的青塘别业、诗僧皎然的苕溪草堂,以及白居易所题"白苹洲五亭"皆位于湖州。宋时,吴兴地区造园活动愈发频繁,宋人周密有《吴兴园林记》一文记述了亲游吴兴36处园林时的情形,其中较为突出的几座包括:南沈尚书园、北沈尚书园,二者属同一园主,前者为占地百亩、以石景取胜的宅园,后者为占地三十余亩、以水景见长的别墅;叶梦得石林精舍,位于城郊弁(卞)山,以周遭"万石环之"而得名;赵师夔菊坡园,前有溪、中有岛,岛上菊花百种;俞澄俞氏园,周密称其"假山之奇,甲于天下";章参政嘉林园,内有"怀苏书院",传苏轼曾游于此;荷花庄,四面环水,水上皆植莲荷,荷花绽放时蔚为壮观;牟端明园,为原郡圃南园。其余还有赵府北园、丁氏园、程氏园、丁氏西园、倪氏园、赵氏南园、叶氏园、李氏南园、王氏园、赵氏园、赵氏清华园、赵氏瑶阜、赵氏兰泽园、赵氏绣谷园、赵氏小隐园、赵氏蠡洞、赵氏苏湾园、毕氏园、倪氏玉湖园、章氏水竹坞、韩氏园、刘氏园、钱氏园、程氏园、孟氏园[1]。湖州毗邻太湖、弁山,同样也是景石的重要产地,当地叠石技艺也十分突出,诞生了专门负责园林叠山垒石的技工"山匠",与平江的情况十分相似。童寯先生于《江南园林志》中称"宋时江南园林,萃于吴兴"[2],宋代的湖州园林与苏杭园林旗鼓相当。

绍兴古称会稽,北宋时为越州,南宋绍兴元年(1031)迁升为府,以年号为府名,崇宁时有人口27.9万户,是当时两浙路人口最多的地区。绍兴地处临安东南,江南运河南段,区位优势十分突出。自然环境方面,绍兴北临钱塘江入海口,地势平坦,水网密布,南面则有鉴(镜)湖、会稽山,西有卧龙山,风景应接不暇。文化方面,绍兴历史可以追溯至春秋时期的越国,越王勾践曾于此建都,悠久的历史结合当地丰富的物产孕育了绍兴繁荣而多元的文化,如石文化、兰文化、水乡文化、酒文化、书法文化等。因而自先秦至宋,绍兴吸引了大

---

①　周密:《癸辛杂识》,北京:中华书局1988年版,第7—13页。
②　童寯:《江南园林志》,北京:中国建筑工业出版社1984年版,第23页。

批文人、官僚、商贾的入驻,留下了大量的园林痕迹,历史上比较著名的有卧龙山巅的越王台及其当时的皇家宫苑、王羲之的兰亭及其宅园中的洗墨池、谢灵运山居始宁墅、吴越王钱镠的西园等。宋时的园林则有:青隐轩、曲水园、延桂楼、秋风亭、观风堂、多稼亭、沈园、小隐山园、望仙亭、观德亭、丁氏园、镜湖渔舍、五云亭等①。其中流传至今的沈园因陆游与唐婉之间的爱情故事而闻名,然今日沈园之景因后续的几经易主而已非宋时之格局。据明人祁彪佳《越中园亭记》,绍兴园林在明代多达291处②,虽然这一数据并不能反映绍兴宋代以来的园林数量,但却说明了两宋对绍兴明代以来造园活动突飞猛进所作出的重要铺垫。

由于江南地区在唐、五代以及北宋时就表现出了充沛的造园活力,故在南宋造园中心完全南迁之后,整个区域园林发展更加兴旺。除"行都"以及"三吴"地区之外,嘉兴府与庆元府亦有不少园林。嘉兴府位于长江入海口,北通平江,南至临安,海运、河运都很方便,崇宁时人口12.3万户。嘉兴府及其所辖华亭、崇德、海盐四地有吕家府、焦家园、凤池、潘师但园、竹埶书堂、柳氏园、高氏圃、包氏圃、栎斋、徐长者园、胥山书堂、嘉禾轩、会景亭、月波楼、落帆亭、倦圃、范蠡湖、翟氏园、醉眠亭、宝成庄、秦氏别业、施家园、叶氏别业、刘婕好庄、张循王庄、韩侂胄庄、龚氏园、云间洞天、百花庄、富储庄、湖斋、谷阳园、天和堂、赵氏园、柳园、东皋园等。③ 庆元府即今宁波,崇宁时有人口15.3万户。宋时庆元府南有西湖,湖中岛屿星罗棋布,有柳汀、雪汀、芳草洲、芙蓉洲、菊花洲、月岛、松岛、花屿、竹屿、烟屿等,湖中有红莲阁、众乐亭,是市民游赏的好去处。此外,庆元府府治后圃也十分出名,其总名桃源洞,内有熙春堂、清心堂、双瑞楼、百花堂等景点。庆元府辖区内寺观园林众多,其中最出名的当属"五山十刹"之一的鄞县太白山天童寺。④

---

① 张斌:《绍兴历史园林调查与研究》,浙江农林大学学位论文,2011年。
② 祁彪佳:《越中园亭记》,转自:张斌:《绍兴历史园林调查与研究》,浙江农林大学2011年。
③ 孙云娟:《嘉兴传统园林调查与研究》,浙江农林大学学位论文,2012年;李若南:《文人审美旨趣影响下的上海古典园林特点》,南京农业大学学位论文,2009年。
④ 王象之:《舆地纪胜(第2册)》,杭州:浙江古籍出版社2012年版,第425—445页。

第二节　三大园林分布带的落成

从全国园林分布的统计地图中可以发现,宋代园林的地域分布在空间上呈现出了一定的结构特征,即集中于黄河流域、长江流域以及东南沿海三大区域,这三大区域构成了宋代三大园林分布带相互鼎立的整体格局。从过程视角分析,这三大园林分布带的状态各有不同。其中,东南沿海分布带为宋时新成,虽然园林数量稍显不足,但在两宋期间一直保持着兴旺的发展态势。长江分布带为隋唐所成,在宋代则发展至高峰,取得了全国园林之最高成就。黄河分布带早在秦汉就已形成,虽有着深厚积淀,但在赵宋之时表现出了衰微的趋向。三大园林分布带的一兴、一盛、一衰,背后蕴含唐宋以来园林乃至社会发展的地域特征。

一、东南沿海分布带的兴起

五代时期南汉、闽国、吴越三大政权共同割据了中国东海及南海沿岸的带状区域,这一区域自唐迄宋都较中原稳定,沿海经济日益崛起,文化上也开始发挥光彩,为宋时东南沿海园林分布带的兴起奠定了基石。(图2.4)

岭南地区与中原山遥路远,风土习俗不尽相同,语言沟通也存在障碍,自古以来就被偏视为"四夷"之一。然而自汉代广州一带通商以来,岭南沿海地区经济地位持续上升,在隋唐时期达到了历史上的"旺盛时期"①。唐中叶以来,以广州为核心的岭南沿海地区市舶交易频繁,与闽、浙以及渤海地区舟楫行无阻滞,已经成为全国海路的重要枢纽,经济地位显著提升。《新唐书》记:"广人与蛮杂处,地征薄,多牟利于市。锷租其廛,榷所入与常赋埒,以为时进,衰其余悉自入,诸蕃舶至,尽有其税,于是财蓄不赀。"②凭借市舶利益,岭南沿海居民实现了一定程度的财富积累,然而地区的政治及文化发展依旧蹉

---

① 中村久四郎:《唐代的广东(上)》,朱耀廷译,《岭南文史》1983年第1期。
② 欧阳修、宋祁:《新唐书》,北京:中华书局2000年版,第4008页。

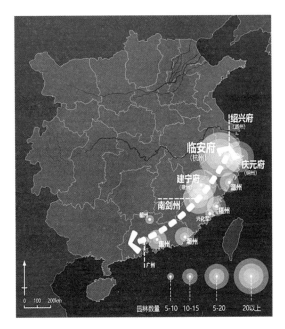

图 2.4　东南沿海园林分布带（作者自绘）

蹰未展。唐时，岭南仍是朝廷贬谪官吏、流放罪犯之地。柳宗元说："过洞庭，上湘江，非有罪左迁者罕至。又况逾临源岭，下漓水，出荔浦，名不在刑部，而来吏者，其加少也固宜。"①将岭南沿海视为是贬谪地之外的贬谪地。故其地虽商贸繁盛，但文化事业却少有进展，园林建设也长期处于蛰伏状态。

　　公元 917 年刘氏定都番禺，在岭南地区建立的南汉政权是岭南文化发展史以及造园历史上的一个重要节点。清人梁廷楠撰《南汉书》时云："五岭之南，自李唐以前，声名文物，远不逮夫中原。"②而南汉开国之后，华夏文化开始在岭南地区发挥光彩。相比唐末五代中原地区的战乱局面，南汉路遥偏安的稳定局势吸引了大批文人名士迁居，为汉文化在岭南推行起到了积极作用③。而另一方面，南汉朝廷的崇文治国、扶持宗教的态度也为其地区文化的发展创

---

①　柳宗元：《柳宗元集校注（第 2 册）》，尹占华、韩文奇校注，北京：中华书局 2013 年版，第1552 页。

②　梁廷楠：《南汉书》，林梓宗校点，广州：广东人民出版社 1981 年版，第 44 页。

③　陈欣：《南汉国史》，暨南大学学位论文，2009 年。

造了理想的政治环境。加之岭南沿海坚实的经济实力,园林建设迅速步入正轨。刘氏皇家园林的建设当仁不让的引领、带动了该地区造园活动的开展,其政权存在的短短 55 年间便筑有甘泉苑、芳华苑、昌华苑、华林园、西园、显德园、南宫、大明宫、玉清宫、太微宫等,宫、苑数量各占 26 座、8 座①。而自刘氏之后一直到两宋期间,寺观园林、宅墅园林、衙署园林也在岭南沿海逐渐丰富起来。

　　闽地之状况与岭南大抵类似,《淳熙三山志》云其初唐时"户籍衰少,耘锄所至,甫迩城邑。穹林巨涧,茂木深翳,少离人迹,皆虎豹猿猱之墟"②,同样属于偏远的僻壤之乡。而自中晚唐之后,闽地在商业、手工业及教育事业上逐渐发挥光彩,一时破除了其地山野穷僻的历史印象。福建地区是唐中叶国际贸易的重要港口,阿拉伯地理学家伊本·胡尔达兹比所著《道程及郡国志》指出,交州、广州、扬州、泉州(一说福州)是中国 9 世纪中期的四大贸易港③,其商业经济地位伯仲于岭南沿海地区。手工业方面,制茶、制盐、造船、冶矿均是闽地的核心产业。茶叶的生产尤其突出,武夷山、方山、半岩茶叶均在唐时就已名震四方,斗茶茗战之习俗也形成于此时此地④。教育事业的发展更是福建历史上的标志性事件。在林藻、欧阳詹等中唐通过科举入仕的首批闽地文人的带领下,福建地区文风建设大兴。唐大庆年间,闽中兴学运动如火如荼,推动形成了闽人"家有洙泗,户有邹鲁,儒风济济,被于庶政"⑤的优良学风。

　　公元 909 年,王审知受后梁太祖朱温所封为闽王,933 年,其次子于福州正式称帝。闽国建立于五代乱世,闽地远离战争骚乱的地域优势吸引了中原南下避难的文人。而王氏父子向有"折节下士、开学馆以育才为意","王氏率

①　周加胜:《南汉国研究》,陕西师范大学学位论文,2008 年。
②　梁克家:《淳熙三山志》,载《宋元珍稀地方志丛刊(甲编)(七)》,王晓波等点校,成都:四川大学出版社 2007 年版,第 1341 页。
③　戴显群:《唐代福建海外交通贸易史论述》,《海交史研究》2000 年第 2 期。
④　刘祖陛:《唐五代闽地茶叶生产初探》,《福建史志》2017 年第 5 期。
⑤　董诰等:《全唐文(第 4 册)》,北京:中华书局 1983 年版,第 3964 页。

皆厚礼延纳,作招贤院以馆之,所以闽之风声气习往往浸与上国争列"①。政治风气之如此,为闽地园林发展创造了一个良好的环境。与南汉略同,王闽政权在福建地区也多有兴修宫苑的造园活动,在一定程度上推动了闽地园林的发展。其中表现最为突出者当属学校园林。学校园林虽然兴盛于宋,但在闽人卓著成效的学风建设影响下,闽地教育机构在唐时就多有见闻,如福、泉二州的乡贤祠,孔仲良创办的涵江书院,陈泊创办的松州书院,郑露兄弟创办的湖山草堂等②。这些官学、私学的创办为该地区学校园林在宋代的大发展造足了声势。

吴越所处的江南地区与岭南及闽地均有不同,其本身就属富庶之地、鱼米之乡,在文化上又有春秋吴、越争霸的历史底蕴,具备园林发展的社会背景优势。李唐以来,随生产力及生产关系的发展,江南地区迅速发展制瓷、造船、纺织、冶炼等手工业,商贸交易亦同步发展,城镇数量不断增加,城镇人口稳步增长,其对国家的商税贡献日益增长。有统计指出,唐代苏州、越州、杭州、湖州的园林数量已经分别多达 51 处、49 处、32 处、31 处③,这对于全国造园活动仍不是十分普及的李唐时期而言已算是脱颖而出的数字了。

公元 907 年,钱氏吴越政权成立,以杭州为都,统帅浙东、浙西诸地。吴越享国 72 载,在五代十国中属上乘之国。如《五代史话》所云:"吴越在钱氏治理下,政治上比较安定,文士荟萃,人才济济,经济繁荣,渔盐蚕桑之利,甲于江南;海上交通发达,中外经济文化交流频繁;文艺也称盛于时。"④国之稳定昌盛必然为造园活动提供舞台。以吴越都城杭州为例,园林除隋唐之旧外,钱氏又于城内修建了握发殿、都会堂、瑶台院、垒雪楼等亭台苑囿,同时又整治西湖、新葺园馆,其历史成为宋代杭州园林兴荣之前奏。

---

① 黄仲昭:《八闽通志》,福州:福建人民出版社 2006 年版,第 1435 页。

② 杨晶晶:《唐代福建研究——以安史乱后经济与科举为中心》,扬州大学学位论文,2013 年。

③ 魏丹:《唐代江南地区园林与文学》,西北大学学位论文,2010 年。

④ 卜孝萱、郑学檬:《五代史话》,北京:北京出版社 1985 年版,第 7 页。

　　以粤、闽、浙为构成的东南沿海地区由于在唐末五代之乱时保持了一定的时局稳定,经济与文化之发展也未受阻滞,故而造园活动颇具起色。入宋以来,国家一统,政治更加稳定、经济更加繁荣、文化更加璀璨,其三方面的优势均被放大,且各地彼此之间的政权割裂完全瓦解,东南沿海的园林分布带也就此逐渐明晰起来。

　　如本书首章所揭,商品经济的发展是宋代社会进步之重大表现,而东南沿海则是全国商品经济发展代表。宋史学家葛金芳先生表示,唐宋变革的一大表现即是国家由内陆型向海陆型的转变,"自晚唐以迄宋元,广州、明州、杭州、泉州等大型海港相继兴起,东南沿海地区以发达的农业、手工业和商品经济为后盾,表现出向海洋发展的强烈倾向"。① 故其地区在经济发展上表现出了巨大潜力。然北宋时,在中原地区强盛的经济实力以及巨额商税贡献的荫蔽下,除浙东地区,福建及广东的经济地位也只能以"潜力"二字为印象。宋室南迁后,由于丧失了中原地区的主权,国家陷入了相当程度的财政紧张,对东南沿海市舶、商税收入的依赖激增,经济地位明显提高。再者,南宋以临安为都,国家中心随之南移,东南沿海地区的政治、文化地位也同步上升。其一切的历史条件都为东南沿海地区的园林发展创造了机遇。

二、长江流域分布带的全盛

　　毕竟两宋并非处于一个全球贸易时代,无论于运输技术还是市场需求而言,国内的河流运输较海运更具竞争力。

　　长江流域是中国稻作文明之发源地,其社会发展早于东南沿海,自秦汉之后就一直扮演着疏通南北的关键角色。魏晋南北朝期间,北方地区因战乱频繁而疮痍满目,社会秩序受到严重影响。故交通便利、政局偏安的长江流域吸引了大量人口,其社会发展迅速向黄河流域看齐,为国家经济、文化乃至政治重心的南移积蓄了力量。隋唐迄两宋被史学家视为长江流域地区发展的重要

---

　　① 葛金芳:《两宋东南沿海地区海洋发展路向论略》,《湖北大学学报(哲学社会科学版)》2003 年第 3 期。

阶段。这段时期以来,长江流域经贸活动频繁,人口总数稳步增长,城市化进程开始加剧,长江两岸基本形成了一条贯穿东西的城镇带①,为其园林分布带的形成创造了坚实的社会条件。而在自然条件上,长江流域景致资源十分突出,坐拥平原、山地、峡谷、丘陵多种地形,同时又分布有太湖、巢湖、鄱阳湖、洞庭湖以及古代云梦泽之大小遗存,长江及其支流江河更是大有可观。因此,长江流域的园林分布带自隋唐就已基本成型,在两宋时则借造园活动的社会化趋势而发展至全盛。(图2.5)

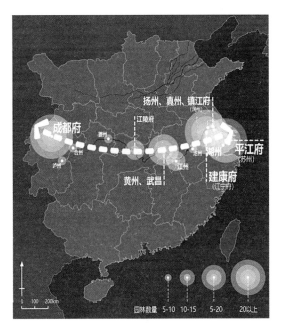

图 2.5 长江流域园林分布带(作者自绘)

由于长江流域社会发展的区域差别,其园林分布带的内部结构也并非是均质的。据唐宋时期长江流域人口密度显示,唐时长江下游地区发展迅速,宋时上游地区与下游地区基本持平,中游地区虽落后于上、下游,但其于宋时的差异在进一步缩小。园林的分布情况虽基本与此趋势相吻,但细节变化尚需讨论。

---

① 周德钧、王耀:《长江城镇带的历史角色》,《人民日报》2016 年 5 月 16 日。

表 2.1　汉、唐、宋长江流域人口密度比较表(人/平方公里)①

时代 \ 地区	上游地区	中游地区	下游地区
西汉	15.3	10.1	13.6
东汉	16.0	14.2	12.4
唐	13.99	9.81	25.87
北宋	21.4	13.8	23.6
南宋	27.2	14.8	22.7

　　长江下游包括淮南东路、淮南西路、江南东路以及两浙路的大部分地区,基本相当于"江南"的地理概念。江南地区为长江流域以及东南沿海两条园林分布带之冲会,无论唐宋,其皆是全国范围内造园活动最为频繁的区域。唐时,苏州、杭州、湖州、扬州、润州(今镇江)、江宁(今南京)等地园林数量就各自达到了 30 处至 60 余处,紧逼都城长安 100 余处的园林数量。宋时,上述地区园林数量多者均已超过 100,少者也不下 50 余处,杭州作为南宋都城,园林数量则发展至 150 处左右之多。唐宋江南园林之崛兴,本质上就是长江下游地区社会发展的表现。初唐时期,全国经济稳步回暖,人口增幅高达 312%,而此时,江南地区人口增幅 599.2%,已经在全国范围中脱颖而出②。起初,北方地区占据全国 85 个望县③数量的 75%,江南地区不足其余下的 25%。而到晚唐之时,江南一道的望县增长数量以及上县总数跃居全国之首④。宋时长江下游之经济更如春风化雨。人口方面,整个江南地区在宏观上一直保持着稳固上涨的态势,其中人口最为稠密的两浙路长期位居诸路之首,人口比率高达全国的 9.5%—22.8%⑤。农业生产方面,长江下游田产丰腴,苏州、嘉兴、绍兴、

　　①　谢元鲁:《长江流域交通与经济格局的历史变迁》,《中国历史地理论丛》1995 年第 1 期。

　　②　景遐东:《江南文化与唐代文学研究》,复旦大学学位论文,2003 年。

　　③　注:自北齐始,全国州县大致分为赤、畿、望、紧、上、中、下几个等级,望县即除都城辖域外,社会发展较为突出的县。

　　④　翁俊雄:《唐代的州县等级制度》,《北京师范学院学报(社会科学版)》1991 年第 1 期。

　　⑤　程民生:《简论宋代两浙人口数量》,《浙江学刊》2002 年第 1 期。

明州诸地上田亩产约为 3 石,次田也有 2 石,亩产最高者甚至达到 4.52 石①,明显高于全国 1.675 石的平均亩产。城市发展方面,长江中、下游流域地区城镇的城墙周匝为平均 8.2 里每座,而华中、华南、江西三地的数值则分别是 6.5 里每座、6.9 里每座、6.4 里每座②,反映出江南地区城镇面积远高于上述三地,充分说明了江南地区经济繁荣之概况。

而在文化事业上,唐宋江南地区文人地理分布研究客观反映了长江下游地区的文化发展历程。初唐时期,以关内道、河南道为代表的北方地区始终是国家之文化中心,其诗人数量分别占全国诗人总数的 20.1% 和 22%,此时江南东道仅据其中 14.2%。而在历经安史之乱、中唐藩镇叛乱、唐末五代之乱三次社会动荡下的三次北方移民之后③,关内及河南二道诗人于晚唐五代跌至 7.9% 与 12.6%,而江南东道诗人数量则上升至 30.2%,位居全国之首,其增长幅度也睥睨全国任何一道。这说明,从初唐至五代,以江南为代表的长江下游地区已经发展成为全国文化之最发达的地区④。北宋时期,国家局势的安定统一推动了各地文化的共同发展。此时,以河南为中心的中原地区文化得以恢复,其著名文学家数量占全国之 15.6%,以浙江、江苏构成的江南地区合计共占 19.2%,维持着全国重要文化中心的地位。南宋之后,国家丧失中原主权,人口再度南徙,江南地区成为国家政治、经济、文化之三重中心,著名文学家数量增至 32.2%⑤。基于经济与文化的共同昌盛,宋代长江下游造园活动的频繁显然是可以预料的。

唐宋以来,长江上游的四川地区的园林分布是仅次于下游的重要区域。

---

① 斯波义信:《宋代江南经济史研究》,何忠礼、方健译,南京:江苏人民出版社 2011 年版,第 138 页。
② 斯波义信:《宋代江南经济史研究》,何忠礼、方健译,南京:江苏人民出版社 2011 年版,第 283 页。
③ 景遐东:《江南文化与唐代文学研究》,复旦大学学位论文,2003 年。
④ 叶持跃:《论人物地理分布计量分析的若干问题——以唐五代时期诗人分布为例》,《宁波大学学报(理工版)》1999 年 12 卷第 1 期。
⑤ 梅新林:《中国古代文学地理形态与演变》,上海师范大学学位论文,2004 年。

虽然四川盆地交通相对封闭,但早在两汉时期,刘氏政权为维系对蜀地的控制而不断加强政治干预,其举措为四川经济注入了长足的活力,使蜀地成为了当时全国十大经济区之一,成都成为当时全国六都之一①。故而汉代成为四川园林发展的首个重要时期,以临邛卓王孙之庄园、巴郡太守之荔枝园、诸葛亮之葛陌庄园为代表的园林开始浮现,蜀汉之帝刘禅也一度于成都兴修宫苑。然魏晋南北朝期间,四川地区先后经历了 8 个政权的统治,战乱无休、社会动荡,其园林发展基本停滞。这一局面随着中国在隋朝的一统而出现转折,由唐迄宋的数个世纪以来,四川地区经济与文化迅速复兴,造园活动日益繁盛,成为长江流域园林分布带的中坚构成。

唐代是四川地区经济以及园林发展的盛期。隋以前,四川地区水利工程约只 6 处,而仅李唐一代,其数量就新增 19 处之多②,充分保障了蜀地农业灌溉之需,外加之水稻种植技术的成就,区域农业经济实力十分殷雄。而在手工业方面,蜀地造纸、印刷、糖酒、瓷器、军工、制盐都很发达,织锦更在三国时期就已闻名九州。唐时蜀地水陆交通便利,南北连通关中、南诏,东西衔接江南、西域,水陆舟楫不断,陆路则沿途肆驿,蜀地商品远销内外,卢纶也曾有“浪里争迎三蜀货”(《送从叔牧永州》)之诗云。自安史之乱后,李唐王朝虽然由盛转衰,但四川地区的发展却迎来了更多机遇。时叛军攻陷长安,唐玄宗退避成都,次年升成都为府城,作为南京。自玄宗之后,德宗、僖宗均曾驻跸成都,四川地区政治地位陡然升高。更为重要的是,安史之乱以来,黄河流域经济体系不断衰弱,其地位逐渐被长江流域取代,而四川地区作为长江流域之上游,其商贸之繁荣可谓空前。《元和郡县志》云:“扬州与成都号为天下繁侈,故称扬、益。”③至晚唐时期,扬州和益州分别代表了全国两大经济中心,“扬一益二”之说由此而来。基于稳定、繁荣的社会背景,四川地区造园活动在唐时就较为突出,成都有摩诃池、龙潭池、合江亭、司运西园、韦庄花林坊、杜甫浣花溪

---

① 姚乐野:《汉唐间巴蜀地区开发研究》,四川大学学位论文,2004 年。
② 姚乐野:《汉唐间巴蜀地区开发研究》,四川大学学位论文,2004 年。
③ 李吉甫:《元和郡县图志(下)》,贺次君点校,北京:中华书局 1983 年版,第 1071 页。

草堂等,其他地区如新都桂湖、新繁东湖、广汉房湖等也均经营自唐。五代时四川作为前、后蜀之领地又有大量土木兴建,特别是作为都城的成都,王、孟二氏政权都曾在统治期间与城内城外砌筑亭台池沼。此外,隋唐五代,佛、道二教在四川的发展顺风顺水,寺院、宫观建设如火如荼,城内大慈寺最盛时有96院,城外青城山道观数量多达10余所①,寺观园林在数量及规模上均有不俗的表现。

宋时全国经济结构向商品经济倾斜,四川地区基于其隋唐之优势,在两宋的经济发展更为昌隆。据统计,唐时整个四川盆地市镇数量为94个,北宋时增长至617个,南宋时更多至895个②。成都坊市制度瓦解,商业街巷开始形成。中世纪城市革命的种种迹象都在四川地区表现得十分鲜明。不过,宋代四川地区社会发展的成就不啻经济,更突出表现在文化方面。清人彭端淑有曰:"两宋时人文之盛,莫盛于蜀。"宋代四川地区文人辈出,科举进士第者数量共计4237名③,如苏洵、苏轼、苏辙、李涛、范祖禹、李心传、魏了翁、秦九韶等宋代著名文人士大夫皆出自蜀中。随四川地区社会文化之煊赫,蜀地园林也迎来了其发展历程上的巅峰时期。除了文人、商贾各自新建的宅园别墅之外,江渎池、罨画池、合江园几大晚唐五代旧地也得以进一步开发。另外,蜀地文风盛行,加之宋廷对教育事业的大力扶持,书院园林的建设很快在整个四川地区普及开来,如遂宁张九宗书院、眉州东观书院、丹棱栅头书院、蒲江鹤山书院、宜宾五峰书院、夹江同人书院、成都沧江书院、夔州静晖书院、潼川府云山书院、涪州北岩书院等④。佛教在此时的发展更加兴隆,昔日以道观居多的峨眉山由道转佛,成为全国佛教之圣地,寺院园林与日俱增。总之,宋时蜀地之园林较唐时而言更加完备,数量及类型都有所增长,园林文化也随蜀人文风教化之积淀而饱满起来。

---

① 贾玲利:《四川园林发展研究》,西南交通大学学位论文,2009年。
② 江成志:《唐宋时期四川盆地市镇分布与变迁研究》,西南大学学位论文,2012年。
③ 蓝勇:《西南历史文化地理》,重庆:西南师范大学出版社1997年版,第92—93页。
④ 胡昭曦:《宋代书院与宋代蜀学》,《四川大学学报(哲学社会科学版)》2001年第1期。

　　以鄂、湘、赣为构成的长江中游地区社会发展整体上相对平缓,未若下游的江南地区、上游的四川地区那样突出。在农业生产方面,长江中游地区土地肥沃,江陵、襄阳、潭州、洪州多地又多建有可保障千亩农田之灌溉的大型水利工程,故其地区水稻亩产量自隋唐以来就不断增长,达到了亩产"一钟"——6.4石之多(推测为早晚两季之和)。如此富足的产量使得长江中游地区自唐五代以来不仅成为了国家粮食储备的重要来源,同时也成为全国粮食自由交易的重要市场。除水稻外,茶叶、桑蚕、水果等经济作物的生产也开始转变为以交易为目的。农业经济的商品化成为长江中游地区社会进步的一大表现①。手工业方面,除因水稻、茶叶、桑蚕的种植成就所带动的酿酒、制茶、纺织业之外,矿冶、铸钱、制瓷、造船等行业也在不同程度上得到发展,最后凭借长江中游交通区位之便利而推动整个地区商品经济的萌发。北宋时,长江流域经济地位整体提高,中游地区之发展也进一步向前。鄂州、江陵、襄阳、潭州、岳州、洪州、江州、饶州诸地均已成为国家之重要商业都市,其中潭州北宋熙宁十年(1077)商税收入9.4万贯、江陵府5万贯、洪州4.7万贯、鄂州4.5万贯、岳州4.2万贯,虽远不敌杭州与成都两大下游、上游代表城市18.4万贯及17.2万贯的商税收入,但中游地区城镇分布带绵延较广,整体收入仍然十分可观②。南宋时,长江中游地区,特别是长江北岸诸地为战争所扰,社会秩序受到一定打击,商业贸易更不及长江上游及下游地区活跃了。

　　长江中游虽不以经济见长,但园林分布亦不在少数,其中缘由与自然景观格局有着密切联系。长江中游地区地形地貌丰富而具有特点,其境内包含了五大地形中的平原、山地、丘陵、盆地四大类,山脉又表现出明显的喀斯特地貌特征。水系方面的景致资源则更加丰腴。除长江及其十余大小支流外,湘、赣两地又各有洞庭、鄱阳两大浩瀚的淡水湖,湖北地区湖泊更是星罗棋布,素有千湖之境的美誉。由于占据了天地山水之秀,同时又在区位上具贯通全国东西

　　① 郑学檬:《论唐五代长江中游经济发展的动向》,《厦门大学学报(哲学社会科学版)》1987年第1期。

　　② 程民生:《北宋商税统计及简析》,《河北大学学报》1988年第3期。

南北的交通之利,长江中游地区在唐宋以来造园活动仍然是较为频繁的。唐时,鄂、湘、赣三地园林均以寺观祠庙、楼阁名胜为主,前者如鄂州宝通禅寺、头陀寺、衡山南岳庙、黄庭观,洪州青莲寺、龙兴观,庐山大林寺、东林寺等;后者如滕王阁、黄鹤楼、岳阳楼三大名楼,以及鄂、洪、饶三州之东湖,江州甘棠湖、琵琶亭等。私家园林也开始增多,如白居易庐山草堂、戴简之潭州戴氏堂、戴叔伦鄱阳湖宅园、洪州东湖来鹏之山馆及陈陶之陈处士园等。潭州因五代时作为马楚都城,又建有会春园、蓼园、明月圃、定王台等马氏苑囿①。有宋一代,随文人园林之兴起以及园林类型的进一步分化,长江中游地区的园林发展呈现出两大趋势。其一是文人士大夫造园活动的增加。如黄州有苏轼之东坡雪堂,洪州有李寅之涵虚阁、潘兴嗣之宅园、章鉴之皆春园,饶州有洪适、洪迈、洪遵之盘洲、野处、小隐三园,江州有周敦颐之濂溪、曹彦约之观莳园等。其二是衙署园林、学校园林的出现。如湖南岳麓书院、城南书院,江西白鹿洞书院、濂溪书院,湖北南湖书院、南阳书院,均在宋时享誉四方。而襄阳府府治,隆兴府府治、漕司,潭州、岳州州治等多地衙署园林游观乐趣也日渐浓郁。

三、黄河流域分布带的衰微

黄河流域的园林分布带主要以横跨今之陕西、河南、山东、河北四省境内的黄河及其支流渭水、洛河流域为地理构成。黄河流域在秦汉时期就是全国经济最发达的地区,其虽在南北朝期间经历战乱而逐渐衰败,不过在隋唐、北宋一统的社会背景下再度繁华起来,达到发展史上的高潮,其以长安、洛阳、东京三大节点连缀形成的全国政治、经济、文化轴脉同时也是全国园林分布集中的带状区域。然而两宋期间,自然环境以及社会环境均发生了重要改变,黄河流域之文明在至臻辉煌之后开始褪暗,各地园林发展上下起伏、动荡不堪,虽然底蕴深厚,但发展势头已不及长江流域、东南沿海地区。(图2.6)

陕、豫、鲁、冀四地园林的发展在晚唐、北宋、金代三个时期可谓各不相同。

---

① 刘枫:《湖湘园林发展研究》,中南林业科技大学2014年。

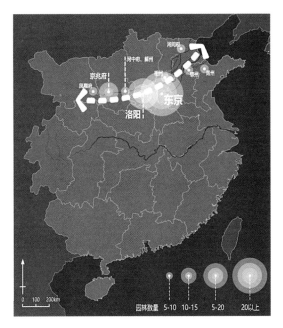

图 2.6　黄河流域园林分布带（作者自绘）

以长安、洛阳为核心的陕西、河南地区始终是中华文化之发源地，在国家分裂之时自然也成为了兵家必争之地。隋唐伊始，长安、洛阳成为国家都城与陪都，其地区文明得以恢复、续写。隋时广修运河，关中至齐鲁一线的城镇迅速兴起，带动、强化了黄河流域地区整体的社会发展。故盛唐以前，黄河流域造园活动的频繁是显而易见的。长安园林在隋唐可谓盛极一时，宫苑有太极宫、大明宫、兴庆宫、大兴苑，城外诸地又有玉华宫、仙游宫、翠微宫、华清宫、九成宫等离宫。隋唐关内宫苑恢弘奢丽，皆宫中有苑、苑内有宫，帝国之风范，尽显于皇家园林。此外，长安之寺观、宅墅、名胜园林亦不在少数。寺观如荐福寺、慈恩寺、光明寺、招福寺、大兴寺、唐昌观等，宅墅如安乐公主定昆庄、王昕宅园、冯宿山亭院、杜氏别墅、韦氏别墅等，名胜公园则如曲江池、乐游原。然自中唐安史之乱后，长安成为叛军与唐廷交战之地，城市中的宫庙寺署皆受重创，长安园林至此开始衰败。唐僖宗中和三年（883）、光启元年（885）以及唐昭宗乾宁三年（896）、天祐元年（904），长安城先后遭遇 4 次严重兵火荼毒，坊市、宫阙、苑囿尽遭毁坏①。韦庄有诗描绘过唐末长安城市及园林景观之萧瑟："长安寂寂今何有？废市荒街麦苗秀。采樵斫尽杏园花，修寨诛残御沟柳。华轩绣毂皆消散，甲第朱门无一半。含元殿上狐兔行，花萼楼前荆棘满。昔时繁盛皆埋没，举目凄凉无故物。(《秦妇吟》)"虽北宋时长安城市秩序再趋稳定，但由于政治地位的下降，一代国都园囿再也没能企及盛唐的昔日辉煌。

洛阳地区之境遇与长安有所异同。作为隋唐东都，洛阳在中唐以前同样有东都苑、上阳宫等宫苑，寺观庙宇、宅院别墅同样云集密布。安史之乱，洛阳比长安更早沦陷，城市园林未能幸免兵火之灾。唐末黄巢起义、军阀混战，洛阳景象更为凋敝。然不同于长安，洛阳在五代及北宋之时幸逢复兴的机遇。后唐以洛阳为都，同光年间对城市建设作出了杰出贡献。北宋以来，宋廷又以洛阳为陪都，誉"西京"，一定程度上恢复了其盛唐之时的政治地位。洛阳园林在稳定的社会背景下迅速恢复，故司马光于《题太原通判杨郎中新买水北园》诗中咏"洛阳名园不胜纪"，苏辙也曾于文章中给出"园囿亭观之盛实甲天下"②的评价，李格非也才会发出洛阳园林盛衰兴废的感叹。与洛阳园林一同兴起的还有宋都东京的园林。东京地区即唐之汴州。由于毗近两京以及水陆交通之利，汴州在初唐之时就已经是王建《汴路即事》诗中所云"草市迎江货，津桥税海商"的殷盛繁华之地。安史之乱后，汴州军事地位节节高升。唐德宗兴元元年(784)，唐廷驻军十万于汴，其地至此成为雄视天下之重镇。由于汴州"当天下之要，总舟车之繁，控河朔之咽喉，通淮湖之运漕"③，后梁太祖朱温以及宋太祖赵匡胤皆以汴为京，成就了东京政治、经济、文化，以及造园之空前绝后的历史地位。

如本章第一节所述，宋金、金元战争之际，两京之地生灵涂炭、园囿尽毁，就算是倾国之力才经营起来的一代名园艮岳，最终也落得个伐木为薪、斩石为

---

① 杨德泉：《试谈宋代的长安》，《陕西师范大学学报(哲学社会科学版)》1983 年第 4 期。

② 苏辙：《洛阳李氏园池诗记》，载曾枣庄、刘琳主编：《全宋文(第 96 册)》，上海：上海辞书出版社，合肥：安徽教育出版社 2006 年版，第 189 页。

③ 董诰等：《全唐文(第 8 册)》，北京：中华书局 1983 年版，第 7649 页。

炮、杀鹿啖肉的结局①。局势稳定之后,陕、豫地区虽被纳入金国版图,然金人灭北宋后以北京为都、华北地区为国家中心,陕、豫黄河流域属金国边境,与以往唐宋国之脏腑的地位相比差之千里,虽在稳定时期社会秩序有所恢复,但城市及园林的建设大不如前。金末受蒙古威胁迁都汴京,豫地文化一时得以复兴,然其光景不过数十载,造园活动长期衰靡。昔长安、洛阳、东京一线园林风光至此完全沦为记忆。

鲁、冀二地虽然造园活动没有陕、豫地区的赫赫风光,但同样也是园林建设相对频繁的区域。山东地区自汉代便留有"天下膏腴地,莫盛于齐者矣"②之说,其在大唐盛世更凭农业、商业、手工业的发展而成为国家重要的经济重心。唐末五代藩镇之乱同样对齐鲁区域发展造成了一定影响,不过在北宋之时,鲁地经济迅速恢复,齐州、密州、青州、郓州等地熙宁十年(1077)商税总额均在 7 万—9 万贯之间③,发达程度远超长江中游地区。齐鲁地区自然景致资源可谓得天独厚,鲁东有密州、登州等滨海之地,鲁东又有泉城济南、东岳泰山。在文化方面,齐鲁之地为儒家文化之发祥地,素来儒风济济。而自宋代理学兴起后,鲁地更成为其中泰山学派之根据地,学术影响愈发深入社会。故此,鲁地的园林建设在北宋迎来高峰。齐州大明湖、趵突泉园亭林立,泰山境内遍布书院、寺观、祠庙,兖州有郡圃美章园,州境之内有孔庙、孟庙、颜庙、曾子庙等。徐州有放鹤亭、秀楚堂、拱翠堂,郓州有舅氏园亭、说性亭、清美堂,济州有舜园、是是亭、张氏园亭以及晁补之的归来园等。河北地区的经济发展同样十分瞩目,其冶铁、纺织、制瓷业均为全国之首④,河北东路熙宁间商税收入高居全国第二,仅次于两浙地区⑤。由于充沛的水资源及发达的水利事业,河北地区农业发展亦活力十足,垦田数量位居全国第七⑥。不过河北地区水患

①　单远慕:《论北宋时期的花石纲》,《史学月刊》1983 年第 6 期。
②　司马迁:《史记(下)》,北京:中国文史出版社 2002 年版,第 412 页。
③　程民生:《北宋商税统计及简析》,《河北大学学报》1988 年第 3 期。
④　程民生:《论宋代河北路经济》,《河北大学学报》1990 年第 3 期。
⑤　程民生:《北宋商税统计及简析》,《河北大学学报》1988 年第 3 期。
⑥　程民生:《论宋代河北路经济》,《河北大学学报》1990 年第 3 期。

多发,且北临辽境,具有更为特殊的自然环境及军事地位,其大量的政府财政收入均用作了赡军、水利之用,城市及园林建设也必然受到了一定影响。河北园林相对分散,北宋时相州有醉白堂,冀州有养正堂,保州有娱山堂,定州有爱萱堂,大名府衙署有贤乐堂,河间府有郡圃旌麾园以及尉迟氏园亭等。与陕、豫二地相似,鲁、冀园林亦先后受到了宋金战争及金元战争的影响,其造园活动自北宋末年后越发衰弱。

虽然连年战争是影响黄河流域造园活动的直接因素,不过真正阻滞陕、豫、鲁、冀四地园林发展的内在原因则是整个黄河流域生态环境的剧变。明人李濂云:"黄河之患,终宋之世,迄无宁岁。"①宋金之际为我国历史上黄河水患最严重的时期,特别是在黄河下游的河北、山东西北地区,河水决溢、改道,池塘淤积,对黄河沿岸农业、交通乃至村镇、城市之格局产生了严重影响。黄河的运输功能是维系整个黄河流域经济与交通发展的条件。北宋以东京为都,对黄河、汴河的漕运自然极为重视,政府以东京为中心组织经营了一张联系黄河中下游地区的庞大水上交通网络,其对整个区域的社会发展作出了巨大贡献。虽然北宋以来,黄河决溢现象日益频繁,但宋廷对水患的治理及灾区的赈济都取得了相当的成效。然随着北方局势的变化以及朝廷内部斗争的白热,黄河的治理受军政及党争的影响而难以顺利展开。宋金战争以来,朝廷不仅停止了对河道的疏浚,更出于军事需要而肆意决断河流,进一步加剧了黄河生态环境的恶化。金时黄河南徙,汴河断流,广济河消失殆尽②,昔日发达的交通网络完全瓦解。金代朝廷对黄河的治理也投入了人力物力,然由于职能机构的松散以及官宦的渎职贪腐,黄河的泛滥愈演愈烈,农田大面积被河流侵吞,居民生计面临严峻挑战③。由于生态环境的改变,黄河中下游地区社会发展受到了严重制约,士大夫及百姓不得不将资本与精力转移到治水、防灾、迁

---

① 李濂:《汴京遗迹志》,北京:中华书局1999年版,第71页。

② 吴朋飞:《黄河变迁对金代开封的影响》,《井冈山大学学报(社会科学版)》2015年第4期。

③ 和希格:《论金代黄河之泛滥及其治理》,《内蒙古大学学报(人文社会科学版)》2002年第2期。

居诸方面,造园活动自然在整体上大幅减少了。

第三节　全国各地园林的发展

如本书首章所揭,在两宋商品经济日益兴盛、文人阶层日益壮大的社会背景下,园林建设的普遍化程度空前,全面拓宽了园林分布的空间覆盖面,地方园林的发展成为两宋园林历史进程上的一大特点。据《舆地纪胜》所记述的各州县游览名胜、《全宋文》中记述的各地园林、今人对宋代地方园林的研究成果,除了本章上一节所提及的中原、江南地区外,关中、川蜀、荆湖、江西、淮南、福建、岭南诸地区的园林亦在不同程度上出现了超越隋唐的发展态势,造园活动在全国范围内表现出充沛活力。

一、关中地区

(一)京兆府

京兆府即十三朝帝都的汉唐长安。盛唐之长安本是人口过百万、经济繁荣、官私园林云集荟萃的世界级大都会。然历经晚唐五代战乱的数次洗劫,这座城市及其周遭辖域的无限风光已俱之往矣。北宋时社会安定,长安之经济、文化有所恢复,崇宁时其与所辖 13 县共计有户 23.5 万,再度成为国之西北的重要区域。宋时的长安园林虽无法复原至城墙内外,宫苑钜丽、寺观林立、公卿大人别墅连畛的盛唐气象,但其景象也远超过寻常州郡。唐时长安城内有寺院 107 座,道观 39 座①。宋时寺观多在唐时旧址上修复改建而成,且总数至少也有十余处,如宋代的永兴寺、严福寺、开利寺、大宁寺其前身分别为唐时之翠微宫、翠微下院、香积寺、灵感寺。城郊周文王庙、周武王庙、汉高祖庙、汉武王庙、汉文王庙、汉景帝庙、汉宣帝庙、唐太宗庙、唐肃宗庙等历代帝王陵庙也在宋时得以修缮。宋代的官僚富贵在长安也多有宅园别墅,尚有文字记载

---

① 史念海:《中国古都与文化》,北京:中华书局 1998 年版,第 480—481 页。

者有李仕衡宅第、陈尧咨青莲堂、杜氏小南山庄及桂林亭、范氏五居、元氏庄圃、白序庄、王铣庄、仇家庄、韩郑郊居、逍遥公读书台、申店李氏园亭、韦氏会景堂以及牛僧孺与裴度二相郊居故园等①,半数均为唐时旧园转卖、修缮而来。长安城东南隅的曲江池、芙蓉园、杏园一带在宋时均有传承。唐代的大内御苑兴庆宫也有所保留,只是宋时已改作长安都人士女修禊宴集的园林场所。北宋灭亡之际,长安一带再度受到战争之创。金时由于长安地处宋金边界,且距金都大兴府(今北京)千里之遥,政治、经济、文化地位一蹶不起,造园活动也自此凋敝。

（二）凤翔府

凤翔历史悠久,前身为东周时期秦国之国都雍城,其在北宋时期共辖 9 县,崇宁人口 14.3 万户,亦是国之西北重镇。凤翔府北山南原,城外有雍、横二水,境内多泉、池,造园条件在关中地区相对突出。凤翔城稍南原大郑宫、授经台、凤台等古迹,是为公元前六百余年秦国之宫苑。唐时佛教兴盛,一时间,凤翔周遭先后建起了开元寺、白莲寺、宝莲寺、普门寺、净慧寺、罗钵寺等诸多寺院。入宋之后又陆续增建有关帝庙、景福宫、文昌祠、太白庙等祠庙寺观②。有宋一代,学校及衙署园林开始普及,凤翔也同时建起了县学、府学,治署内的园林亦随着文人地方官的到任而逐渐丰富起来。宋时凤翔之园林多与苏轼有关。嘉祐六年至治平二年（1061—1065）,苏轼于凤翔任职,期间参与修筑了喜雨亭、会景亭、凌虚台以及东湖园林。其中东湖为秦之苑囿遗址,宋时被苏轼利用,引城西北凤凰泉注于湖,同时栽植杨柳莲荷,筑宛在亭、君子亭,兼顾农田灌溉及居民游赏之用。

（三）兴元府

兴元府即汉中,境内有汉水、汉山,是刘汉王朝之发祥地,素有"天汉之邦"的美誉。兴元府地区南接蜀地,北直秦川,军事地位显要。宋时兴元府属利州路,建炎期间分利州为东、西路,兴元所辖南郑、廉水、城固、褒城、西县均

---

① 杨德泉:《试谈宋代的长安》,《陕西师范大学学报(哲学社会科学版)》1983 年第 4 期。
② 杨毓婧:《凤翔历史城市风景秩序及其传承研究》,西安建筑科技大学 2017 年。

属东路,乾道四年(1168)时合为一路,后来又陆续几次分合。兴元与成都地区贸易往来密切,崇宁时共有6万户百姓居住。园林方面,兴元衙署园林颇为突出,其府治有江汉堂、廉泉亭,府园有盘云坞、凝云榭、四照亭、绿景亭、桂石堂,宪司内有澄清斋、思诚斋、忠恕堂、迎薰堂、嘉荫堂、远香阁、清风阁、汉皋亭、极目亭。府治子城上还有天汉楼、高兴亭、北顾亭、仰杰台,其中天汉楼周览江上,为一郡之胜地。郡内寺庙、宫观有慈流院、乾明院、精严院、崇庆院、灵寿院、元都山寺、嘉祐寺、西谷寺、唐安寺、延祥观、检玉观等。作为汉文化之发源,兴元周边有诸多两汉三国之遗迹,如廉水县南仙台山上有韩信庙、截贤岭,传萧何追韩信至此;南郑县西之皋为汉高帝游憩之所,后人为之筑有祠庙;西县南有定军山,山中有武侯墓、诸葛岩、八阵图。

二、川蜀地区

(一)成都府

成都是西南地区的经济中心,崇宁人口18.2万户,自北宋以来是府城,虽然后来陆续有几次被降为益州,但均在数年后再度迁升府城。成都地区地貌复杂,整个四川盆地内又分布着平原、丘陵以及山地,水资源优势也十分突出,长江上游岷江自西北灌入后于蜀地分为多支,其中都江、郫江交汇于府城,成为成都府内主要河流。蜀地与东部地区的交通条件并不理想,唐时李白就曾发出"蜀道之难,难于上青天"的感叹。然而,蜀地内部州县的交通是比较顺畅的,因而在两宋时川蜀一带成都府、潼川府、元庆府之间自成一个相对封闭的区域市场,贸易往来十分密切,早在宋廷发布官方货币"交子"之前就有商户发行纸币,可见其经济水平并不比两京地区落后。在繁荣的经济背景下,成都地区的园林建设达到了其城市建设史上的一个高潮,古寺、名园处处可循。府城内西南有江渎庙,其前有江渎池,池心有三岛,可泛舟。后蜀时曾为私家园林崇勋园,两宋复为州人游赏之地。子城中心的摩诃池更始建于隋,后蜀为宣华苑,宋时虽然水域面积大幅减小,但同样是州人休憩之所。除江渎池、摩诃池外,城内楼阁可供登览者有筹边楼、锦江楼、散花楼、芳华楼、龙兴阁、仙游阁、铜壶阁等。城外西郊还有著名的杜甫浣花溪草堂遗址,东郊则有学射山及万岁池。成都府衙署园林有兵马铃辖厅官署后的东园,以及城外合江园、城西西园。私家园林则有瑶林庄、范希元园、赵园、张园、施园、房园、刘园、王氏庄等。府城内寺观、祠庙众多,寺院有大慈寺、宝历寺、梵安寺、净众寺、安福寺、海安寺、龙兴寺、石犀寺、净土寺、圣寿寺、大秦寺、福感寺、正法寺、海云寺、白塔寺、兴福寺、昭觉寺、中兴寺、移忠院、信相院等,宫观有青羊宫、朝真观、严真观、玉局观、三井观、天庆观等,祠庙有武侯祠、关侯祠、刘公祠、禹庙、忠孝庙等①。

（二）潼川府

潼川府本梓州,重和元年(1118)时迁升为府,崇宁人口约11万户。潼川府城衙署园林大致如下,府治内有柏楼、燕堂、名世堂、镇雅堂、燕祉堂、来衮堂,倅厅有霜林、秀野、石笋、风月堂;府治后圃内有流杯池,宪司内有俞俞堂、先春堂、种德堂、澄清堂、平反堂、诚意堂,郡圃内有棠阴馆。登览游憩之地有府南之南楼、子城上之红楼、城西之西郊亭,通泉县东山有野亭。城西南2里有牛头山,是一处山岳型风景地,山中竹树泉石、佛寺林立,有罗汉洞、永福寺、广化寺、罗汉院。此外,城之东、南、西位也各有山,东山有普惠寺,寺内有苏公泉、备物亭、临川阁、致爽轩、东楼,南山有长寿寺,寺内有兜率阁,西山有延寿寺、摩崖碑、回蛮洞。

（三）泸州

泸州古时郡名江阳,隋代改为泸川,南宋乾道六年(1170)时升为潼川府路安抚使(相当于省会),辖4县,崇宁人口4.5万户。泸州州城内外各个类型的园林都很丰富,宅园别墅有傅园、重园、赵园、杜园、北园,州治有观海亭、南定楼、锦堂、双井、四香亭、恩威堂、壮猷堂、边堂、雅歌堂、衮绣堂、拥翠楼,学校有郡学、五峰书院,寺观、祠庙有大善寺、冲虚观、延真观、东岳庙、崇德庙、梁王庙、吕光庙、武侯庙等。泸州城内还有宝山,山上又多登览亭榭。

---

① 粟品孝等:《成都通史·五代(前后蜀)两宋时期》,成都:四川人民出版社2011年版,第176页。

（四）顺庆府

顺庆府即今南充,南宋宝庆三年(1227)时由果州迁升至府,崇宁年间有户5.5万。顺庆府郡治有平政堂、坐啸堂、凝香堂、诚正斋、清心堂,郡圃为藏春园,前有桂堂、竹堂,内有九崇山、静治堂。府城南40里有清居山,是为顺天府境内的山岳风景区,上有金楼、四水亭、白云亭、光相亭、五友亭、光相台、吸江阁、仙人洞等诸多景色。此外,府城周遭还分别有宝台山、西乐山、朱凤山,其上各自有览秀亭、驭风亭、跨风亭。顺天府地区道教兴盛,道家宫观遍布郡县之内,有玉华宫、紫府观、青霞观、大雷观、龙兴观、延真观、降真观、列真观等。传闻相如县南有司马相如故居,留有弹琴台、洗笔池、卓剑水、无剑台等遗迹。

三、荆湖地区

（一）江陵府

江陵府即荆州,宋时共辖7县,崇宁人口8.6万户。除府治、府学外,园林有乐楚亭、荆江亭、八仙亭、南极亭、佚老堂、东果园、五花馆、五叶湖、桃源洞等。寺观、祠庙有一柱观、开元观、超然观、二圣寺、万寿寺、安宝寺、琉璃寺、分金寺、三公庙、楚庄王庙、汉景帝庙、梁元帝庙、高氏三王庙等。春秋时期,江陵为楚国都城,称为郢。秦汉、魏晋以及隋唐以来也一直是南方重镇,军事及政治地位十分突出。由于江陵楚国古都的历史积淀,府城及周遭辖地留下了大量楚国名胜,如楚王渚宫、郢城、楚楼、高唐观、荆台、章华台、楚庄王钓台、屈原濯缨处(濯缨堂)等古迹。楚国之后,其他时期的历史遗迹也十分丰富。如东汉高士陈寔的读书台、湘东王刘孝绰的湘东苑、梁世祖的梁土东城西城、后晋天福年间的翠烟亭等。以楚、梁为首的大量历史遗迹为江陵地区的园林景观提供了深厚的文化底蕴。

（二）襄阳府

襄阳府北宋上半叶为襄州,宣和元年(1119)时迁升为府,崇宁人口8.7万户。襄阳在地理区位上跨荆、豫之境,远走江淮、近控巴蜀,是中国南方与北方的咽喉,自古就是兵家必争之地,故而军事地位十分突出。另外,襄阳又是诸葛亮隐居之地,留有大量三国时期的景观遗迹,如孔明旧居隆中,内有学业堂、避水台、葛井,后建有三顾门。另外还有庞德公、庞统、司马德操、王粲、刘琦、刘表、蔡瑁等一批汉末人士的故居遗址。东汉初年,襄阳侯习郁于城外建有别墅习家池,宋时已成荒圃,南宋末年时重新修缮,宋人尹焕对此留有《习池馆记》一文①。衙署园林方面,襄阳府府治内有楚观、雅歌堂、雄览堂、筹边堂、北顾亭、汉广亭、闻喜亭,漕治有爱岘阁。襄阳南面的岘山则是公众踏青游赏的胜地,岘山之上有晋柏、岘山亭、长啸亭、涌月亭以及大量各个历史时期的名胜古迹。襄阳周遭大量寺观及祠庙园林,如万山寺、龙兴寺、紫金寺、云封寺、月岭寺、延庆寺、檀溪寺、卧佛寺、楚襄王庙、汉高庙、诸葛武灵王庙、刘表庙、关将军庙、鹿门庙、张汉阳王庙等。

(三)潭州

潭州即今长沙,宋时辖12县,崇宁人口达44万户,是当时荆湖地区人口最为稠密的州县。潭州北以洞庭湖为界,南达南岳衡山,湘江之水贯流郡内。北宋画家宋迪于绘画中表现出的"潇湘八景"中有"远浦帆归、山市晴岚、江天暮雪、烟寺晚钟"四景均出自潭州郡域。潭州州治内有观政堂、敬简堂、湘山观,城外则有望湘亭、湘江亭等小憩瞰江之处,而州城城墙之上的楚楼、湘潭县的清风阁、浏阳县的归鸿阁则是百姓登览远眺的胜地。潭州州城西郊有岳麓山,下瞰湘江,林泉回环,山中寺院、精舍错立,有岳麓寺、道林寺、岳麓书院等,是一处典型的城郊山岳风景名胜。潭州是湖湘学派的发源地,其境内学风盛行,学校繁多,除岳麓山脚的岳麓书院、城之西南临湘门街的城南书院两座著名学校外,湘潭、衡山以及宁乡均有理学家胡安国及胡宏父子所创的碧泉书院、文定书院、五峰书堂。岳麓书院南宋时内有濯清池、咏归桥、梅柳堤、百泉轩、风雩亭、吹香亭、黉门池诸景。城南书院有丽泽堂、书楼、养蒙轩、月榭、卷云亭、琼争谷、南阜、纳湖、听雨舫、采菱舟十景。潭州宋时留有许多唐朝及五

---

① 尹焕:《习池馆记》,载曾枣庄、刘琳主编:《全宋文(第325册)》,上海:上海辞书出版社、合肥:安徽教育出版社2006年版,第252—253页。

代时期的历史园林,如园池为之最胜的戴氏堂,柳宗元为其著有《潭州东池戴氏堂记》一文。再如南楚王朝定都潭州后建立的碧湘宫、会春园、小瀛洲、葵园、明月圃、文昭园等,《方舆胜览》记其中文昭园"昔属马家,今归赵氏"①,成为州人的私家园林。最后,潭州衡山县有南岳衡山,其山川险秀,在华夏神话中被视为是火神祝融之驻地,山中除西岳庙外还遍布着大量佛、道两家的寺院、宫观。

（四）鄂州及汉阳军

鄂州与汉阳军即今武汉,由于地处长江流域,经济水平在宋代有明显提高,崇宁时仅鄂州就吸引人口9.7万户,比府城江陵、襄阳、常德等府城人口都要多出万余户。陆游在经过鄂州时感叹道:"市邑雄富,列肆繁错,城外南市亦数里,虽钱塘、建康不能过,隐然一大都会也。"②鄂州与汉阳两地水源及地貌变化均很丰富,为造园提供了理想的环境基础。宋时有黄鹤楼、古琴台、南楼、北园、东圃、楚楼、正已亭、应轩、憩轩、跨碧、梅阁、涌月台、春荫亭、石照亭、九曲亭、东湖东园等,其中以黄鹤楼最为闻名,登临题咏之风一度继承先唐。寺观祠庙有灵泉寺、长春观、灵山院、三佛寺、禹王庙、大元兴寺等。另外,在理学影响下,鄂州学风四起,州县范围内建有很多书院园林,诸如南湖书院、湖山书院、鹤鸣书院、凤栖山书院等。③

（五）岳州

岳州即今岳阳,古时郡名巴陵,三国魏晋时期的重镇。岳州被称为"潇湘之渊",南北以青草、洞庭二湖相连,洞庭之畔又有君山,为岳州提供了绝佳的山水架构。岳州宋时辖领4县,崇宁人口9.8万户。岳州州治有东园、北园二园,寺观、祠庙有法宝寺、白鹤寺、开元寺、玉清观、天庆观、三闾大夫庙、黄陵庙、灵妃庙等,登览胜地除因范仲淹记文而名扬四海的城楼岳阳楼外,其他还有燕公楼、南楼、夕波亭、四望亭、百叶亭、野泉亭等。

---

① 祝穆、祝洙:《方舆胜览》,北京:中华书局2003年版,第421页。
② 陆游:《入蜀记校注》,蒋方校注,武汉:湖北人民出版社2004年版,第150页。
③ 徐望朋:《武汉园林发展历程研究》,华中科技大学学位论文,2012年。

（六）黄州

黄州宋时属淮南西路，崇宁人口 8.7 万户。黄州州治、郡治内有睡足堂、相隐堂、坐啸堂、净治堂、无愠斋、无倦斋、味道斋、遗爱亭、览春亭、月波楼、栖霞楼、涵晖楼，黄陂县县治有思贤堂、双凤亭、清远亭。苏轼贬黄州时寓居临皋亭（馆），后置办了东坡雪堂。除苏轼宅园外，其他私家园林还有鸿轩、快哉亭、风月堂、寒碧堂、桃黄庵等。州城以北的麻城县有麻城山，山中有十胜景，分别是仙女台、仙女洞、看花台、龙潭、瀑水崖、龙池、仙源亭、马头泉、师姑台、仰天窝。

四、江西地区

（一）隆兴府

隆兴府即今南昌，汉高祖时置郡豫章，北宋年间为洪州，南宋孝宗兴隆元年（1163）升州为府，遂以年号为名。隆兴府山川灵秀、襟带江湖，向来有"南接（距）五岭，北带（奠）九江"的美誉，其洪州与豫章之名也各自取自山、水①。兴隆府人崇文勤稼，风俗大致与吴中略同。南宋时辖南昌、新建、奉新、分宁、武宁、丰城、进贤、靖安 8 县，崇宁人口共 26.1 户。园林方面，兴隆府最为闻名的当属赣江东岸始建于唐永徽四年（653）的滕王阁，北宋时阁在章江门 180 步，南宋则迁至稍南的城墙之上。除登览滕王阁之外，府城东南的东湖也是郡人踏青游赏的去处，同样是当时的一郡之胜。兴隆府府治衙署共有三座园林，分别是府治北面、东南面的北园、南园，以及东湖之上的别圃东园。转运司衙署也有园林，署内东侧有袭香楼、正义堂、船斋、爱民堂、怀训堂，西侧有华远楼、志民堂、进思堂、双桂堂、深明阁。北面花圃中还有有年堂、云锦堂、观风堂、露华堂、酴醾阁、垂珠庵、心远庵、汎绿亭、渼香亭。东湖一带除东园外还有孺子亭、东湖书院、涵虚阁、黄氏园林、陈处士园，府（州）学内有濂溪先生祠，城中衣锦坊有潘公园，原宋齐邱园，园内叠山理水，又构成一郡之胜。

---

① 王象之：《舆地纪胜（第 3 册）》，杭州：浙江古籍出版社 2012 年版，第 826 页。

（二）吉州

吉州古称庐陵，境内赣江贯通南北，支流绵延至各县。吉州地区降雨充沛，田产丰富，宋时更因造船、纺织、制瓷等手工业的发展而在经济上走向兴盛，崇宁年间人口多达33.6万户。相比经济，文化的繁荣更是吉州在两宋期间最为突出的特点。吉州是江西文坛的主要发源地，《舆地纪胜》云："吉为大邦，文风盛于江右。"①刘沆、欧阳修、杨万里、胡铨、周必大、文天祥等两宋著名文人均来自吉州。在吉州文化风气的影响下，造园活动也在宋代变得频繁起来。除了杨万里的东园（即诚斋），周必大的平园及玉和堂外，宅园别墅还有愚堂、澄碧轩、三获堂、山月亭、虎溪莲舍堂、垂芳堂、梅亭等。吉州辖县也有诸多私家园林，永新县有龙溪亭，吉水县有漱汀轩、瑞莲斋，永丰县有霁月楼，安福县有醉乐堂。吉州州城稍南的太（泰）和县有县圃，其内有制锦堂、紫薇堂、幽深亭、八音亭、岁寒亭、樾台、爽台诸景，多为北宋末年知县李良辅所建。县东还有名传四方的快阁，诸多文人都在登临快阁之后留有诗词歌赋。州县寺观园林有圆通寺、慈恩寺、能仁院、长寿院、大智院、朱陵观、紫府观、仙游观等。吉州书院有白鹭洲书院、南麓斋书院、三松书院，其为当地的文风建设作出了巨大贡献。

（三）江州

江州即九江地区，虽崇宁时仅有8.5万户居民，不及隆兴府辖域人口的三分之一，但就园林景观而言却是有过之而无不及。长江、鄱阳湖以及庐山皆是全国知名度最高的天然风景名胜，而江州北俯长江、东临鄱阳、南面庐山，占尽自然景观之优势，为当地园林之发展提供了绝佳的环境条件。而在社会文化背景方面，江州为全国长江漕运以及江浙、荆湖陆运之重要通衢，经济与军事地位显赫。其突出的自然风光及社会地位吸引了历代著名人物于此卜筑园宅，如东晋"浔阳三隐"陶渊明、周续之、刘遗民，唐代重臣文豪李白、元结、白居易，北宋濂溪先生周敦颐等。故此，江州成了宋时江西一带造园活动的重要

---

① 王象之：《舆地纪胜（第3册）》，杭州：浙江古籍出版社2012年版，第994页。

中心。江州州治有后圃,后圃临靠子城,内有三贤堂、四望亭。州治内有铃斋、高斋、清燕堂、爱日堂、齐云楼、紫烟楼、叠翠亭等。城南都统司也有园林,其内有双剑峰、倚天阁。州治之后有庾楼,楼下又有舒啸堂、水亭、月榭、凉厅、燠室、山涧、石池,称北林院,可能又是一处衙署园林。学校方面,江州城内有州学,城南5里则有濂溪书院,从周敦颐创办以来延续百余年而不废,其外有濂溪、学田,内有建拙堂、爱莲堂、濂溪祠堂、讲堂等,形制与庐山之上的白鹿洞书院相仿。江州风景之灵秀同样吸引了大批僧道于此建置寺观,州城、庐山以及各县周边有佛寺东林寺、西林寺、大林寺、圆通寺、宝林寺、宝岩寺、遗爱寺、净土院、龙泉庵等,有道观太平宫、开元观、祥符观、玉清观、天庆观、清虚庵等。唐元和十一年(816),白居易于庐山香炉峰葺园寓居,即著名的庐山草堂,草堂至南宋时犹存,园池中仍有鱼、荷。

(四)抚州及建昌军

抚州及建昌军均位于宋时江南西路的东部,今则统属抚州市,北宋崇宁时人口各16.1万户、11.3万户。抚州衙署园林有东园及金梂园,其中金梂园位于城之西隅,其中叠山理水,景致上佳,园内有瀛洲亭、金玉台可登览。宋人赵汝燧《和林守玉茗花韵》诗云"园名金梂多奇卉,古干灵根独异常",可知园中植物景观也十分突出。城中还有拟岘台、见山阁几处名胜。抚州及其辖县内宅园别墅颇多,除州城的云巢别墅、紫芝庵外,乐安县有山月亭、西园,金溪县有小隐园、清源隐居、仁智堂。建昌军园林有郡圃、灌园、集宝亭、遗爱亭等。城郊麻姑山景色秀丽,有藏书山房坐落其中。军城之南的南丰县也有诸多宅园,如江楼、云庄、韫玉轩、溪山精舍等。

(五)饶州

饶州为古鄱阳郡,地处鄱阳湖之东滨,北面尧山。饶州今属江西,宋时则属江南东路,崇宁人口18.1万户。饶州不仅物产丰饶、百姓富足,且学风纯良,饶人皆以习文为好。南宋"四洪"——洪皓、洪适、洪遵、洪迈以及词人姜夔均出自饶州。由于饶州山水环境条件优越,宋时园林十分丰富。除了洪家三兄弟闻名退迹的三座别墅园——盘洲、小隐、野处之外,私家园林还有竹洲、石台、琼圃、云竹庄、归来庵等。衙署园林有郡圃同乐园,州治之内还有庆朔堂、思贤堂、奉亲堂、新民堂、坐啸堂、得心堂、退思轩、寓目亭、遐观台等景观建筑。可供登览的名胜园林有鄱江楼、松风阁。州城东北的浮梁县还有新田、长芗两座书院。

五、淮南地区

(一)建康府

建康即今南京,北宋时为江宁府,南宋改为建康府,崇宁时人口数量为14.7万户。北宋灭亡后,高宗赵构率臣南逃,同时商议南宋定都大业,而建康由于素有"六朝古都"的历史,又踞长江天堑之险,成为了当时多数大臣所主张的备选都城。绍兴八年(1138),赵构移跸临安府,下诏定都临安,同时置留守司主管建康行宫,建康都城计划正式告终。由于南宋初期基本确定将建康作为都城,建炎三年(1129)时便开始将原来的府治搬迁至子城外的转运司,并着手于原府治基础上建造行宫。因而,建康府是赵宋政权除首都之外唯一兴建了皇家宫苑的城市,其行宫后有御苑"养种园",内置熙春堂(正堂)、玉雪堂(梅堂)、面面云山堂(四面堂)、清华堂(杏堂)、怀洛亭(牡丹亭)、芳润亭(百花亭)、砌台、竹间亭等园林设施。出了行宫之外,建康园林的最大特点即在于历史悠久,六朝古都的园林文脉仍有残留,其包括了古华林园、古乐游苑、古上林苑、古博望苑、古江潭苑、古西园、古芳林苑、古建兴苑、古元圃、古南苑、古桂林苑,这些古代皇家苑圃在宋时并未完全湮灭,而是尚有痕迹可寻,极大程度上增添了建康园林的历史厚重感。除上述古代苑圃之外,建康城市内外也遍布了大量新修、重建的亭台轩榭,包括:建康郡圃、乌衣园、东园、沈约郊园、半山园、绣纯园、忠孝亭、赏心亭、白鹭亭、二水亭、冶亭、东冶亭、瑞麦亭、知稼亭、览辉亭、翠微亭、中兴亭、金山亭、练光亭、折柳亭、佳丽亭、风亭、此君亭、齐南苑、木牛亭、五马亭、征虏亭、白下亭、劳劳亭、客亭、清水亭、二李亭、甘露亭、朝阳亭、罗江亭、望湖亭、迎晖亭、至爽亭、来薰亭、拱极亭、凤凰台、川泳轩、存爱轩、鞾龙轩、子隐台、松陵冈、雨花台、读书台、读书堂、望耕台、日观台、烽火台、景阳台、拜郊台、独足台、通天台。另外如保宁寺、南轩祠、华藏寺、长干寺、天禧寺、铁塔寺、鹿苑寺、天庆观、玄武观、临沧观、齐云观等寺观之中也具有浓郁的园林气息。

（二）扬州

扬州南有长江连通东西，西有运河贯通南北，其四周 80 千米范围内分别为镇江府、建康府、真州、滁州、泰州、高邮军，交运地位十分突出。两宋时扬州属淮南东路，崇宁期间人口有 5.6 万户。扬州城市及园林景观意象均聚焦于西北方位的蜀冈与瘦西湖，唐时就有李白、白居易、刘禹锡等文豪于此酬唱作咏，为其宋代进一步的风景开发奠定了文化底蕴，有园：扬州郡圃、平山堂、茶园、万花园、波光亭、竹西亭、申申亭、王宾别墅、朱氏园、借山亭等，祠寺有铁佛寺、龙兴寺、建隆寺、后土祠、仙鹤寺。扬州还有着独特的芍药文化，宋人王观在《扬州芍药谱》中誉"扬之芍药甲天下"，是故扬州园林中多数以芍药闻名，"四相簪花"的典故就是叙述韩琦、王安石、王珪、陈升四人于扬州郡圃中各簪芍药一枝的故事①。南宋时，由于扬州地处宋金战区，造园活动开始降温，园亭别墅几兴几废，已经失去了北宋时期的繁盛。

（三）镇江府

镇江府郡名丹徒，本润州，政和三年（1113）升为府，崇宁人口 6.4 万户。镇江北据长江而望扬州，西直建康以及淮、浙诸地，宋时设有都督府、宣抚司、总领所、提刑司、都统司，于军事、经济方面均是国之重镇。镇江府衙署园林丰富，府治内有铃阁、卫公堂、丹阳楼、娑罗亭、连沧观，府治城上有万岁楼（月观），楼下有千秋桥，桥岸又有南新亭、北新亭，郡治藏山轩、漾月亭、茇舍亭、锦波亭、染香亭、晚山亭、喜雨楼，郡圃有清风亭、舞鹤亭等。镇江府城内外游览之地颇多，有需亭、设堂、妓堂、神亭、送江亭、芙蓉楼、宝墨亭、浮玉亭、向吴亭、萧闲堂等。府城之北有北固山下临长江，上有北固楼、龙王庙、甘露寺，去城 7 里又有金山、焦山，金山有头陁岩、金山寺，焦山有海云堂、赞善阁、吸江

---

① 许少飞：《扬州园林史话》，扬州：广陵书社 2013 年版，第 24—26 页。

亭。除金山、甘露两大名寺外,郡域内还有布金寺、广福院、鹤林寺、兴国寺、招
隐寺等寺院。金坛县西有茅山,又称句曲山,是道家三十六洞天之第八洞天,
山中遍布道家名胜。由于毗邻南朝刘宋及五代南唐之国都建康,镇江府城外
还有一些古代宫苑遗痕,如刘宋武帝之丹徒宫、南唐烈祖李昪之丹阳宫。私家
园林方面,有大批文人士夫于镇江经营园林,如沈括梦溪园、岳珂研山园(前
身为米芾宅园)、陈升之秀公亭、刁景纯藏春坞、韩世忠西园、苏京相公堂、苏
颂宅园、曾布宅园等。

（四）滁州

滁州宋时虽商贾往来,滁人却安于畎亩。所谓“环滁皆山也”,滁州不以
市肆繁华,崇宁时人口仅 4 万户,但滁地却以山水灵秀闻名。特别是西郊琅琊
山,其泉石林亭之胜名甲天下。自北宋早期欧阳修创立醉翁、丰乐二亭并流下
记文后,琅琊山、丰山的风景开发力度持续增强,形成了山顶及四周琅琊寺、无
心亭、日观亭、望日台、千佛塔、琅琊洞、归云洞、紫微泉、白龙泉、六一泉、明月
溪等景色。滁州始无郡圃,至南宋时则已经修有东园及北园。宋人罗畸曾有
诗题咏滁州七景,其分别为端命殿、丰山、紫微泉、菱溪石、醒心亭、怀嵩楼、思
贤堂。

（五）真州

真州为今仪征市,南畔长江,东则紧邻扬州,崇宁人口 2.4 万户。真州与
扬州十分接近,其园林特征也基本相同。园林中最闻名者为发运司东园,即欧
阳修《真州东园记》所记之园,东园面广百亩,有池泉、高台、画舫、楼阁、射圃,
植物则芙蓉芰荷、幽兰白芷,可谓当时一座名园。金人入侵时,园林毁于兵火,
虽南宋时陆续有修建,但规模已不如前。其他园林还有丽芳园、真州郡圃,以
及北山壮观、岊岫、陟遐三亭。

（六）高邮

高邮军紧邻扬州之北,开宝四年(971)始由扬州辖县迁升为军,后又屡废
屡复,崇宁时人口为 2 万户。高邮军治之东有众乐园,北宋时由当时军守毛渐
筹建,但后来因军守职位调动而停滞,杨蟠任高邮时复建。众乐园园广几百

亩,因建园初衷是为高邮百姓提供游憩场所而取名"众乐"。高邮北郊还有文游台,传苏轼、秦观、孙觉、王巩游宴于此,故建台名"文游"。

六、福建地区

(一)福州

福州地区靠山面海,物产丰富,在宋代稳定的社会局势下经济发展极其繁荣,崇宁时共有人口 21.2 万户。庆历年间,蔡襄知福州时率先倡导于城中植榕,治平年间,张伯玉任福州太守再度组织州人遍植榕树,此后,榕树开始成为福州城市景观的一大特色,"榕城"之誉也由此而始①。福州州治内有燕堂、安民堂、谈笑轩、舫斋、舣阁、日新堂、春野亭、清风楼、止戈堂、衣锦阁、眉寿堂、九仙楼、万象亭诸景,郡治则有威武堂、秀野亭、双松亭诸景,提刑司内有荔枝楼、澄清堂、静寄轩、绣衣亭、熙春楼、宪堂等景。子城之上更有 9 楼可供登览,气势浩大,其分别是蕃宣楼、西湖楼、五云楼、三山楼、清微楼、东山楼、堆玉楼、缓带楼、望云楼。除此之外,州城内外览景胜处还有见江亭、澄澜阁、碧岩亭、越山亭、道山亭、鸣玉堂、四见亭、钓龙台、五台山、水晶宫等。福州城内及周围寺观数量众多,有开元寺、大中寺、神光寺、东禅院、吉祥寺、报恩光孝寺、圆明院、万岁寺、舶塔院、祐光寺、神光寺、玉泉院、紫微寺、怀安寺、嘉福院、凤池寺、观音寺、涌泉寺、庆城寺、绍因寺、妙喜庵等。其辖县境内寺观也很丰富,侯官县有广福寺、西禅寺、冲虚观、双峰院、精严寺、罗汉寺、雪峰寺,福清县有黄檗寺、卢山寺、闲居院、天竺院、俱胝院、灵宝观,长乐县有灵峰院、瑞峰院、棋山院、竹林寺,罗源县有净戒寺、天王寺、灵峰寺,长溪县有国兴院、楼胜院、青云院,连江县有石门院、广化院,宁德县有雍熙院、万寿寺,怀安县有贤沙寺、芙蓉院等等。其中多数寺院园林景观均十分突出,如黄檗寺在之黄檗山有瀑布数十丈,山十二峰各有名目;雪峰寺地势高而多雪,有乘云台、蘸月池,僧众学徒多至千人;闲居院在白屿山巅,有鸟巢岩,下眺沧溟;芙蓉院有芙蓉洞,游人秉烛以往;

---

① 林焰:《论恢复发展榕城风貌特征》,《中国园林》1992 年第 2 期。

棲胜院有"十奇";俱胝院有"十胜"。五代十国之时,福州为闽国都城,建闽王宫殿,有宝皇、大明、长春、紫薇、东华、跃龙 6 宫,文明、文德、九龙、大酺、明威 5 殿,以及紫宸、启圣、应天等 7 座宫门,南宋时仅有明威殿留有遗痕。

(二)南剑州

南剑州本作剑州,太平兴国四年(979)因利州路也有剑州之名,故而加一"南"字。两宋以来共辖 5 县,崇宁时人口为 12 万户。南剑州州城为建溪、西溪交汇之处,称剑浦、延平津,是一州风景之胜,传说为干将、莫邪两支宝剑化龙之所,有妙峰阁、凝翠阁、垂虹阁、飞霞阁、画屏轩诸景。南剑州有郡圃两处,一处唤南园,在郡之溪南 2 里,另一处唤北园,在郡治之后。州城学风浓郁,"五步一塾,十步一庠"①。此外,郡县之内寺院颇多,有太平兴国寺、金泉寺、鹭峰院、普照庵、含云寺、资圣院、报恩院、广教院、善福院、西岩院等。剑浦与将乐二县之间传有越王台榭、猎园高平苑。

(三)泉州

泉州地区靠山面海,是宋代重要的海上港口。宋时共辖晋江、南安、同安、惠安、永春、安溪、德化 7 县,崇宁人口达 21.2 万户,是福建闽南地区的核心。私园有三相传花园、山仔池、金池园、蒲寿庚宅园、云麓花园、万桂堂,衙署园林有宗正司园圃以及城外的接官亭,寺观祠庙则有崇福寺、天后宫、宣圣庙、山川坛,书院园林有朱熹及其家室门人所建的泉州书院、石井书院、小山书院。此外,其所辖安溪县有佛寺清水岩,同安县有宅园郡马府以及五代时所建的孔庙。②

(四)漳州

漳州位于泉州西南,崇宁时人口 10 万户。漳州州城出九龙河入海口,城内有东、西二湖,均是当时州人游赏的去处。漳州郡圃也是该地重要的园林,朱熹治漳州时于绍熙元年(1190)建郡圃为"象园",有复轩、月台,嘉定四年

---

① 王象之:《舆地纪胜(第 9 册)》,杭州:浙江古籍出版社 2012 年版,第 3006 页。
② 李敏、何志榕:《闽南传统园林营造史研究》,北京:中国建筑工业出版社 2014 年版,第82—150 页。

(1211)时赵汝谠又增建君子亭、七星池。州治节度推官厅后还有纳凉轩、莲塘、敬义堂等。漳州市东南还有朱熹所建紫阳书院,辖县漳浦县有西湖、印石亭、丹诏书院。①

（五）兴化军

兴化军东面临海,南北为泉州、福州夹持,地本属泉州,北宋初期割置为军,辖莆田、仙游、兴化3县,崇宁人口6.3万户。兴化军军城内有州峰、梅峰,梅峰上有望海亭,州峰之巅有共乐堂,均是全城登眺的胜地。郡治内有壶山堂、清心堂、望壶楼。城北有乌石山,山下有荔枝圃,号称全国第一。军城之西的仙游县也有诸多名胜,如东塘莲池及十洲亭,县西南的龙华寺,内有龙井、龙池遗迹,又有别院11、庵77。兴化军大抵儒风兴盛,官学、私学颇多,除郡学外还有北岩精舍、寿峰义斋、上林义斋、东井书堂等。也有诸多文人在此筑园定居,如蔡襄宅园、郑樵夹漈草堂、欧阳詹灵岩精庐、郑露湖山书堂等。

七、岭南地区

（一）广州

广州郡名南海,秦汉之际为南越国都,五代时又是南汉国都。宋时广州归广南东路,辖南海、番禺、清远、怀集、东莞、增城、新会、香山8县,元丰年间有人口14.3万户。② 广州是宋代岭南地区的政治中心,同时又是全国重要的港口,宋廷共在广州设有转运司、市舶司以及提举常平茶盐司,故而广州州城衙署园林比较丰富州治衙署有东园、西园,署廨内有简节堂、整暇堂、坐啸堂、广平堂、庆瑞堂、观风堂、戏口堂、衮绣堂、燕台堂、石屏台。转运司衙署有华远堂、澄清堂,提举司衙署有仁寿堂、连天观,市舶司衙署有达远楼、九思堂。由于广州沿海,故而城上、城外登高瞰海观山之地也很丰富,城南上有海山楼,子

---

① 李敏、何志榕:《闽南传统园林营造史研究》,北京:中国建筑工业出版社2014年版,第82—150页。

② 注:崇宁人口统计时并没有岭南地区(广南东路与广南西路)的人口数据,因此以崇宁人口统计前24年的元丰人口统计为参考。

城上有清海楼、月观、斗南楼、十贤堂、八贤堂,罗城上有睇锦亭。包括辖县在内,其寺观、祠庙有七巷寺、净赟寺、宝陀寺、佛踪寺、峡山寺、万寿寺、资福寺、广果寺、弥陀寺、悟性寺、觉真寺、观音院、碧虚观、朱明观、玉清观、天庆观、南海广利王庙、南越王庙、虞翻庙、助利侯庙、城隍庙等。由于广州曾为南越、南汉古都的历史,其周边留下了诸多古迹、园林,南越时期有朝汉台、越王台、越王井、尉佗楼、南越王弟建德故宅,南汉时期有刘氏铜像以及华林园(又称西御苑、刘王花坞)。

(二)韶州

韶州位于广南东路之北,北通湖南、江西,视为岭南与内陆之交冲要地,同时也是广南东路继广州之外的大郡,元丰期间有人口5.7万户。衙署有郡圃西园,厅治有铃斋、鱼乐亭、思古堂、金镜堂、清淑堂、九成台、帽子峰,登览、休憩之所有韶阳楼、朝阳楼、武溪亭、相江亭、整冠亭、不住亭、望韶亭、三枫亭、逍遥台等,寺观庙宇有金凤寺、宝林寺、南华寺、天庆观、舜祠、侯司空庙、张相国庙、卢太傅庙、宝贶庙、任将军庙、广利王庙等,州学中则还有濂溪、明道、伊川三先生祠堂。

(三)惠州

惠州郡名博罗,五代属南汉,宋时辖归善、博罗、海丰、河源4县,元丰人口6.1万户。惠州城西有丰湖,其周围亭台楼馆被誉为是广东之盛。围绕丰湖有平远台、平湖阁、荔枝圃、孤屿亭、鳌峰亭、西新桥、苏公堤、明月湾、披云岛、归云洞、点翠洲、漱玉滩等景色,丰湖之南与鳄湖相通,其亭榭又20余处,整个湖区构成了惠州城郊大型的风景名胜地。除丰湖外,惠州西北45里的博罗县又有罗浮山,是为一处山岳类型的风景名胜。石楼、金溪、铁桥、花首台、瑶石台、香峰亭、飞云坛、锦绣峰、金沙洞、玳瑁山、钵盂峰、百臼洞、刀子峰、阿耨池、佛迹岩、通天岩、会仙峰、会真峰等景色。私家园林方面,苏轼及其同乡唐庚贬谪惠州时都曾卜筑园林,苏轼之园内有德有邻堂、思无邪斋、六如亭,唐庚之园内有寄傲、易庵。

（四）潮州

潮州辖海阳、潮阳、揭阳 3 县,元丰人口 7.5 万户。州治内有就日亭、仙游台、宣美堂、清心堂、明远堂、韩亭、凤台等,郡圃内有梅堂、月台。潮州周围风景名胜颇多,有韩山东湖、东山、西湖。韩山东湖一带,山麓寺观错立,湖畔柳风荷香,湖中有湖山亭、清暑观、水月观、友堂观。东山在州城之东,亭榭颇盛,有仰斗、侍郎亭等,是为韩愈贬潮时经常游览的去处。西湖萦绕于州城太平桥下,桥上又有倒影亭、云路亭、立翠亭、东笑亭,周遭有横照堂、郑令君读书室、斗牛岩、绿阴岩。为纪念韩愈对潮州作出的贡献,州城内外建制有很多与韩愈有关的园林、建筑,如仰韩阁、思韩堂、昌黎伯庙等。

小　结

从园林地域分布的空间格局上看,宋代在中国园林历史的发展历程上有着绝对突出的价值意义,其在点、线、面三大空间构成上同步存在着深刻的变革。

在点状特征上,有宋一代实现了造园活动中心的东南偏移。自晚唐至北宋,随唐都长安的日益衰敝以及宋都东京城市发展之崛起,全国造园中心已经从唐时的长安、洛阳小范围东偏至洛阳、东京。北宋时期,东京的造园活动堪称一国之盛,官私园林数量在百数以上,时人已留下“都城左近,皆是园圃。百里之内,并无闲地”的形象评价。洛阳由于其“陪都”的政治地位以及唐时积累的造园基础,在两宋期间再次由废转兴,各式园林数量亦逾五十以上。而自宋室南渡之后,两京园林多半毁于兵火,金时之景亦不复以往,全国造园活动的中心迁移至以南宋“行都”临安以及江南“三吴”为核心的江南地区。江南吴地之园林在经历唐宋以来长达数个世纪的稳定发展后,借南宋政治中心的南下而取代中原,跃身成为全国造园中心。“行都”临安旁枕西湖,周遭园林骤起如众星拱月,数量亦在百座之上,城市意象上还同时形成“西湖十景”,园林景观之盛相较东京有过之而无不及。以苏州、湖州、绍兴而构成的“三吴"之地园林亦不在少数,每座城市均与北宋洛阳难分上下。随着造园活动中心在宋时完成的重大迁移,以江南地区为表率的南方园林开始超越北方园林,正式成为了中国传统园林中色彩最为鲜明的一张名片。

在线状特征上,长江流域、黄河流域、东南沿海三大园林分布带的格局于宋时大致落成。东南沿海是宋时初成的一条园林分布带。唐末五代之时,由南汉、闽国、吴越三大政权割据的东南沿海地区相对中原而言地处偏远,战事鲜少,故在朝代更替的动荡中博得了发展的机遇,吸纳了大批北方移民,补充并带动了地方文化的发展,园林建设初见起色。北宋以来全国相对统一,东南沿海以海运为特征的经济发展优势进一步扩大,为造园活动提供了坚实的物质保障。宋金战争爆发以来,国家中心南移,东南沿海地区地位显著提高,吸引了更多北方人才及先进文化,造园活动愈发频繁,最终形成了一条贯穿粤、闽、浙三地的区域性园林分布带。长江流域则是一条在宋时发展至全盛的园林分布带,其自魏晋以来就因稳定的政治局势以及便利的河运优势而有所起色,并在隋唐、北宋城市化进程加快之际迅速崛兴,最终在南宋国家中心迁移至长江下游之后发展至鼎盛。虽然长江流域内部的社会发展以及造园活动均存在"两头强、中间弱"的不平衡性,但其仍然是全国范围内园林分布最为集中的区域。黄河流域本是中国园林的发源地,其在秦汉以及盛唐之时便已展现出了其作为中心的历史地位。然而自中唐"安史之乱"后,黄河流域战乱频繁,且生态环境也日益恶化,各地园林盛衰不定。北宋一个半世纪以来的建设活动虽再度掀起了黄河流域造园活动的高潮,然其余热再度被宋金战争扑灭,并随着政治、经济、文化地位的丧失一蹶难起,园林分布走向衰微。

在面状特征上,两宋以来的造园活动以"花开遍地"的态势逐渐在全国范围内普及开来。地方园林的长足发展是两宋造园成就的一大内容,同时也是中国园林发展史上的重要事件。在国家主权高度统一的李唐时期,地方园林的发展虽凭借稳定的政治局势而悄然拉开序幕,但其所取得的成就是相对有限的。据《唐代园林别业考录》,虽然造园活动已经浮现于全国各地,但其数量却是相当局限的,多数州县园林数量不过寥寥数座,半数园林均集中分布于长安、洛阳两地①。两宋期间的情况则大不相同,据《全宋文》中的园记以及《舆地纪胜》的内容显示,全国各州县园林数量平均都维持在十座以上,且除中原、江南两大造园活动中心外,关中、川蜀、荆湖、江西、淮南、福建、岭南等地区的园林建设也出现了超越隋唐的发展态势。虽然各地区之间园林的发展程度又有不同,但园林的地域分布在范围上基本覆盖了赵宋王朝所统辖的大部分疆域,其喻示着造园活动在宋代完全进入了一个全国化的阶段。

---

① 李浩:《唐代园林别业考录》,上海:上海古籍出版社 2005 年版。

第三章　园林类型之变

园林类型的发展是宋代园林变革的一大表现。由于宋代的政治、经济、文化较前代有了一些重要的发展和变革,园林类型相应地也就有一些变化,大体上:衙署及学校园林在宋代全面兴起,虽然这两种园林,宋代前就已出现,但不是普遍现象,而在宋代发展成为常见的而且独立的园林类型。基于宋代宫苑制度的变革,宫宛园林的体制发生了重要变化,宫苑两分的状况改变成宫苑一体,统治者在皇宫的工作状态与休闲状态转换变得更加方便。宋代佛教、道教较前代均有重要发展,佛教的中国化完成,道教尤受到皇室喜爱,与此相应,佛寺与道观的面貌也发生重要变化,寺观园林出现新气象。私家宅墅、祠坛园林、名胜园林其风格、体制多承绪前代,但也发生一些变化。总之,宫苑园林、宅墅园林、寺观园林、祠坛园林、名胜园林、衙署园林、学校园林的七大类型在宋代完全形成。

第一节　衙署与学校园林的新现

就政府机构而言,衙署与官学的设置早在奴隶社会就已经形成。私学的建立最晚也不过春秋战国时期。然而,将衙署与学校纳入园林范畴讨论的普遍意义则至少在唐末宋初才开始具备。随国家文治政策的深化以及文人士大夫阶层的崛起,衙署与学校园林的建设在全国范围内兴盛起来。一时间,各地州县纷纷置署廨之园圃以为郡人游、办地方之学校以为郡人学,从事教育行业的文人也投身于书院的创办之中,衙署园林与学校园林之发展正式步入轨道。《中国古典园林史》曾将衙署与学校园林划入"非主体、非主流园林"的范畴①,而在宋代,这一理解显然已经受到冲击,特别是对于公众游赏功能突出、数量及规模都已不容忽视的衙署园林而言,其在此刻已然跻身于社会主流园林之行列。

一、衙署园林

衙署园林即指地方官吏办公处所之内的庭院绿化和附属园林,同时也包括署廨之外择地而建的官办园林。隋唐时期是衙署园林的启蒙阶段,隋开皇十六年(596)始建的绛守居园池是衙署园林的一个先例,中唐之后各地政府又开始少量涌现出一批园林,如苏州西园、越州北园、忠州东坡花园、舂陵菊圃等。北宋之后,衙署园林之发展完全进入盛期,两宋大量方志、诗词、散文中均频繁出现了衙署园林的踪影,韩琦也称:"天下郡县无远迩小大,位署之外,必有园池台榭观游之所,以通四时之乐。"②足见有宋一代衙署园林建设的兴盛。

(一)郡圃及衙署庭院

自魏晋南北朝之后,州郡署廨的建设就多依附于城市子城。两宋期间虽然偶有诏令拆除地方城市城墙,但由于北宋中后期的数次农民武装起义,多数城市的建设还是保留了"子城—罗城"的结构③,地方衙署也就多半承袭着依附子城的惯例。由于子城的选址一般倾向于罗城核心、地势高爽之处,因而衙署相对一般城市宅园而言具有便于眺望的先天优势。

---

① 周维权:《中国古典园林史》,北京:清华大学出版社 2008 年版,第 21 页。
② 韩琦:《定州众春园记》,载曾枣庄、刘琳主编:《全宋文(第 40 册)》,上海:上海辞书出版社、合肥:安徽教育出版社 2006 年版,第 37—38 页。
③ 袁琳:《宋代城市形态和官署建筑制度研究》,北京:中国建筑工业出版社 2013 年版,第 75—80 页。

　　两宋期间的法令中并未对署廨的营建制度作出规定①，因此衙署的具体形态具有一定灵活性。再者，宋代地方衙署在行政级别上由高至低细分为路级；府、州、军、监级；县级三个层级，各级别之间规模又大小不一。这两方面因素对宋代衙署园林的解剖、归纳带来了一定难度。然而，虽然不同地区及行政级别的衙署在形态上差异较大，但从职能视角出发，州县衙署均保有以下三大功能区：

　　其一，"厅"，即厅事，是官吏处理公务的厅堂、院落，功能上是衙署的本体所在，形态上又通常与廨门构成整个衙署格局的景观轴线。

　　其二，"舍"，即供官吏居住的公舍，同时包括住宅之前的小型庭院空间，一般位于廨厅之后或两侧。由于职业规定，除级别较高的官僚之外一般官吏均居于廨舍之中，但也有寝于城中私宅以及租赁居住的情况②。

　　其三，"圃"，又多称为郡圃，即官吏游憩的园林场所，通常定期对市民开放，具有较为突出的公共属性。除游赏之外，部分郡圃还承担着一定的农业生产功能，产物或供官吏使用，或纳入公仓存积。

　　除以上三大功能区域之外，衙署园林还包括囤放钱粮的仓库、训练地方军队的校场以及一些简单的书院、祠庙建筑。其形式均视场地条件、行政级别而定。

　　两宋期间的地方衙署也存在一些标志性的构筑物以及相对固定的空间序列。衙署廨门之前左右各有一亭，分别称颁（或班）春、宣（或手）诏，是颁布政令、宣读诏书的场所。颁春亭、宣诏亭之后即衙署第一道廨门"谯门"③，实际为子城城门，门上有楼，称谯楼、鼓角楼或敕书楼等。谯门之后为三开间的门屋"仪门（或戟门、衙门）"，其相较谯门而言更加具有衙署正门的含义。仪门

_____

　　①　袁琳：《宋代城市形态和官署建筑制度研究》，北京：中国建筑工业出版社2013年版，第28页。

　　②　陈国灿：《略论南宋时期绍兴城的发展与演变》，《绍兴文理学院学报（哲学社会科学）》2010年第3期。

　　③　注：颁春亭及宣诏亭一般位于谯门之前，但也有少数特例。如台州衙署的颁春亭、宣诏亭则位于谯门之后。

之后的甬道正中有"戒石",以碑的形式出现,其上刻有警示官吏的铭文。戒石通常以亭庇之,因而称戒石亭。戒石亭之后为"设厅",即整个衙署的正厅,群僚听政之所,唐代于衙署正厅常有设宴之习,因而称"设"。自设厅之后,院落的格局就比较灵活了。

兹举建康府(今南京)府廨为例以观宋代衙署庭院与郡圃的具体形制。北宋天禧二年(1018),南京由州升为江宁府,宋室南渡后改江宁府为建康府,与临安一同作为南宋行都之选。建炎三年(1129),因筹建行宫之需,原府廨被改建为行宫,于是以转运司旧址新建府治。故此,绍兴年间兴修的建康府廨是当时衙署庭院与郡圃园林的典型代表。

《景定建康志》中"官守志·府治一"以及"府廨之图"分别对建康府衙署格局作出了详尽的文字叙述以及具象的图式表现。据其所述,府门在廨之南端,门前为颁春、宣诏二亭,旁有鼓角楼,门之后为仪门。仪门之内即为正厅,包括戒石亭、鼓楼、钟楼、设厅,设厅左右廊庑环抱。除正厅外,廨内又有西厅、安抚司厅、制置司厅、府都金厅四大厅事,每个厅事的格局基本都是廊庑围绕、建筑居中的院落形态。建康府廨舍一区位于衙署西南角,占地较小,与仓库相邻。由于廨舍一区空间压缩程度较高,独立性并不是十分明显。郡圃的设计则是府廨的重点。建康郡圃北借青溪(秦淮河内河)水景,东面则完全将青溪支流囊括进来,引水凿池,池岸多亭榭,跨溪有虹桥。陆地则叠石成山,山上为亭,因高筑台,台前置石。池中、溪边遍植荷花,岸上则种竹、木樨、菊花、牡丹、芍药、海棠、梅花等类。其有单独命名的景点包括:芙蓉池、小垂虹(桥)、木犀台、金华石、喜雨轩、清心堂、忠实不欺之堂、玉麟堂、水乡堂、锦绣堂、忠勤楼、有竹轩、恕斋、静斋、学斋、木犀亭、小山菊亭、晚香牡丹亭、锦堆芍药亭、驻春亭、一丘一壑亭、真爱亭、觞咏亭、杏花村亭、桃李蹊亭、种春亭、竹亭、雪香亭、嫁梅亭等。

当代学者袁琳以《景定建康志》结合至正《金陵新志》、嘉庆《建康志》等后世方志对南京衙署的描绘以及当代地理信息技术,还原了南宋时期建康府府廨的景观格局,其平面设想如图3.1所示。

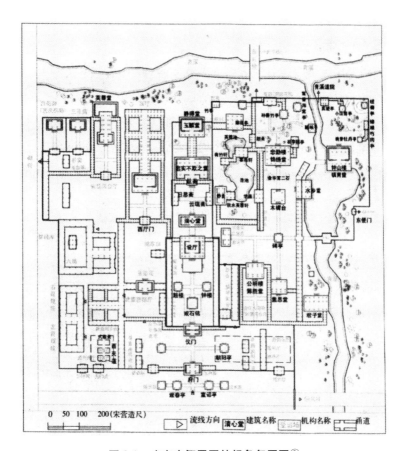

图 3.1　建康府衙署园林想象复原图①

(二)别圃

除依附于子城之外,衙署园林中还存在一种自唐代就开始出现的特殊形式——别圃,即独立于府廨之外的园林,位于罗城之内,甚至城郊。别圃的建设初衷通常不是游赏休憩,而是承袭了唐代重视宴会的风尚,由政府出资于风景旖旎之处辟园作为社交、宴会的场所②,宋时又多定期开放作为地方官吏与民同乐的根据地,其数量上不亚于各地郡圃。别圃相对郡圃而言独立性较为

① 袁琳:《宋代城市形态和官署建筑制度研究》,北京:中国建筑工业出版社 2013 年版,第119 页。

② 傅熹年:《中国古代建筑史(第 2 卷,三国、两晋、南北朝、隋唐、五代建筑)》,北京:中国建筑工业出版社 2009 年版,第 483 页。

突出,且拥有单独的名称,如高邮军众乐园、定州众春园、真州东园、泸州北园、泰州方洲、灌县花洲、桂林八桂堂等。

由于别圃在空间上与署廨脱离了依附关系,选址更加灵活自由,一者落地于城墙之内,结合城市风景地貌,构成居民日常生活中的一部分。譬如真州东园,位于子城之东、外城之内,原址为监军营地,建园后则成为"州人士女啸歌而管弦"①的场地。又如泰州城东门之内泰山与西湖两相夹持的方洲、南昌东湖上的东园、苏州罗城胥门旁的南园、邕州子城废地五花洲等,情况大致若前。另外一者则建置于城郊,虽少人工之盛,但自然风光更加秀美。如泸州北园,位于泸州城外沱江北岸的江北岩上,俯瞰州城两江以及四方群岫。南平军塞乐园,在军城西郊一里余地,山石嘉木引人入胜。②

别圃的建设与今日的城市公园基本无异,园林开放程度较高,已经成为地方官吏"与民同乐"的政治宣扬。正因如此,别圃的设计除注重大众游览以及景致资源本身的发扬外并无太多规律可循,现举高邮军子城东侧的众乐园以供参考。

高邮地区物产丰富、城市繁盛,但一直以来都没有公共园圃。元祐初期,毛渐知高邮军,于署廨牙墙之东圈废地数百亩筹建众乐园以供市民游憩,然而由于毛渐随后改做广东转运判官,众乐园的建设就此搁置。绍圣四年(1097),杨蟠调任高邮知军,承毛渐之志继续营建众乐园。杨蟠《众乐园记》对该园的建设记载翔实,其园以明确的建筑轴线统领全园景观。景点设置由南至北依次为:时燕堂—华胥台—池沼③—明珠亭—丰瑞堂—摇辉阁—玉女泉。其中,时燕堂左右设廊庑,摇辉阁旁有堂称"玉水",面向玉女泉。其左侧相继设有四亭一庵:"四香亭"周围种植季相变化明显的花卉植物;"序贤亭"

---

① 欧阳修:《真州东园记》,载曾枣庄、刘琳主编:《全宋文(第35册)》,上海:上海辞书出版社、合肥:安徽教育出版社2006年版,第119—120页。

② 毛华松:《城市文明演变下的宋代公共园林研究》,重庆大学学位论文,2015年。

③ 注:《众乐园记》中没有直接提及修筑有池沼,但却有文字内容暗示。如华胥台上之亭称"明珠",取"湖有明月之珠"的意思,暗示此亭为池心亭。另又写道华胥台北部的"摇辉阁"可以"飞瞰池沼"。

满足古代宴射功能,其侧配有"烟客庵";"尘外亭"临靠溪水,周围修竹环绕;"迷春亭"树木阴翳,杂花繁茂,使人"目迷眩而专所视"①。(图 3.2)

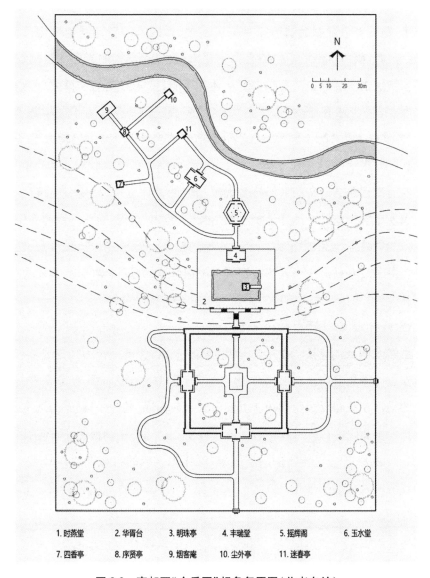

1. 时燕堂　　2. 华胥台　　3. 明珠亭　　4. 丰瑞堂　　5. 摇辉阁　　6. 玉水堂

7. 四香亭　　8. 序贤庵　　9. 烟客庵　　10. 尘外亭　　11. 迷春亭

图 3.2　高邮军"众乐园"想象复原图(作者自绘)

---

① 杨蟠:《众乐园记》,载曾枣庄、刘琳主编:《全宋文(第 48 册)》,上海:上海辞书出版社、合肥:安徽教育出版社 2006 年版,第 243—245 页。

二、学校园林

宋代文治的基本国策对学校建设产生了十分积极的影响,特别是自宋仁宗以来,范仲淹带领掀起的国家兴学运动之后,国家教育体制与机构持续完善,在全国范围内推动了学校的兴办。北宋灭亡后,学校的兴办一度搁置,但在国家稳定之后又很快恢复起来。从体制上看,两宋时期的学校可分为官办与民办。官办学校又统称为"学宫",因其多与孔庙相结合,又可称为"庙学"。根据"中央—地方"的不同等级,官办学宫可依次分为太学(包括太学、国子监、四门学、宗学以及其他专类学校)、州学(府学、军学、郡学)、县学三个级别。各类学宫在结构布局上保持着大致相似的设计范式,只是在建筑礼制等级上表现出层级差异。民办学校主要指教学、藏书、祭祀、居住等设施齐备、略成规模的书院,以及依附于讲师个人住宅的精舍、书斋等形式,通常是书院之前身。由于后者只是在个人宅园别墅上稍作修葺,增筑讲学之地,本质上与私家园林无异。因此,民办学校之代表主要还是以书院为主。

(一)学宫

虽然太学、州学、县学在礼制等级上顺序降低,但统一作为官办的学宫,其三者在总体格局上均呈现出相对固定的设计范式。一般而言,配套完整、设施健全的学宫在空间以及使用功能上皆由三部分构成,其一是祠庙区,通常是供奉孔子的祠庙院落;其二是学堂区,即集教学、办公、住宿、仓储为一体的区域;其三是园圃区,即整个学宫的附属园林,既作为学校的游憩环境,又作为以射艺为首的体教活动的场地。除此三大区域外,作为学校收入来源之一的"学田"严格意义上也属于学宫的组成部分,但学田一般独立于学宫场地之外,且往往对外承包,在此暂且将学田排除于两宋学校园林的讨论之中。祠庙、学堂、园圃三者在相互的空间关系上比较灵活,既可以是上下、左右的线性结构,也可以是互成三角的几何结构。由于中国历代统治阶级向来以儒学作为立国之本,因此在官办学校中,祠庙在地位上等同甚至超过于承载教学功能的学堂区域。而园圃在重要性上则又弱于祠、学二区,条件优者依托自然山水打造园池亭榭,逊者平整场地构筑射圃,场地更加局促的县级学宫也可不单独设置园林,以庭院隙地为游。

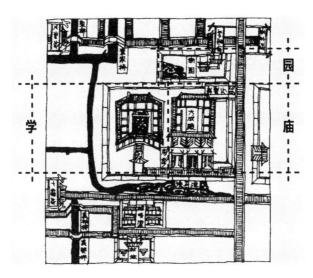

图 3.3　《平江府图碑》中的平江府学格局①(作者改绘)

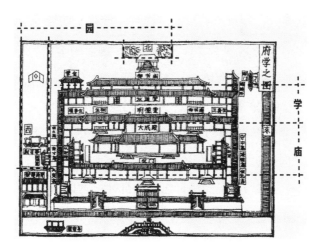

图 3.4　《景定建康志》中的建康府学格局②(作者改绘)

① 图片引自张亚祥、刘磊:《泮池考论》,《古建园林技术》2001 年第 1 期。
② 周应合:《景定建康志》,载《宋元珍稀地方志丛刊(甲编一)》,王晓波等点校,成都:四川大学出版社 2007 年版,第 101 页。

　　苏州府学(图3.3)及建康府学(图3.4)均是州府级别学宫的代表,宋代图像史料中有幸保存了这两所学宫的平面图。苏州府学于仁宗景祐二年(1035)时任知州的范仲淹创办,范纯礼、朱长文、梁汝嘉、韩彦古等后人又对学宫的建设作出了持续贡献。据《平江府图碑》拓片以及范成大《吴郡志》所记①,苏州府学在空间格局上呈"左庙右学后园"的结构。庙区核心建筑为供奉孔子的大成殿,其旁设两庑,彩绘七十二贤像,殿前为大成门与棂星门。除大成殿外,府学中还建有五贤堂,供奉陆贽、范仲淹、范纯仁、胡瑗、朱长文五位时代先贤。祠庙左侧则是学堂,前为泮池,池后为讲堂、御书阁、斋舍以及一些附属建筑构成的院落空间。祠庙及学堂之北即府学园圃,原址所属本是钱氏南园,府学初建之时占用该园东南隅,元祐四年(1089)之后则又将该园大部分场地划归学宫。建康府学始办于仁宗天圣七年(1029),时任太守张士逊奏请于浮桥东北建立府学,而景祐元年(1034)又重新搬迁,在东晋学宫的旧址上另起土木。北宋灭亡之际,府学毁于兵乱,南宋绍兴九年(1139)又再度重建。从《景定建康志》中"府学之图"反映,建康府学空间格局为"前庙后学右(后)园",南面以泮池、棂星门为主入口。门后即大成殿,左右两庑,两庑之间又各挟二祠。大成殿之后即学堂区,以明德堂、御书阁组成的院落为中心,其院北部还有一高台,西北隅为学仓。学宫园圃依附于祠庙及学堂之西,建有射圃,作为开展射艺活动的操场。

　　以泮池与棂星门的组合可以说是学宫的标识性的组景设计。泮池的历史可以上溯至西周时期"天子辟雍,诸侯泮宫"的传统设计(具体参见第四章第四节)。但真正将泮池与棂星门结合作为学宫标志的做法则直到宋代才开始出现。由于此时,学宫泮池的做法多停留于普遍实践,并没有上升至规范制度

---

　　① 注:原文为:"府学,在南园之隅,景祐元年,范仲淹守乡郡。二年,奏请立学,得南园之巽隅,以定其址。元祐四年,纯礼持节过家,又请于朝,复得南园隙地以广其垣,卒父志也。绍兴十一年,梁汝嘉建大成殿。十五年,王唤绘两庑像,创讲堂,辟斋舍。规模宏敞,视昔有加。乾道九年,丘密造直庐。淳熙二年,韩彦古创采芹、仰高二亭。十六年,赵彦操建御书阁,五贤堂在讲堂左,五贤谓陆贽、范仲淹、范纯仁、胡瑗、朱长文也。"见(宋)范成大:《吴郡志》,南京:江苏古籍出版社1999年版,第28页。

的范畴,因此其水池形式是方圆不等的,直到明代以后才得以统一为半圆形的
"半壁池",太学级别的学宫则使用圆形"壁池"(图3.5)。泮池延纵向轴线通
常有泮桥穿过,桥心常设有一亭,条件局限者也可不设亭。泮池前后一般紧随
设有棂星门。棂星门自北宋以来就多设立于天地祭坛圜丘与方丘之前,而宋
人将棂星门与学宫及孔庙相结合,其主要意在突出孔子的堪比星宿的重要地
位。两宋时期,棂星门的做法就是李诫《营造法式》中所记的"乌头门",通常
为木质,一间两柱,共设三道,以中间一道制度稍高(乌头门详细制度见第四
章第二节)。明清之后,棂星门多改为石制,三间四柱,只设一道,或者三间四
柱门一道在中,一间两柱门分立左右。

图3.5 《三才图会·宫室》中的圆形与半圆形泮池①

(二)书院

书院原是以书籍管理为主、教学为辅的图书馆,其最早始于唐代开元六年
(718)洛阳的丽正书院。而在两宋高潮迭起的兴学运动背景下,书院开始作
为民办学校在全国范围内逐步推广。据统计,两宋以来全国共有书院515
所②。中国历史上的"四大书院"——应天书院、岳麓书院、白鹿洞书院、嵩阳
书院(一说为石鼓书院)的创立也均集中于这一时期。因此,宋代可谓是中国

---

① 王圻、王思义:《三才图会》,转引自张亚祥、刘磊:《泮池考论》,《古建园林技术》2001 年
第 1 期。

② 邓洪波:《中国书院史》,武汉:武汉大学出版社 2012 年版,第 68 页。

书院教育机构发展的第一个黄金时期。书院的建设虽然是个人投资,但也常常收到官僚、地方士绅的经济资助,政府也会以鼓励办学的名义分配学田,甚至赐予书籍。由于书院基本由祠庙、廨舍、民居、寺观等建筑及园林的形式上发展而来,其规模不及官办学宫,以二到五进院落较为常见。但由于书院承袭了祠、寺、观、廨等普通官式建筑的基因,因而其制度上也不会低于士庶舍屋。

目前传承下来的传统书院都经过了历代修缮改造,并不能作为宋代书院园林的参照。而宋人留下的"书院记"文体相比一般园记而言又显议论性过强,为宋代书院园林的再现带来了诸多困难。而《景定建康志》所载《建明道书院》①一文以及附图则形象刻画了该书院的整体格局(图 3.6),据此可窥宋代书院园林之一斑。明道书院开门即创始人"明道先生"程颢的祠堂,东西各挟两庑。书院讲堂——春风堂在程颢祠堂之后,面阔七间,堂上为御书阁,堂前筑一台,植有四桂。春风堂之后是举办食会茶会的场所——主敬堂,堂前庭院凿有一圆形水池——月池,池中植莲一沼,池前植槐三株。主敬堂之后为供奉先圣先贤的祠堂——燕居堂。斋舍、厨房、仓库等配套设施分别位于春风、主敬、燕居三堂之两侧。此外,书院之西还有一"蔬园",明道书院图中并未反映。可见,明道书院虽也同时具备祭祀以及教学的功能,但其祠堂分别设立于书院南面及北面,学堂则夹持其中,没有像学宫一样表现出明显的"祠"、"学"二分的空间格局。而在供奉对象上,学宫统一以孔子为主,其祠堂统一为殿阁制度的大成殿。明道书院则是以创始人程颢为主,其祠堂仅是三开间的一般建筑。在室外环境上,明道书院园林空间主要以庭院形式为主,附以生产性质的蔬园,并没有像学宫那样设有大型的操场。

学宫与书院在空间格局、祭祀对象、礼制等级上的区别都比较微观,而选址才是其二者宏观层面上的差异性之所在。就园林选址而言,学宫无疑是隶属城镇环境的,书院虽也有建置于城郭之内的案例(如上所述的南京明道书院),但更多情况则是倾向于城郊的自然环境。在四大书院中,除应天书院坐

① 周应合:《景定建康志》,载《宋元珍稀地方志丛刊(甲编)(二)》,王晓波等点校,成都:四川大学出版社 2007 年版,第 1354—1359 页。

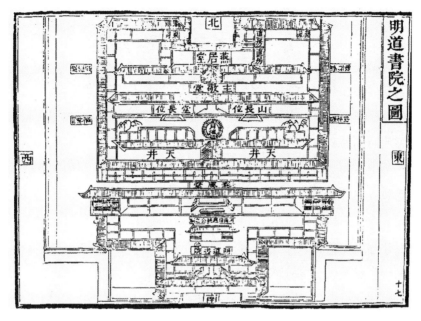

图 3.6　《景定建康志》中明道书院格局①

落于河南商丘市区外,岳麓书院建置于湖南长沙南岳岳麓山脚,背靠诸峰而前俯湘江;白鹿洞书院建置于江西九江庐山五老峰南,山环四绕而势如洞状;嵩阳书院建置于河南登封嵩山之阳,饱览峻极之峰与双溪之河;石鼓书院建置于湖南衡阳石鼓山中,山气回环而林影幽深。书院在选址上反映出来的特征本质上是宋代儒士在环境审美上的共同偏好。宋人吕祖谦云:"国初斯民,新脱五季锋镝之厄,学者尚寡。海内向平,文风日起,儒生往往依山林,即闲旷以讲授,大率多至数十百人。"②这种起承于儒家仁山智水、吾与点也的自然审美趣味同时又与老庄、佛禅相互融合,造就了书院园林与佛寺、道观相互一致的选址特征。

---

①　周应合:《景定建康志》,载《宋元珍稀地方志丛刊(甲编一)》,王晓波等点校,成都:四川大学出版社 2007 年版,第 103 页。

②　吕祖谦:《白鹿洞书院记》,载曾枣庄、刘琳主编:《全宋文(第 261 册)》,上海:上海辞书出版社、合肥:安徽教育出版社 2006 年版,第 381—382 页。

第二节　宫苑及寺观园林的蜕变

宫苑园林在两宋时期的变化是较为剧烈的。早在 20 世纪 40 年代,梁思成先生就已率先指出。宋代宫苑不仅与秦汉游猎时代的范围大相径庭,即使是与盛唐时期的离宫别苑相比亦有所不同①。随造园活动在美学、科学、艺术方面的历史发展,宋时之宫苑摒弃了汉唐以来的皇家气派,转而向玲珑精巧、天然雅致方向发展,其在中国整个皇家园林发展历程上占据着极其突出的特殊地位。寺观园林之格局亦在宋时发生了重大变化。凭借禅宗的兴荣,佛寺园林汉化程度不断加深,在宋时彻底摆脱了传入地印度的影响,完全形成中国本土的佛寺建筑以及园林形态。而随两宋期间道、佛思想上的合流以及政治上的几次兼并举措,道教宫观在形态上也不断向佛寺园林靠拢,共同造就了宋代寺观园林内部相对统一的发展局势。

一、宫苑园林

受 20 世纪园林历史研究成果的深刻影响,当代社会及学界都惯常使用"皇家园林"的概念指代隶属皇室的宫廷苑囿。基于皇家、私家、寺观的三大分类对于中国园林的宏观理解上是极具效率的,但对断代园林历史的深入探索却造成了一些局限。以皇家园林为例,其概念既囊括了生活起居的大内御苑、行宫御苑,偶然幸驾游赏、短居的离宫御苑,又包含了隶属学校园林的太学,佛寺或道观园林的皇属寺观,祠庙园林性质的祭坛、太庙,其概念具有相当程度的复合性。宫苑园林即主要指代大内、行宫以及离宫御苑的范畴,属于皇家园林的下级概念,其在皇家园林中最为典型。因此,本书将以宫苑园林作为两宋宫廷苑囿的类型概念来展开论述。

宫苑园林之起源在园林史学界暂无定论,目前大致有黄帝时期、夏朝末

---

① 　梁思成:《中国建筑史》,北京:生活·读书·新知三联书店 2011 年版,第 115 页。

期、殷商时期、商末周初四种说法①,但其至少在秦汉时期就已基本定型,成为由"宫"、"苑"两种子类构成的皇属园林。宫即指代以建筑群为核心,配以必要庭院绿化、附属花园的皇家园林,通常作为皇室居所,如秦始皇之兰池宫,汉武帝之建章宫。苑则指代以自然山水为核心,建筑仅占从属地位的皇家园林,如秦汉时期之上林苑。理论上,宫与苑的概念区分是比较明确的。宫多选址城市及近郊,占地面积较小,以建筑景观为主,园林景观为辅,呈现出"宫中有苑"的空间格局;苑多选址郊野风景地,占地面积较广,以自然景观为主,建筑景观为辅,呈现出"苑中有宫"的空间格局②。但随历史发展,其二者之间日益产生了同化的趋势。首先,秦汉之后的皇家园林在尺度上大幅缩减,打消了宫、苑之间在占地规模上的差异性。其次,"园"、"苑"概念相互混用的情况又进一步弱化了宫、苑两分的皇家园林符号意象。因此到了两宋时期,宫苑之别已经不能从其园林的称谓中直接判断。虽然宫苑差异性在逐步减小,但其二者在景观及功能两方面的基本特点并未发生改变。景观方面,宫式园林以建筑及院落景观为主,山水、植物仅居从属地位,苑式则与之相反;功能方面,宫式园林主长期居住而苑式园林主偶然游憩,总体呈"宫居苑游"之别。据此两点本质区别可对两宋宫苑园林展开进一步分析。

（一）宫

除大内宫殿之外,北宋闻名的宫式园林大致有延福宫、龙德宫、宁德宫（撷景园）,南宋则仅有德寿宫。以上宫苑皆为皇帝皇后或者太皇太后的居所。一般而言,皇室居所通常位于大内之中。然而大内禁城毕竟土地局限,并且时刻充斥着政治气息,并非悠居闲游的理想场所。因此,地位显赫的皇室成员往往又于大内之外筑宫造室以居,延福宫以及德寿宫即是其中的典型。下文将分别以这两座宫苑作为宫式园林之案例展开具体分析。

徽宗政和三年（1113）兴建的延福宫是北宋王朝最具代表性的宫式园林

---

① 张薇、郑志东、郑翔南:《明代宫廷园林史》,北京:故宫出版社 2015 年版,第 26 页。
② 周维权:《中国古典园林史》,北京:清华大学出版社 2008 年版,第 94 页。

之一,其选址于东京原宫城以北,拱辰门之外,属于皇城的拓展项目。延福宫在工程建设上分为两期,第一期为工程之主体,南起原宫城护城河北段,北至东京内城护城河北段,因其由五位宦官各监一区而建,故称"延福五位"。二期工程"延福第六位"则直接跨过内城护城河而建。两期工程总体面积广达原宫城之一半以上。

《宋史·地理志一》①及《三朝北盟会编》②均涉及有延福宫的景观布局,据二文所述,延福宫在空间布局上大致分为五个区域。第一区是整座延福宫的核心区域,由延福殿、蕊珠殿二殿构成,其中有碧琅玕亭,东西各设晨晖门、丽泽门。该区之东复列两区,其中一区有穆清殿、成平殿、会宁殿,会宁殿北有一叠石假山,山上建翠微殿以及云岿亭、层亭。该区宫殿建筑左右设有大量阁楼建筑,文中所记东、西两侧建筑名称各占十五,分别归属于阁楼之一层、二层或者三层。按蔡京《延福宫曲宴记》的描述,会宁殿"有八阁东西对列"③,因此判断其阁楼数量大概为八座。另外一区有睿谟殿,两侧为昆玉、群玉二殿;凝和殿,两侧为玉英、玉涧二殿。凝和殿设有二层,称为明春阁,高一百一十宋尺。殿阁之后直至内城城墙的部分堆土为山,山上植杏,称杏冈。杏冈其间有一茅亭,前植修竹万竿,又将引护城河之水引流于其下。延福殿西侧一区有阁两座,广十二丈,四周设有舞台,后有三亭建置于假山之上。亭之后又为一区,核心为一大型椭圆水池,长四百余尺,宽二百六十七尺。池中有桥亭及假山。延福宫之二期工程建置于内城城墙之外,引护城河之水作湖,称曲江池,湖中又设堤相连,堤之上下分设亭、桥。曲江池附近又建有鹤庄、鹿砦、文禽、孔翠(雀)等圈养观赏动物的栅栏,周围的观赏植物也以门类为区别成片种植。此外,延福第六位中又效仿江浙白屋,不施五彩,造村居、野店、酒肆、青帘于其间,称芙蓉城(宋代江阴之美称),以塑造江南小镇的生活气氛。

---

① 脱脱:《宋史》,北京:中华书局 2000 年版,第 1415—1417 页。
② 徐梦莘:《三朝北盟会编(甲)》,台北:大化书局 1979 年版,第 520—521 页。
③ 蔡京:《延福宫曲宴记》,载曾枣庄、刘琳主编《全宋文(第 109 册)》,上海:上海辞书出版社、合肥:安徽教育出版社 2006 年版,第 178—179 页。

内城城墙及护城河的存在将延福宫"前宫后苑（南宫北苑）"的空间格局勾勒得十分明显了。整座延福宫南面建筑云集，在《宋史·地理志一》中，有名目的殿阁建筑就达到了四十四座，且均为皇室制度。其园亭池沼、叠石假山也多以雕饰繁华、方圆规则的形式烘托着整个宫廷区域威严精致的人工景观。而充当苑林角色的延福第六位则一反皇家气派的人工景观。一方面以模拟李唐曲江池的风景名胜以及江阴粉墙黛瓦的江南小镇缩移天下江山之于君怀。另一方面又汇集了奇珍异兽、南北花木，分区经营，营造出一片休闲放松的自然环境。

与延福宫相比较，被称为临安"北内"，制度与大内宫城相提并论的德寿宫则是南宋王朝宫式园林的代表。德寿宫原址为秦桧旧宅，位于临安外城东隅、内城外城相互交接的区域。建成时间为绍兴三十二年（1162），高宗赵构于此年宣布退位，同时寓居此宫。作为南宋开国皇帝兼太上皇的居所，德寿宫在规模上是十分宏大的。据当代学者考据，该宫用地范围近似为梯形，面积大致在 16—20 公顷，约占临安宫城面积（除却凤凰山后约为 41 公顷）的一半不到[1][2]。

德寿宫在整体布局上仍然表现出典型的"前宫后苑（南宫北苑）"式。宫殿区域的史料记载比较匮乏。按宋人李心传《建炎以来朝野杂记》所云，德寿宫中至少包含三大寝殿区，其一为德寿宫主殿"德寿殿"，原为高宗赵构退位后居住，高宗逝世后又成为孝宗退位时的居所，此时主殿一区更名为"重华宫"，高宗吴太后居于侧殿一区的"慈福宫"，周必大《思陵录》详细描述过此宫建筑格局，傅熹年先生曾据此绘制过该宫建筑平面图（图 3.7）。而孝宗谢皇后之居所虽未记载，但理应居于德寿宫之另一侧殿。孝宗逝世后，主殿重华宫改为新慈福宫供吴太后居住，原慈福宫则改为"重寿殿"供谢皇后居住。而吴太后逝世后，主殿再次改为"寿慈宫"，作为现谢太后的居所。因此，德寿宫在

---

① 张劲：《两宋开封临安皇城宫苑研究》，暨南大学学位论文，2004 年版。
② 江俊浩、蒋静静、陈敏、陈丽娜：《南宋德寿宫遗址后苑园林景观意象探讨》，《浙江理工大学学报（社会科学版）》2016 年第 2 期。

孝宗退位之时同时作为孝宗、吴太后、谢皇后三人的居所,其在理论上应该至少具备三个宫殿建筑群。

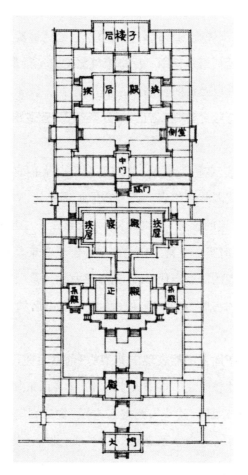

图 3.7　南宋慈福宫主体部分平面示意图①

　　相比宫殿,记述德寿宫苑林景观的文献则比较丰富。除《建炎以来朝野杂记》之外还包括周密《武林旧事》卷四、吴自牧《梦粱录》卷八,以及清代朱彭《南宋古迹考》。此外,周必大《玉堂杂记》以及脱脱《宋史》中也有文字描述德寿宫之布局,但其内容基本源自李心传的说法。据以上史料所述,当代学者

_____

　　①　傅熹年:《中国科学技术史(建筑卷)》,北京:科学出版社 2008 年版,第 373 页。

先后对德寿宫后苑的景观格局进行过复原想象(图3.8、图3.9)。

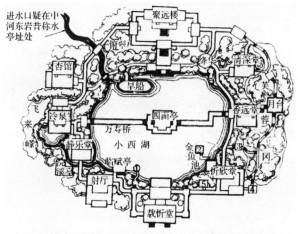

1.至乐亭 2.泻碧亭 3.清旷亭 4.灿锦亭 5.半绽红亭

图3.8 德寿宫苑林区想象复原图·其一①

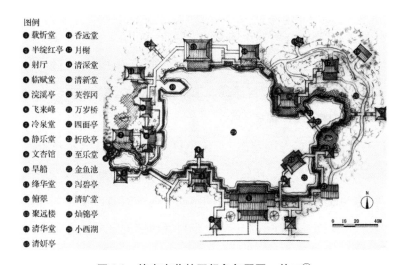

图3.9 德寿宫苑林区想象复原图·其二②

① 傅伯星、胡安森：《南宋皇城探秘》，杭州：杭州出版社2002年版，第229页。
② 江俊浩、蒋静静、陈敏、陈丽娜：《南宋德寿宫遗址后苑园林景观意象探讨》，《浙江理工大学学报(社会科学版)》2016年第2期。

据李心传所述,德寿宫后苑"周回分四分地",东侧有香远堂、清深堂、月台、梅坡、松菊三径、清妍亭、清新堂、芙蓉冈,南侧有载忻堂、忻欣亭、射厅、临赋堂、灿锦亭、至乐堂、半丈红亭(半绽红亭)、清旷堂、泻碧亭,西侧有冷泉堂、文杏馆、静乐堂、浣溪亭,北侧有绛华亭(绛叶亭)、旱船、俯翠(倚翠亭)、春桃亭(清香亭)、盘松亭。四面之景,皆环绕于面广十余亩的大池。总体而言,德寿宫后苑在设计意图上突出表现为西湖风光的再现。高宗虽然十分中意西湖之景,但却不愿劳众兴师御驾出宫,于是"命修内司日下于北内后苑建造冷泉堂,叠巧石为飞来峰,开展大池,引注湖水,景物并如西湖"①,以满足闲暇游赏之兴。

(二)苑

据宋人王应麟《玉海》所记:"玉津、琼林、瑞圣、宜春是为'四园苑'"②,这四座皇家园林均是北宋东京苑式园林的代表,其分别建置于东京外城之南、西、北、东四个方位。南宋临安除玉津、五柳等少数特例之外,多数园苑都围绕西湖山水而建,如湖东之聚景园,湖南之庆乐园、屏山园,湖北之集芳园等。这些园林虽然在称谓上"园"、"苑"混用,但其区位上均属城郊风景地,功能上为皇帝幸驾游览之用,景观上以自然或人工自然的山水意象为主体,三个方面均反映出了苑式园林的属性特征。

东京的琼林苑早在太祖乾德二年(964)就开始修建,但北宋历代皇帝对该苑都有陆续的改修扩建。比较突出的两次后续工程分别是太平兴国年间于苑北开凿"金明池"并筑水心五殿,政和年间于苑东南增筑假山"华觜冈"并更新苑内的建筑、植物及景石。由于琼林苑与其北部的金明池之间有入城干道相隔,因此多数学者惯常于将其二者作为两座单独的园林进行讨论。而从《玉海》叙述上看,其文首先表明金明池与琼林苑是从属关系③,再者对金明池

---

① 周密:《武林旧事》,钱之江校注,杭州:浙江古籍出版社 2011 年版,第 157 页。
② 王应麟:《玉海(第 5 册)》,南京:江苏古籍出版社、上海:上海书店 1987 年版,第 3138 页。
③ 王应麟:《玉海(第 4 册)》,南京:江苏古籍出版社、上海:上海书店 1987 年版,第 2707 页。

的描述并没有被单独设为一条,而是依附于"乾德琼林苑"之下①,可见金明池只是被视作琼林苑的一部分而已,故下文将其二者视为一园讨论。

孟元老《东京梦华录》对琼林苑有过细致的文字描绘。按其所述,琼林苑南部的苑林区与其北面的金明池在景观格局、使用功能上都有很大差异。苑林区在功能上主要作为赐宴、游憩的场所。东南一角为高数十丈的华觜冈,"上有横观层楼,金碧相射。下有锦石缠道,宝砌池塘,柳锁虹桥,花萦凤舸"。②此外又有月池一潭,景亭若干。植物配置上则多采用素馨、茉莉、山丹、瑞香、含笑、射香等南方进贡的观赏花卉。苑林区稍北则是园林活动的集中场所,建有饮宴、观射的殿宇,击球运动的球场。苑林区有一条主路与北面的金明池相对,路旁皆植古松怪柏,两侧又分别是诸如石榴园、樱桃园此等专类园中园,园内"各有亭榭,多是酒家所占"③。

苑北的金明池则是宋廷每年春季开展水上军事演练的场所,在后来一段时期内表演性质愈发浓重,逐渐演变成为一种公众参与度较高的非节日性庆典活动。金明池所留下的史料比较丰富,文字方面有上文提及的《东京梦华录》,图像方面有北宋画家张择端所绘《金明池夺标图》(图3.10),考古资料方面还有1993—1996年开封市文物队的诸多历史发现④。据上述资料共同显示,金明池距东京外城城墙约300米,形状为几近方形的一个大水池,其东西长约1240米,南北宽1230米,池深3—4米,水面面积约合15.25公顷。金明池西北角有水门,其下是一段宽约20米北向延伸的河道,即当时向汴河引水时所掘之渠。金明池心有一岛,岛上为五座建筑组成的水心殿建筑群,岛南以仙桥与金明池南岸相连,岸上分别为彩楼、棂星门、宝津楼,宝津楼东侧为临水殿,临水殿对岸则是停泊龙船的奥屋。池之四周环植垂柳,东岸有酒食点,西岸有垂钓处。

---

①　王应麟:《玉海(第5册)》,南京:江苏古籍出版社、上海:上海书店1987年版,第3137页。

②　孟元老:《东京梦华录笺注(下)》,伊永文笺注,北京:中华书局2006年版,第676页。

③　孟元老:《东京梦华录笺注(下)》,伊永文笺注,北京:中华书局2006年版,第676页。

④　丘刚、李合群:《北宋东京金明池的营建布局与初步勘探》,《河南大学学报(社会科学版)》1998年第1期。

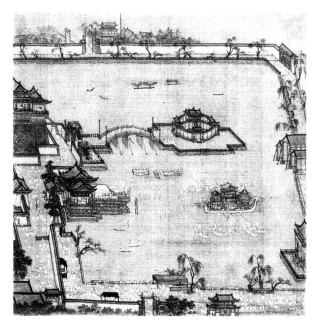

图 3.10　琼林苑北部的金明池①

（三）宫苑的融合——艮岳

始建于政和五年（1115）的艮岳在宋代园林类型学上具有一定特殊意义，此外其造园成就在整个中国园林史上也具有无可取代的价值，因而有必要将艮岳设为一节专门讨论。

艮岳位于东京皇城之东偏北，上清宝箓宫之后，正门榜曰华阳宫，其区位及名称上的种种迹象均显示出宫式园林的特点，但就宫、苑在景观及功能方面的本质区别而言，艮岳景致天然，且不具备日常居住功能，因此其在严格意义上当属一座苑式园林。然而，艮岳在称谓上与宫式园林同化，区位上也不断向皇城靠拢，其存在标志着宫、苑类型概念在两宋期间的相互融汇。由于当代园林历史研究成果对艮岳景象的复原已经十分详尽（图 3.11），因此下文不再赘述艮岳具体的景观格局，而是着重从艺术以及工程两个维度对其进行进一步解剖。

---

① 图片引自张择端：《金明池夺标图》，天津市博物馆藏。

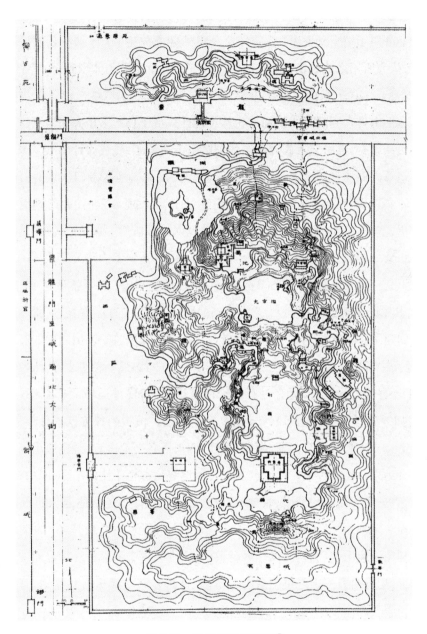

图 3.11　艮岳想象复原图①

---

①　朱育帆:《艮岳景象研究》,北京林业大学 1997 年版。

从艺术设计视角出发,艮岳毫无疑问是两宋时期造园水平的最高代表。其选址参照了道士刘混康(后赐号葆真观妙冲虚先生)于风水学角度给出的谏言,认为所用之地筑山"当有多男之祥"①,因而艮岳主体景观即为高约 28 米、围合 6—10 千米的大型土山②,局部嵌筑景石以模拟峰峦崖谷等自然地貌。艮岳山形水制的总体格局首先基于设计人员于各地名山大川考察踏勘后形成设计素材,再由艺术修养颇高的宋徽宗亲自操笔,绘成设计图纸。为满足叠山垒石方面的设计要求,艮岳一役又特聘大批吴兴地区专门从事叠石活动的山匠,"以图材付之","按图度地,庀徒僝工"③。理水方面,大型湖面包括大方沼、鉴湖、凤池、雁池、砚池,池状既有规则又有自然。除湖泊之外,艮岳中未名水景囊括河、溪、沼、瀑、涧、泞等各种形式,可谓保罗内陆天然水体的所有形态④。建筑虽从属于整个园林环境,但其类型丰富,单体数量达 67 座之多⑤,其中既有雕梁画栋、尽工艺之精巧的殿阁建筑,又有不施五彩、粉墙黛瓦的民间建筑。植物与景石更是艮岳景观之重点。除嵌筑于土山之中的石料之外,艮岳中云集了大量的特置景石,仅其主入口的御道两侧就林立着为数上百、形态各异的太湖石,更有一石位于御道正中,名称神运峰,"广百围,高六仞(约 13 米)",特建一座 15 米多的高亭以庇之。植物的种类也十分丰富,其园中奇花异木悉数来自两浙、湖湘、福建、四川等各个地区,甚至连海南的椰子树都有运用。艮岳种植设计十分重视山形地势与群植手法的结合,园中梅岭、杏岫、黄杨壠、丁香嶂、椒崖、龙柏坡、斑竹麓诸景设计均是上述理念的印证⑥。另外在造园理念上,艮岳一园开启了皇家园林"移天缩地在君怀"的设计思潮。利用各地山水、城镇的设计素材,艮岳之中有多个局部景观皆是地方名胜的缩影,如艮岳万岁山之模拟余杭凤凰山,艮岳鉴湖之模拟绍兴鉴湖,其北部

---

① 周城:《宋东京考》,北京:中华书局 1988 年版,第 293 页。
② 朱育帆:《关于北宋皇家苑囿艮岳研究中若干问题的探讨》,《中国园林》2007 年第 6 期。
③ 王明清:《挥尘录》,上海:上海书店出版社 2009 年版,第 57 页。
④ 周维权:《中国古典园林史》,北京:清华大学出版社 2008 年版,第 283 页。
⑤ 朱育帆:《艮岳景象研究》,北京林业大学学位论文,1997 年。
⑥ 周城:《宋东京考》,北京:中华书局 1988 年版,第 297—298 页。

的曲江、南部的芙蓉城也分别有模拟长安曲江池、江阴城镇景观之嫌。

撇开其辉煌钜丽的造园艺术成就之外，艮岳一役同时又包含着消极的政治意义，其经营被视为北宋王朝灭亡的导火索之一。从工程视角而言，艮岳的建设严重扰乱了正常的社会秩序。艮岳植物及景石的搜罗、运输项目"花石纲"严重浸淫着四方百姓的生产生活，阻碍国家粮食运输的正常开展。陆运花石纲时民众被作为义工征收，"经时阅月，无休息期"①，致使"农不得之田，牛不得耕垦，殚财糜刍，力竭饿死，或自缢辕轭间"。② 河运花石纲时又占用大量运送粮食的货船，自花石纲运作之后，"粮运由此不继，禁卫至于乏食"③。因而艮岳一役期间，社会矛盾不断激化，最终于宣和二年（1120）引发了"方腊之乱"的农民起义。在工程管理方面，艮岳之役并没有沿袭前代工程建设从规划到施工完全由工官机构单方面负责的"工官制"，而是将工程拆分后分别交由不同个人或机构承担，初步体现出了传统工官制向当代承包制的过渡，但这一制度层面的革新却因为承建官吏的贪腐而黯然失色。参与艮岳建设管理的梁师成、蔡京、童贯、朱勔、王黼一行均是当时奸宦，不仅私扣役工的劳动报酬以及采购花石的政府拨款，同时又克扣各地搜罗的奇珍异宝。《东都事略》记苏杭应奉局（即花石纲管理机构）负责人朱勔对工程所贡之物"豪夺渔取，毛发不赏"，开封应奉局负责人王黼，扣押进贡的"铅松怪石，珍禽奇兽"用于营建自家园林，"四方珍异，悉入于二人之家（另一人指梁师成），而入尚方者才十一"④。在工程建设理念上，权相蔡京为开徽宗侈心，特节选《周易》"丰"、"豫"两卦创立"丰亨豫大"之说，鼓吹奢侈挥霍才是为王之道。在此理念下，艮岳被定位为北宋王朝的面子工程，因而在预算上不设上限，挥金如土。最后，在园林的后续经营及维护层面，艮岳又是不可持续的项目代表。为圈养艮岳之中的大批观赏动物，宋廷特立"来仪局"来主管这些珍禽异兽，其"珍禽

① 脱脱：《宋史》，北京：中华书局 1977 年版，第 13665 页。
② 毕沅：《续资治通鉴（第 5 册）》，北京：中华书局 1957 年版，第 2437 页。
③ 龚明之：《中吴纪闻》，上海：上海古籍出版社 2012 年版，第 91 页。
④ 王称：《二十五别史·东都事略》，济南：齐鲁书社 2000 年版，第 906—908 页。

数万"、"大鹿数千"都悉数以肉块粱米喂食,每天都消耗着大量开支。而在植物方面,艮岳中的花木大多来自南方,甚至跨越了其自然生境的气候带类型,而这些植物据徽宗自述均"不以土地之殊,风气之异,悉生成长"①。如果不投入大量的人力物力作保障,即使以当代的园艺科技也难以实现这种景象。

二、寺观园林

(一)寺院

隋唐以来,寺院的格局就开始呈现出明显的"分院制"②,以若干别院围绕主院展开布局。主院中以佛殿、佛阁、佛塔为中心,四周通常有廊庑围抱,是开展宗教活动的主要场所。别院则多为仓储、食厨以及僧尼居住使用,以小型院落的形式排布于主院两侧。唐初以来,受印度佛寺格局的影响,塔往往成为佛寺主院的核心建筑。而中唐之后,主院制度开始摆脱印度影响,供奉佛像的殿阁建筑成为整个寺院的核心,佛塔则退居殿阁之后或两侧。五代时,佛教受周武宗打压,发展一度坠入低谷。入宋以后,政府一度放宽制度,甚至提出"浮屠氏之教有裨政治"③的说法,通过笼络佛教以平复社会矛盾。在政策的支持下,佛教在两宋期间社会化程度激增,僧尼数量达数十万之众,对寺院规模带来了诸多挑战,开始出现于寺院之外私立别院的情况。而为实现寺院管理的制度化,宋廷再次做出新规。寺院屋宇达三十间以上方可申请寺额,未达三十间者则必须依靠大寺院④。这一制度又刺激了寺院别院的扩大发展,诸多大型寺院别院数量数以十计。如东京相国寺就有别院64座(一说62座⑤),开宝寺别院24座,建阳县开福寺别院23座。部分新置的别院与主院共用佛殿、佛阁,但在经济上保持独立,只是按期向主院缴纳一定数量的贡资。

---

① 周城:《宋东京考》,北京:中华书局1988年版,第295页。
② 周维权:《中国古典园林史》,北京:清华大学出版社2008年版,第244—245页。
③ 李焘:《续资治通鉴长编(第1册)》,北京:中华书局2004年版,第554页。
④ 郭黛姮:《中国古代建筑史(第3卷,宋、辽、金、西夏建筑)》,北京:中国建筑工业出版社2009年版,第271页。
⑤ 周宝珠:《宋代东京研究》,开封:河南大学出版社1998年版,第533页。

禅宗在宋代佛门诸宗中的突出影响促使佛寺逐渐向禅寺的制度靠拢。禅宗的特点在于重悟,重视禅师与弟子之间的交流。因此,讲经教学的"法堂"在禅寺之中具有十分重要的地位。《百丈清规》中甚至提出了"不立佛殿,唯树法堂表佛祖亲嘱受"的大胆突破,进一步强化了法堂的地位。在两宋的禅寺中,佛殿的存在仍然是十分必要的,但同时,法堂的重要性也极其突出。其或单独设立,规模与佛殿相仿,又或与佛殿合并,兼做法堂[①]。除佛殿与法堂之外,寺院之中还有一些其他标志性建筑。"山门(或三门)"为佛寺大门,位于寺院入口,其形式多样,既可为门屋,也可为门楼。"方丈"即寺院住持的居所,一般位于佛殿与法堂之后,寺院轴线的末端。"僧堂"为僧众集体坐禅、饮食、偃息之地,属室内共享空间,一般位于主院西厢的位置。"厨库(或库院)"即寺院厨房、食仓,一般位于主院东厢的位置。"钟楼"与"鼓楼"为置放钟鼓的两座楼阁,通常对峙出现,成"东鼓西钟"的格局。钟楼、鼓楼之制本源自城市、宫殿,而由于宋代城市不再实行宵禁,钟鼓楼开始大量进入至寺院之中[②]。"经藏"与"轮藏"均为储藏经书的地方,前者即普通的图书馆,后者为可旋转的木质书架,僧尼中不识字者推轮藏一周视为读经一遍。经藏轮藏一般位于佛殿之后或两侧,也有与钟楼相对的情况。

目前,佛学及建筑学界普遍以无著道忠《禅林象器笺》、伊东忠太《日本建筑的研究》等日本文献以及中国早期的佛教建筑研究成果为依据,认为唐宋时期的寺院存在"伽蓝七堂(或七堂伽蓝)"的制度,即禅寺内七座主要建筑以及空间序列,七座建筑的构成诸说不一(表3.1),格局则如日僧游览宋代寺院后所绘《五山十刹图》显示出来的人体式格局(图3.12)。而近来有学者指出,伽蓝七堂本质上只是日本僧侣游学期间对宋代寺院格局的经验总结,虽然其能与寺院格局大致相符,但并不构成一种制度。中国寺院制度所遵循的是栅

---

① 戴俭:《禅与禅宗寺院建筑布局研究》,《华中建筑》1996 年第 3 期。
② 玄胜旭:《中国佛教寺院钟鼓楼的形成背景与建筑形制及布局研究》,清华大学学位论文,2013 年。

格布局的分院制,伽蓝七堂本质上是日本僧侣对宋代寺院制度的一种误读①。

表3.1 禅宗与其他宗派七堂制度比较②

宗派名称	"七堂"制度
禅宗	佛殿、法堂、僧堂、厨库、山门、西净、浴室
	佛殿、法堂、禅堂、食堂、寝室、山门、厕屋
真言宗	佛殿、讲堂、五重塔、大门、中门、钟鼓楼、经藏
	佛殿、讲堂、灌顶堂、大师堂、经堂、大塔、五重塔
天台宗	佛殿、讲堂、戒坛堂、文殊堂、法华堂、常行堂、双轮堂
法相宗	佛殿、讲堂、山门、塔、左堂、右堂、浴室
华严宗	佛殿、食堂、讲堂、左堂、右堂、后堂、五重塔

引自阿弥陀行状记《安齐随笔后编·十四》

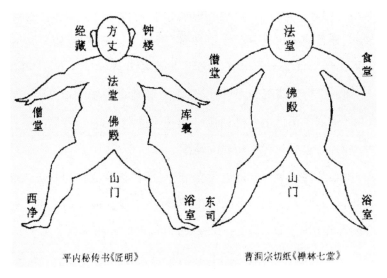

平内秘传书《匠明》　　　曹洞宗切纸《禅林七堂》

图3.12 日本禅宗寺"七堂"布局人体表相图③

在厘清佛寺的院落格局以及主要建筑之外,还必须对以下寺院园林三大标志性的景观符号加以简述:

---

① 袁牧:《中国当代汉地佛教建筑研究》,清华大学学位论文,2008年。

② 钟惠城:《禅宗园林初探》,北京林业大学学位论文,2007年。

③ 张十庆:《五山十刹图与南宋江南禅寺》,南京:东南大学出版社2000年版,第57页。

塔。塔源起印度,用途为存置佛身舍利,后来则逐渐成为寺院中的代表构筑。两宋时期的佛塔以可以登临的楼阁式及内部实心的密檐式较为普遍,以建筑平面为八边形、层数为奇数者最为常见。佛塔建筑用材既有砖石,也有木构。而由于宋人对建筑木结构极为偏爱,即便是砖石塔的营造也会雕刻以柱额、梁枋、斗拱、门窗、腰檐等繁琐精致的仿木构件,体现出极为浓重的艺术装饰意味。

经幢。寺院中常见的小型石作构筑(少数以铁铸),唐初寺院就开始兴造,至两宋时期达到顶峰。经幢一般以单座或双座形式布置于殿前、路边或院落之内,其结构由幢基、幢身、幢顶三部分构成。幢基做法为《营造法式》中的"须弥座",其层数为1—3层不等。幢身有六边形记八边形,但以后者最为常见,柱面刻有经文。幢顶则是整个经幢最为重要的部分,其构件小巧繁琐,由华盖、腰檐、山花蕉叶、连珠、仰莲、短柱、覆莲、流云、磐石、日月宝珠以及一些仿木构建组成,艺术气息强于宗教气息。部分经幢幢顶还设有灯室,即中间镂空,以置灯火,这种形式的经幢又称为灯幢。

放生池。放生池由唐智者大师(天台大师)智颛所创。南北朝期间,智颛见民捕鱼之网绵延四百余里,心生恻隐,劝民从善,并买海湾以为放生池。渔民由此萌发好生之心,又临水建放生池63所。唐宋以来,放生习俗十分流行,唐肃宗曾于乾元二年(759)诏令于诸道江畔建放生池81所,宋时也频频有寺院奏请以城郊湖泊为放生池的情况。可见,虽然唐代之后寺院中便陆续出现人工凿池用以放生的现象,但放生习俗的开展仍以自然水体为主。

在寺院绿化环境方面,印度佛教文化体系下的"五树六花"[1]向来是寺院植物配置的首选。然而对于高度汉化的宋代寺院而言,其植物的选择并没有完全局限于这些"血统纯正"的佛教植物,而是充分吸收了儒、道、佛三家合流之后的理学文化,以松、柏、竹等比德思想浓厚的植物为主调。此外,两宋寺院也十分重视观赏花卉及果树的种植。如灵隐寺的桂花、辛夷花、凤仙花,孤山

---

① 注:五树分别为菩提树、高榕、贝叶棕、槟榔、糖棕,六花分别指莲花、文殊兰、黄姜花、鸡蛋花、缅桂花、地涌金莲。

寺的梅花、天竺寺的石榴花、龙山真觉院的黄紫瑞香、枇杷,菩提寺南漪堂的杜鹃花,梵天寺的杨梅、卢橘等均十分出名①。唐宋以来,寺院的选址就开始逐渐向郊野的风景地靠拢,因而其在植物景观上就占据着先天优势。但是,僧尼、信徒对寺院周围的环境并非是顺其自然,而是在原有环境基础上刻意营造。宋代寺院非常重视山门之前的环境升华。灵隐寺"九里闲云万树松,经行记得旧时踪",国清寺"十里松门国清路,饭猿台上菩提树",天童寺"二十里松行欲尽,青山捧出梵王宫"。这些绵延十余里的松林并非是天然形成,而是僧尼及信徒所植。此外,松径两旁还常设有休憩、眺望的亭榭,对禅林意境的烘托起到了积极作用。

始建于西晋、复兴于唐、繁盛于宋的天童寺是宋代寺院园林的典型代表。天童寺位于宁波太白山麓,南宋时被钦定为"五山十刹"之第三山,同时也被日本曹洞宗奉为祖庭,在寺院后期的建设中也有日本僧人的参与,其制度对日本后世的禅宗园林产生着深刻的影响②。天童寺于宋时的景观格局可从《天童寺志》以及有幸传承下来的《五山十刹图》中略作考述。寺中建筑包括山门、佛殿、法堂、方丈、僧堂、库院、钟楼、大光明藏、寂光堂、祖师堂、土地堂、观音阁、蒙堂阁、云章阁、千佛阁、宿鹭阁、临云轩、春乐亭等,其景观格局如图3.13所示。

天童寺寺院景观中最独具特点的可谓是其主轴线开端的"双池映景",其形制为两座纵向排列的方形水池,始浚于唐至德二年(757),因开掘时施工浩繁而分别称内、外"万工池"。宋时宏智禅师于池中按七星之象建石塔七座,与佛殿、林木一同映现于潭池之中。七塔及万工池后毁于洪水,明代住持密云禅师重浚之后内、外二池分别约占三千平方米、两千平方米③。

---

① 金荷仙、华海镜:《寺庙园林植物造景特色》,《中国园林》2004年第12期。

② 党蓉:《禅宗各宗派及其重要寺庙布局发展演变初探》,北京工业大学学位论文,2015年。

③ 《天童寺志》编纂委员会:《新修天童寺志》,北京:宗教文化出版社1997年12月18日。

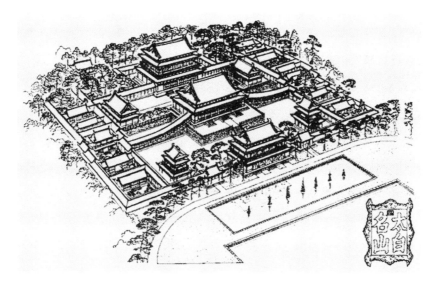

图 3.13　南宋期间天童寺格局复原图①

（二）宫观

据《中华道教大辞典》记，宫观指"道士修道、祀神的活动场所，为道宫、道观的合称"②。"观"者或称为"馆"，即高处观望、观星望气之取意，南北朝时普遍成为道教建筑及园林的代称。"宫"作为一个建筑概念本是指代帝王的居所，李唐王朝多奉道教为国教、尊道场为宫，因此到唐时，宫开始正式分化成为道教建筑及园林的称谓③。宋代是自唐代以来道教发展的又一个盛期。宋代帝王随同时支持佛、道二教的发展，但在国策上仍然是以道教为国教。太宗、真宗、徽宗、高宗、理宗对道教的推行都发挥着历史性作用④，其中宋徽宗更是走向极端，不仅自号道君皇帝，更诏令改"佛号大觉金仙，余为仙人、大士之号。僧称德士，寺为宫，院为观，即住持之人为知宫观事"⑤，将佛教强制收归于道门之下。

---

①　傅熹年：《中国科学技术史（建筑卷）》，北京：科学出版社 2008 年版。

②　胡孚琛：《中华道教大辞典》，北京：中国社会科学出版社 1995 年版，第 1644 页。

③　孙宗文：《中国道教建筑艺术的形成、发展与成就》，《华中建筑》2005 年第 7 期。

④　唐代剑：《宋代道教发展研究》，《广西大学学报（哲学社会科学版）》1997 年第 4 期。

⑤　黄以周等：《续资治通鉴长编拾补（第 3 册）》，顾吉辰点校，北京：中华书局 2004 年版，第 1218 页。

两宋期间的道家宫观多沿袭唐时的规制,而成书于隋末唐初的《洞玄灵宝三洞奉道科戒营始》对宫观营造有较为详细的解释。其书"置观品"中开门即云宫观之制"法彼上天",需按照道家仙境的规则来营建,"置兹灵观,既为福地,即是仙居",其具体构成包括如下内容①:

> 造天尊殿、天尊讲经堂、说法院、经楼、钟阁、师房、步廊、轩廊、门楼、门屋、玄坛、斋堂、斋厨、写经坊、校经堂、演经堂、熏经堂、浴堂、烧香院、升退院、受道院、精思院、净人坊、骡马坊、车牛坊、俗客坊、十方客坊、碾硙坊、寻真台、炼气台、祈真台、吸景台、散华台、望仙台、承露台、九清台、游仙阁、凝灵阁、乘云阁、飞鸾阁、延灵阁、迎风阁、九仙楼、延真楼、舞凤楼、逍遥楼、静念楼、迎风楼、九真楼、焚香楼、合药堂等,皆在时修建,大小宽窄,壮丽质朴,各任力所营。药圃果园,名木奇草,清池芳花,种种营葺,以用供养,称为福地,亦曰净居,永劫住持,勿使废替,得福无量,功德第一。

据该书所叙,道家宫观在唐宋时期与寺院一样体现出了明显的"分院制"格局,其主院由钟阁、经楼、天尊殿、法堂、师房(或方丈)构成,其余建筑构成不同的别院。其建筑构成及空间序列如下:

"观门(或山门)"即道观之门,形式多样,但以门上立阁楼者为多。观门两侧一般开有小门,供车马牛驴出入。"天尊殿(或堂)"即指神殿,殿前筑土或垒砖石为坛,建筑大小制度均无定式,殿宽三到十三开间不等,建材以木作为佳,砖石、茅茨亦可。"法堂"、"法院"为说法教化之所,法堂一般置于天尊殿后,法院则在天尊殿两旁,均以容纳听众数多者为宜。"经楼"与"钟阁"即书楼与钟楼,二者规制相同,左右相峙,成"左钟右经"之势,一般建于天尊殿前。"师房"为道观住持的居所,于天尊殿四周安置。"斋堂"即道士起居用房,多置于主院东侧之别院。"斋厨"即厨房,其与食堂、釜灶仓库的布局则以

_____

① 《道藏(第24册)》,北京:文物出版社、上海:上海书店出、天津:天津古籍出版社1988年版,第745页。

相互邻近为原则。"浴堂"即浴室,由于仪式之需而使用频繁,多设立于别院或私房附近。此外还有写书抄经的"写经坊"、凝神炼气的"精思院"、招待道友俗客的"净人坊"、开度身亡道士女冠的"升遐院",以及药圃、果园之类均作别院设置。以上建筑中凡殿堂、楼阁、台榭、引院,其间均有廊庑环绕、连通。另外,多数宫观中还凿有"丹泉池",为炼丹制药提供专门的水源。

　　宫观选址在老庄环境哲学影响下本就有亲近自然的趋势,这种趋势在唐代"洞天福地"理论完全成型后愈发强化,巩固了后世宫观普遍以名山大川作为凡尘仙境的直观表达。除凭借山形巍峨以通神仙之外,道家宫观也注重培养后天形成的环境意象。与灵隐、天童、国清诸佛寺门前的松径相似,建置于郊野风景地的宫观在入口处也存在一个引导空间来渲染环境的宗教氛围。如大涤山洞霄宫,其第一道观门"通真门"后两崖相峙,在穿过通仙桥、施水庵、大涤洞、天柱泉以及"十八里洞霄宫路"后至第二道观门"九锁山门",过此门还需再行三里,穿过龙洞、凤洞、栖真洞、会仙桥诸景之后方才到达,充分突显了其逐步脱离凡尘的"通真之路"。在宫观植物方面并没有道经对此做出明确规定,仅是大致提出鼓励于观内培育"果林华树"、"珍草名香"。除了炼丹、食膳、供养所用的草药、时蔬、果树之外,以青松桧柏为代表的中华文化传统植物仍然是道观园林植物之首选。另外,具有寓意长生不死的银杏、驱邪益寿的桃树、超脱尘俗的莲花,以及海棠、牡丹、桂花、紫薇等观赏价值突出的植物也是宫观中的常客①。而对于宫观营造之时已经存在的地方树种而言,道人多持道法自然的无为态度以及万物同体的公正伦理。撰于北宋时期的道书《云笈七签》更是直接提出"不得烧田野山林"、"不得妄伐树木"、"不得妄摘草华"等系列植物保护的相关规定②,可见道教对地方自然生态的重视。

　　由于道教与宋廷之间保持着极为紧密的政教关系,诸多皇家建设的宫观均附建有如降辇殿、进膳殿此类接待皇室的配套设施。此类"皇营宫观"在钜丽程度上远超一般。以真宗于大中祥符元年(1008)始建的玉清昭应宫为例,

---

① 李传斌:《浅说道观园林》,《中国道教》1993 年第 25 卷第 1 期。
② 张君房:《云笈七签》,北京:中华书局 2003 年版,第 849—857 页。

建筑规模达 2610 区之多,是当时东京规模最为宏大的宫观。其神殿数量非前代可比,除诸天殿之外,连二十八星宿也各配一殿,总数超过 50 余座。建筑装饰朱碧藻绣,无不用金。其分院中的园林也搜罗了天下珍树怪石,垒石以为山,引渠以为池,亭台楼阁错落其间①。除玉清昭应宫之外,诸如太一宫、上清储祥宫、上清宝箓宫、四圣延祥观等宋朝历代皇帝营建的大型宫观在规模及景观上均表现出了非凡卓著的成就,这在宋代的佛教寺庙中是不曾有过的。

两宋时期的宫观园林可举洞霄宫为代表。洞霄宫位于杭州大涤山,始建于汉武帝时期,唐弘道元年(683)为天柱观,真宗大中祥符五年(1012)改为洞霄宫,赐钟磬法具以及庄田十五顷。仁宗天圣四年(1026)时成为道院所定"天下名山洞府"二十之第五位,政和、建炎、绍兴、咸淳以及元代至元、至正期间均有数次大小兴修②。道学家邓牧著有《洞霄图志》,其书记录了洞霄宫于宋末元初之时的大致格局(图 3.14)。

除却上文所述通真门之后的引导空间后,洞霄宫的分院格局就比较明朗了。其主院由虚皇坛、洞霄宫正殿、演教堂(法堂)、方丈构成,建筑之间廊庑相接,院前观门为三道棂星门形式,两侧又各有一门,观门之后左有钟楼,右为经阁。主院东庑别院有库院、璇玑殿、昊天阁、佑圣殿。西庑别院有斋堂、道院、龙王仙官祠、云堂、旦过寮、浴堂等。其中,西庑道院中又有上清院、精思院、南陵院,三院中瞰一方池,池周斋舍四围,亭轩散布其中③。

第三节　其他园林类型的演进

除衙署及学校园林之新现、宫苑及寺观园林之蜕变两大明显转变外,宅墅园林、祠坛园林、名胜园林三者也随着整个园林发展历程在宋时的变革而发生

---

① 周宝珠:《宋代东京研究》,开封:河南大学出版社 1998 年版,第 548—552 页。
② 奚柳芳:《洞霄宫遗址考实》,《浙江师范学院学报(社会科学版)》1985 年第 1 期。
③ 邓牧:《洞霄宫图志(一)》,北京:中华书局 1985 年版,第 1—11 页。

图 3.14　洞霄山及洞霄宫图①

---

① 曹婉如等:《中国古代地图集(战国—元)》,北京:文物出版社 1990 年版,图 171—172。

了一些内在演进,这些变化较为微观,具体表现于各类园林之建制、风格、子类别等多个方面,下文将对其展开一一讨论。

一、宅墅园林

宅墅园林普遍指代世族、缙绅、僧道、隐士、庶民等不同社会群体以个人名义持有的宅园、别墅,相当于私家园林的概念。由于所有权人在社会身份上所表现出来的复杂性,宅墅园林也就成为所有古代园林中景观差异性程度最高的类型。首先在政策法规上,官僚与士庶之间存在严格的制度规定。如《宋史·舆服》记载:"六品以上宅舍,许作乌头门。父祖舍宅有者,子孙许仍之。凡民庶家,不得施重栱、藻井及五色文采为饰,仍不得四铺飞檐。庶人舍屋,许五架,门一间两厦而已。"①而在经济条件上,世族门阀与寻常百姓之间的差异也导致了其所建园林在尺度、内容、功能方面的各项差异。最后在个人文化背景上,不同社会群体之间所表现出来的景观审美趣味也有所不同,有追求镂金错彩、都市繁华的富贵之乐,也有追求归田园居、曲径通幽的山林之乐。

虽然宅墅园林在景观构成上因园主的社会身份而产生差异,但从形式上看,其具体类型不外乎三种情况,其一是建置于城镇之内,结合日常起居生活的"宅园";其二是选址于自然山水之中的"别墅园",虽空间区位有所不同,但在功能属性上与宅园无异;其三是单独设立的、不具备居住功能的"游憩园",通常建置于郊区②。

（一）宅园

宅园式私家园林在空间布局上表现出明显的"宅"、"园"两分的结构特点。宅区即以建筑、廊庑、院落构成的规则空间,通常作为整座宅园的入口,集中承载日常起居的生活功能。园区则是主要的游憩空间,格局自然,建筑舒朗。例如洛阳司马光的独乐园以及苏州朱长文的乐圃就属于典型的宅园式园林。独乐园坐落洛阳城尊贤坊北关,建置于神宗熙宁六年(1073),全园面积二十宋亩,其空间布局上表现为"前宅后园(南宅北园)"(图3.15)。读书堂、弄水轩,以及绕

---

① 脱脱:《宋史》,北京:中华书局2000年版,第2407-2408页。
② 周维权:《中国古典园林史》,北京:清华大学出版社2008年版,第20页。

庭四周的水渠构成了独乐园的宅区,是司马光日常起居以及撰写《资治通鉴》的地方。而钓鱼庵、种竹斋、采药圃、浇花亭、见山台则共同构成了其园区,主要承担着垂钓、艺种、观景、休憩等多项游园活动。朱长文苏州城的乐圃则是在原五代广陵王钱元璙"金谷园"旧址上修建而成,地广三十余宋亩,于神宗元丰三年(1080)落成。乐圃一园的空间格局更明显地表现出"右宅左园(东宅西园)"的形式(图3.16)。邃经堂、蒙斋、米廪、鹤室,及其四周的厅堂廊庑一同构成了该园生活起居的宅区,而宅区西面的山池亭台、蔬圃果园则共同构成了乐圃的园区。也正是应为宅、园两分的空间布局,宋人又通常使用东南西北的方位名词来特指宅园中的园区部分。

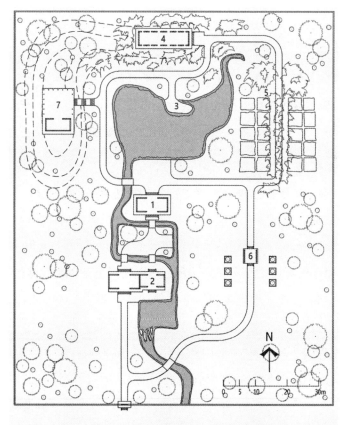

1. 读书堂　2. 弄水轩　3. 钓鱼庵　4. 种竹斋　5. 采药圃　6. 浇花亭　7. 见山台

图3.15　"独乐园"想象复原图(作者自绘)

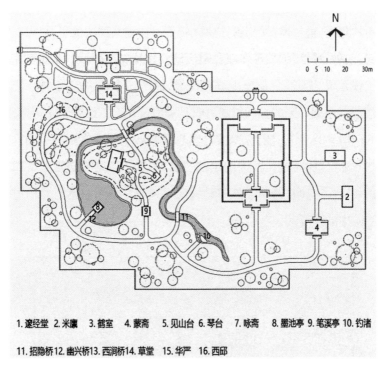

1.邃经堂 2.米廪 3.鹤室 4.蒙斋 5.见山台 6.琴台 7.咏斋 8.墨池亭 9.笔溪亭 10.钓渚
11.招隐桥 12.幽兴桥 13.西涧桥 14.草堂 15.华严 16.西邱

图3.16 "乐圃"想象复原图（作者自绘）

（二）别墅园

别墅园多选址于自然景致资源丰富的郊野地带，虽然在设计环节也少不了引水凿池、筑山垒石等人工造景手段，但其主要以借景为构园的基本设计原则。由于借景的需要，别墅园中的建筑以及景观设施的布局往往是因地制宜的，因此从属于别墅园类型的私家园林在空间格局上呈现出极强的灵活性，很少如城市宅园那样明显表现出生活空间与居住空间的上下左右结构。另外，虽然别墅园选址于自然山水，但并不会深入至杳无人烟的荒野之中，而是倾向于城郭之外可达性较高的区位，以迎合住宅风水、保障日常生活方面的要求。例如南宋洪适在江西鄱阳的别墅园盘洲，始建于孝宗乾道二年（1166），出鄱阳县城北门左行一宋里即可到达。在自然景观方面，盘洲地处芝泉河水中心广约百余亩的小岛之上，三面环山，前临一湖，可见该园在区位条件以及景致资源上均是无可挑剔了。盘洲一园的平面布局可依据洪适所撰《盘洲记》一文中推断得出（图3.17），从中可以发现该园并没有严格意义上的住宅区，建筑布局相对零散。此外，大量的亭台、轩榭、楼阁基本沿水岸线或凸出地势的分布，极大程度上收揽了四周的自然山水。而对于岛屿中心无景可借的区域则采取开凿渠池、堆叠假山的方式进行人工造景。

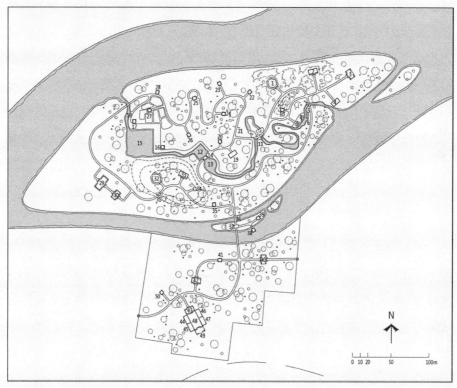

1. 洗心阁　2. 有竹轩　3. 双溪堂　4. 舣斋　5. 云叶岩　6. 啸风岩　7. 践柳桥　8. 钓矶　9. 西泮　10. 饭牛亭　11. 假山　12. 鹅池　13. 墨沼
14. 一咏亭　15. 方池　16. 既醉亭　17. 可止亭　18. 葡萄洞　19. 种林仓　20. 索笑亭　21. 日涉门　22. 橘友亭　23. 花信亭　24. 睡足亭
25. 林珍亭　26. 琼报亭　27. 灌园亭　28. 茧翁亭　29. 野绿堂　30. 隐雾轩　31. 豹岩　32. 楚望楼　33. 巢云轩　34. 凌风台　35. 驻屐亭
36. 濠上桥　37. 野航蓬　38. 龟巢亭　39. 泽芝亭　40. 流憩庵　41. 拔葵亭　42. 容膝斋　43. 芥纳寮　44. 梦窟　45. 入玉　46. 虹洞
47. 出绿　48. 沈谷　49. 聚萤斋　50. 云起亭

图3.17 "盘洲"想象复原图（作者自绘）

（三）游憩园

游憩园即专供游赏，并不具备生活居住功能的独立园林，是整个宅墅类型中较为少见的一种。游憩园在选址上多侧重于城郊，但也可以是市内风景优美的地段，以求自然景致资源的充分利用。但由于游憩园中不设住宅，其区位上需要满足当日往返的交通条件。因此,游憩园在选址上要比别墅园更靠近城镇。此外,游憩园在景观格局上也较为简单,与政府或寺庙、道观投资建设以供公众观景、休憩的郊亭基本无异,只是其使用权及所有权均属个人而已。例如北宋真宗咸平元年(998)期间的参政尚书陇西公于东京城郊营建的小园野兴亭,其位置紧靠城南郊坛,园主闲暇时乘车以至,日落时返回。据王禹偁《野兴亭记》所载,这座小园构成简单,观花、观果、观叶植物相互杂植,其中创一小亭,以览四周田园野逸之景,因而取名"野兴"。至今保留下来的苏州沧浪亭也是游憩园的代表,虽然该园在几经易主之后已经具备居住功能,但早在仁宗庆历四年(1044)苏舜钦经营期间,该园的性质尚属游憩园。据苏舜钦所述,该园三面环水,翠竹相抱,于是就水岸高地之上建以小亭,以供停留。苏舜钦每日乘舟以往,傍晚时再回到自己于城内租住的屋舍之中。

二、祠坛园林

祠坛祭祀起源于人类自然崇拜、鬼神崇拜、祖先崇拜的远古社会意识形态。先秦以来,国家对祠坛祭祀的高度重视诞生了一套祭祀相关的礼制体系,从内容、级别、程序等各个方面对祭祀活动作出了规定,祠坛园林正是这种古代礼制文化的产物之一。依照祭祀对象的不同,祠坛园林又可分为三个子类:其一为祭祀神灵的神坛神祠;其二是祭祀先贤名士、王侯将相的祠庙;其三是祭祀祖先的宗祠家庙。虽然其三者就祭祀角度而言保持着相对的独立性,但从建筑及园林语境出发,宗祠家庙常常与宅园、别墅、墓地相结合,名贤祠庙又多与衙署、学校相结合,其二者均与祠坛园林之外的其他类型联系紧密。而祭祀神灵的神坛神祠虽然也偶有与宫苑园林、衙署园林相互渗透的案例存在,但相对于后二者而言,其概念以及形式上都具有更强的独立性,可视为是所有祠坛园林中的主体。

(一)神坛神祠

神灵的祭祀形式主要分为室内的祠祭庙祭以及室外的坛祭。坛祭适用于官方组织的大型祭祀活动,且其祭祀对象一般为自然神灵。譬如祭祀天地的圜丘坛、方丘坛,祭祀土神、谷神的社坛、稷坛,祭祀日月的朝日坛、夕月坛,祭祀风、雨、雷的风师坛、雨师坛、雷神坛等。祠祭庙祭的对象并不包括祭天,而是以土地、山神、雨神、龙王等较为常见。另外,祠庙所承载的祭祀活动具有小型、非官方、自发属性,其相较于礼制意义突出坛祭而言,祭祀初衷更具强烈的目的性。按礼制规定,都城周围必须建有祭坛,"凡帝王徙都立邑,皆先定天地社稷之位,敬恭以奉之"。① 因此,赵宋王朝的祭坛均是开国之后陆续营建而成。但祠庙则不然,五岳四渎、山林川泽的祭祀早在先秦就已经形成,其祠庙的延续并不受社会更朝换代之影响。因而于祠庙而言,宋人虽偶有兴修,但很大部分的神祠均是立足于前代基础上继续修建而成。

以往建筑史、园林史的讨论多倾向于将祭坛与祠庙视为两个相互独立的概念,但笔者并不推荐将其二者分开讨论。祭坛与祠庙共同发源于神灵祭祀的建筑及园林场所,只是在形式上各有侧重。祭坛强化了室外祭祀的配套设施,同时弱化了其室内的供奉职能,因此其环境设计的重心始终聚焦于祭坛本身。祠庙则完全相反,强化了神灵的室内供奉,弱化、甚至摒弃其室外的坛祭功能,因此其建筑、院落更加丰富,露天的祭坛则仅以较为原始的高台形式出现。虽祭坛与祠庙往往在景观格局上对人造成了不同的意象体验,但其二者实质上是互有交集的。下文将分别列举两宋代表性的祭坛、祠庙,对其各自形态以及亲缘关系作出进一步论证。

东京圜丘坛。东京城南薰门外的圜丘坛(又称南郊坛)是宋代祭坛的突出代表,其所承载的祭天活动也是宋廷所有祭祀活动中最为隆重的一项。在空间布局上,整个圜丘坛又可分为两个部分。第一部分为祭坛区,包括位于中心的圜丘坛,圜丘南面百余步焚烧祭品的燎坛(炉),以及周围一些临时搭建提供更衣、休息的帷帐(图 3.18)。圜丘坛是整个祭坛的主体,其制度沿袭唐旧,采用"四成三壝十二陛"②的做法。《宋史》记:"坛旧制四成,一成二十丈,

① 陈寿:《三国志》,金名、周成点校,杭州:浙江古籍出版社 2002 年版,第 445 页。
② 注:"成"即层;"陛"指连接各层的阶梯;"壝"指各层边沿的短墙。

再成十五丈,三成十丈,四成五丈,成高八尺一寸;十有二陛,陛十有二级;三墥,二十五步。古所谓地上圜丘、泽中方丘,皆因地形之自然。王者建国,或无自然之丘,则于郊泽吉土以兆坛位。"①而事实在北宋初期,圜丘制度并非严格按照三墥的做法,其内墥只是以青绳代替。直到仁宗天圣六年(1028)之后三真正建成三墥,同时又在外墥之外再筑短垣,并于垣之东南西北四个方位分设棂星门②。徽宗政和三年(1113)礼制改革之后,圜丘坛的制度发生了较大变化。礼部云:"为坛之制,当用阳数,今定为坛三成,一成用九九之数,广八十一丈,再成用六九之数,广五十四丈,三成用三九之数,广二十七丈。每成高二十七尺,三成总二百七十有六,《乾》之策也。为三墥,墥三十六步,亦《乾》之策也。成与墥地之数也"。③(表3.2)另孟元老记坛之出陛共七十二级,南、东、西、北分别称午阶、卯阶、酉阶、子阶④。圜丘坛第二部分为斋宫一区,在坛之北或东北侧一里许,称为"青城"(图3.19)。在政和之前,圜丘斋宫仅仅是由青色帷帐搭建的临时建筑组成,因而得名。而政和、宣和之后,斋宫统一改为土木营造⑤,三百步(约500米)见方⑥,南面为建筑院落,北面设有一小园,整体呈"前宫后苑"的格局。斋宫院落由两层围墙围合城内外两院,外院围墙东西南北各设有门,其中南面为正门泰礼门,北面为后园入口宝华门。内院四方也均设有门,院中有正殿端诚殿,便殿熙成殿⑦。斋宫在功能上与祭坛保持着紧密的血肉联系,而在景观格局方面又与宫式园林没有太大差异,因此同时具备祠坛园林与宫苑园林的双重属性。

---

① 脱脱:《宋史》,北京:中华书局2000年版,第1635—1636页。
② 脱脱:《宋史》,北京:中华书局2000年版,第1635—1636页。
③ 脱脱:《宋史》,北京:中华书局2000年版,第1635—1636页。
④ 孟元老:《东京梦华录笺注(下)》,伊永文笺注,北京:中华书局2006年版,第915—917页。
⑤ 孟元老:《东京梦华录笺注(下)》,伊永文笺注,北京:中华书局2006年版,第912页。
⑥ 徐松:《宋会要辑稿(第1册)》,刘琳等校点,上海:上海古籍出版社2014年版,第515页。
⑦ 郭黛姮:《中国古代建筑史(第3卷,宋、辽、金、西夏建筑)》,北京:中国建筑工业出版社2009年版,第134—135页。

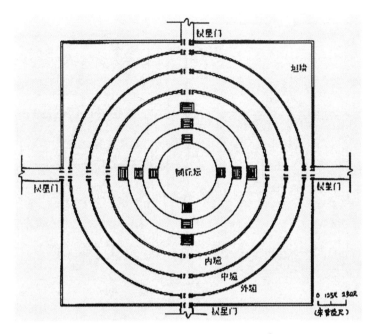

图 3.18　东京圜丘坛想象复原图①

表 3.2　北宋政和三年新坛制②

	历史记载资料情况		合现代尺寸	
	层高（宋营造尺）	直径（宋营造尺）	层高（米）	直径（米）
第一层	8 尺 1 寸	20 丈	2.50—2.66	61.80—65.80
第二层	8 尺 1 寸	15 丈	2.50—2.66	46.35—49.35
第三层	8 尺 1 寸	10 丈	2.50—2.66	30.90—32.90
第四层	8 尺 1 寸	5 丈	2.50—2.66	15.45—16.45
坛总高	3 丈 2 尺 4 寸（宋营造尺）		10—10.64 米	

---

① 吴书雷：《北宋东京祭坛建筑研究》，河南大学学位论文，2015 年。
② 吴书雷：《北宋东京祭坛建筑研究》，河南大学学位论文，2015 年。

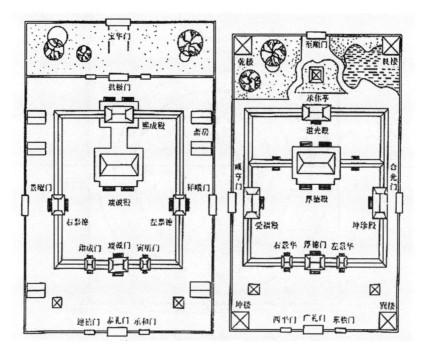

图 3.19 东京南郊青城(左)及北郊斋宫(右)想象复原图①

汾阴后土祠。汾阴后土祠位于山西汾阴(今万荣县)黄河、汾河交汇之滨,是供奉地母的祠庙。据金代后土祠庙貌碑"历朝立庙致祠实迹"碑文所记,轩辕黄帝于此地设坛祭扫,汉武帝十六年(前124)将其修为祠庙,汉唐以来历代皇帝都曾率众臣于此祠祭祀后土。赵宋王朝对后土祠的重视程度也不亚于前代,太祖、太宗、真宗、哲宗、徽宗都曾下达过整修后土祠的诏令。而真宗赵桓更是于大中祥符四年(1011)亲临该祠祭祀后土,同时借机对祠庙道路、建筑进行了大规模的修缮与扩建②③。作为一座地方神祠,后土祠频频受到中央级别的关注,这在两宋历史上是比较少见的。由于明代万历年间汾河决口,后土祠因而毁于水涝,清代迁地重建。因此,如今保留下来的后土祠已

① 吴书雷:《北宋东京祭坛建筑研究》,河南大学学位论文,2015 年。
② 郭黛姮:《中国古代建筑史(第 3 卷,宋、辽、金、西夏建筑)》,北京:中国建筑工业出版社 2009 年版,第 144—145 页。
③ 崔梦一:《北宋祠庙建筑研究》,河南大学学位论文,2007 年。

非昔日宋时之格局,两宋期间的规制只能从后土祠庙貌碑(图 3.20)以及相关
文献中追溯。

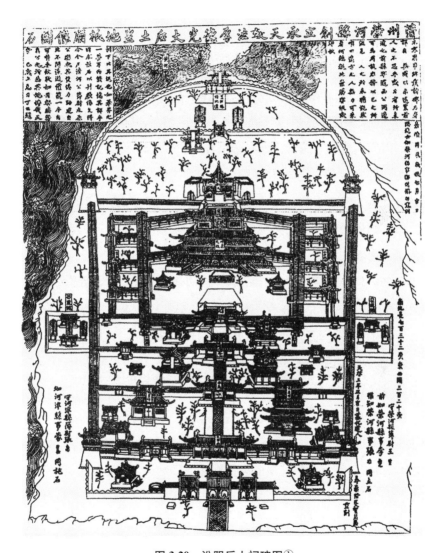

图 3.20　汾阴后土祠碑图①

北宋景德四年(1006)之后的后土祠规制如碑图所示,南北向景观轴线十
分突出,整体由南部矩形的建筑院落以及北部半圆形的祭坛、树林构成。全祠

① 曹婉如等:《中国古代地图集(战国一元)》,北京:文物出版社 1990 年版,图 69。

南北长七百三十二步(约 1102 米),东西阔三百二十步(约 524 米)。后土祠主殿之前共有四进院落作为入口空间。第一进前门为棂星门三座,院落东西各设一亭,西亭东隅有一井;第二进前门为五开间的太宁门,门之两侧各狭一廊,廊中又各有一小门,院之东西分别为两层的宋真宗碑楼及一层的唐明皇碑楼,每楼又各配一小殿;第三进前门为承天门,院之东西各有一楼、一井亭;第四进前门为延禧门,两侧各有一小门,门后亦为两楼,此院之东西院墙之外又附有两祖道院。四进院落结束后即后土祠主殿院落,其门称坤柔之门,殿称坤柔之殿。殿前门后有一露天,水池,皆呈方形。露台与水池之间左右隙地各有一亭。坤柔殿之后有一寝殿,与主殿呈工字型连接。两殿四周均有廊庑,庑之东西外侧又各为三座小院。寝殿之后为院墙,以建筑景观为主的祠庙区至此结束。后土祠寝殿院墙之北为祭坛以及树林构成的开敞空间,其前后又有墙一分为二。南面一区有一高台,其上为配天殿,殿之后即祭坛,坛呈"H"型,中心有郊邱亭。祭坛之北为树林,西北隅有一小殿。北面一区紧临黄河、汾河,入口处有棂星门,门后左右各有一悬山建筑,最北一侧又有一祭坛,为旧轩辕扫地坛。坛上有一殿,五开间,重檐九脊顶(即歇山顶)。

(二)王侯及名贤祠庙

王侯及名贤祠庙是一种纪念性质的祠庙,其多建置于供奉人物的故居、墓地或者做出过贡献的地方。在科举制度确立之前,祠庙的供奉对象以王侯将相为主。两宋以来科举取士高度成熟,社会上涌现了大批名垂青史的布衣文人,故而名贤祠庙数量激增。虽然名贤祠庙已经成为两宋之特色,但从园林视角出发,当代仕宦人物在事迹上毕竟缺乏历史积淀,其祠庙制度并没有太多突出亮点,故而此类祠坛园林仍以先王先贤祠庙为表率。

孔庙。孔庙是名贤祠庙中较为特殊、复杂的一种情况。中国历史上最早的孔庙位于山东曲阜,由鲁哀公于孔子逝世一年之后(前 478)在其故居基础上改建,兼具家庙以及贤祠的功能。以刘邦亲临曲阜祭祀孔子为标志,孔庙在两汉期间逐渐被中央归管,并在皇城之内另立国家级别的孔庙。北魏孝文帝太和元年(477)颁布诏令,设立了郡县之学祭祀孔子的礼制,开启了"庙学合一"的发展形势①。在历经南北朝时期地方学校的兴盛之后,各地孔庙逐渐成为兼具祠坛以及学校双重属性的特殊园林。曲阜孔庙起初就以祠坛性质而建,其内虽也设有教书育人的讲堂,但相比州郡之学而言,其祭祀功能更为突出,可视作祠坛园林之下名贤祠庙的一例代表。曲阜孔庙在太祖、太宗、真宗、仁宗、神宗、哲宗、徽宗历朝期间都有修缮,其中以真宗天禧二年(1018)的一次扩建工程改动较大,宋人孔传(孔子四十七代孙)《东家杂记》一文,以及元人孔元措(孔子五十一代孙)《孔氏祖庭广记》中"宋阙里庙制"一图皆描绘了天禧之后曲阜孔庙的景观格局(图3.21)。

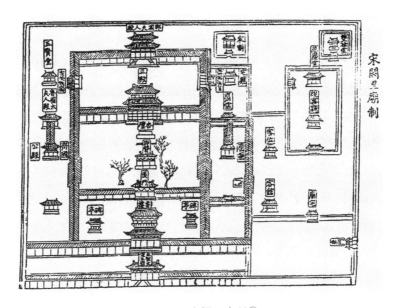

图 3.21　宋阙里庙制②

按上述图文所述,曲阜孔庙南北呈四进院落,第一进正门称前三门,其后为高两层的御书楼。御书楼后院即第二进院落,东西两侧分别设有宋朝、唐朝之庙碑亭。二亭以北为第三进院落,门称仪门,仪门之后小殿称御赞殿。御赞殿之后即杏坛,为汉唐时期正殿之址,乾兴元年(1022)时改殿基

---

①　彭蓉:《中国孔庙研究初探》,北京林业大学学位论文,2008年。

②　孔元措:《孔氏祖庭广记(一)》,北京:中华书局1985年版,第8页。

为坛,环植杏树。杏坛之后则是宋时之先圣正殿。正殿之后为第四进院落,东西两庑分别为泗水侯(孔子之子)殿、沂水侯(孔子之孙)殿,正殿之北为郓国夫人(孔子之妻)殿。第二至第四进院落之西侧有一段狭长空间,其由南至北分别排列小殿一座、齐国公(孔子之父)殿、鲁国夫人(孔子之母)殿、五贤堂,其中供奉孔子父母神位的祭殿之间又有一廊相连。庙门(前三门)之后第二至第四进院落东侧又有南北向的三进院落,两者排布基本并列,主要作为家学之用。其第一进仅由廊庑及院门构成,第二进中有斋厅及斋堂,第三进有宅厅。第三进院落之北又为家庙,呈独立的四合院之状。庙之正东又有一区,有双桂堂、视事厅、客馆、客位、厅宅等建筑,其功能主要为管理、接待。

山西太原的晋祠则是王侯祠庙的代表。该祠为西周诸侯国唐国(后改为晋国)首任国君唐叔虞的祠庙,其至少于北魏时期就已存在。晋祠在北齐、隋、唐三朝期间都有土木兴造,但宋廷对该祠的修葺算是比较空前的。太平兴国九年(984),宋廷扩大了唐叔虞祭殿制度。扩建之后祭殿四周长廊环布,建筑皆藻饰一新。天圣年间,仁宗加封唐叔虞为汾东王,同时于唐叔虞祭殿西北隅复建女郎祠(圣母殿)加祀其母邑姜,并借殿前泉水凿方池鱼沼、悬桥飞梁。元祐、绍圣年间又筑南面之金人台。金大定八年(1168)筑献殿于圣母殿及鱼沼飞梁之前。宋廷对圣母殿的祭祀日益重视。因真宗时祈雨有应,圣母邑姜于熙宁年间封为昭济圣母,崇宁元年(1102)加封为显灵(圣)昭济圣母,明代还有追封。因而自宋之后,圣母殿逐渐取代唐叔虞祭殿,成为整座晋祠的主殿。两宋之后的扩建工程也基本围绕、突出着以圣母殿为核心的南北向景观轴线。

(三)宗祠家庙

宗祠家庙为祭祀祖先的场所,严格来讲并非是独立的园林,只能构成私家或皇家园林的一个部分。从周朝至唐代以来,只有君王、诸侯、士人才能在住所建置家庙,庶民只能祭于寝屋,不得单独设庙祭祖。《宋史》中有这样一段记载:"群臣家庙,本于周制,适士以上祭于庙,庶士以下祭于寝。唐原周制,崇尚私庙。五季之乱,礼文大坏,士大夫无袭爵,故不建庙,而四时寓祭室屋。"①从中可以看出,官爵的世袭制被科举制取代对家庙的礼制产生了很大冲击。虽然宋代立国之后重新建立的新的祭祀制度,但庶民不得立庙的规定仍然没有改变。为满足市民阶层的祭祀需求,社会上普遍开始采用了一种折中做法——"影堂"。所谓影堂,即置有人物画像的房屋,其形式来源于佛教文化。在唐代,高僧圆寂之后,后人为表达缅怀之情,常常将其生前作息的房屋设为影堂,供奉僧人画像②。由于影堂的做法即不与家庙礼制相违背,又不用单独出资兴造祭祀场所,宋代以来,这种方式逐步被市民阶层采纳。司马光更是率先从官方层面认可了这种影堂制度。在《书仪》中,影堂则成为冠仪、婚仪、丧仪各类仪式举行的场所。虽然司马光肯定了影堂的祭祀功能,但却不赞同直接使用祖先画像或塑像祭拜,司马光认为:"今之人亲没,则画像而事之。画像,外貌也,岂若心画手泽之为深切哉!"③程颐和张载也持有类似的观点,反对使用画像进行祭祀。程颐说:"今人以影祭,或画工所传,一髭发不当,则所祭已是别人,大不便。"④张载说:"古人亦不为影像,绘画不真,世远则弃,不免于亵慢也,故不如用主(神主)。"⑤可见,影堂虽诞生于供奉影像,但影祭又遭到理学家的一直反对,这一矛盾导致了影堂制度只能局限于一种折中手段,没有成为宋代家祭的主流制度。

到南宋之后,祠堂制度取代了影堂制度,成为一套体系完善的、受士大夫普遍认可的家祭制度。祠堂取代家庙,成为社会各阶层普遍采用的祭祀建筑,其具体制度的奠基者是朱熹。朱熹认为,祠堂是整个家园之中最重要的建筑,因此,君子在造园立基之时,首先规划的第一个建筑不是厅堂,而是祠堂。对于祠堂的形制,除需建立于宅园正寝之东以外,朱熹还给出了一些操作性的设计规范:

---

① 脱脱:《宋史》,北京:中华书局 2000 年版,第 1771 页。
② 刘雅萍:《唐宋影堂与祭祖文化研究》,《云南社会科学》2010 年第 4 期。
③ 司马光:《先公遗文记》,载曾枣庄、刘琳主编:《全宋文(第 56 册)》,上海:上海辞书出版社、合肥:安徽教育出版社 2006 年版,第 233 页。
④ 程颐、程颢:《二程集》,北京:中华书局 2004 年版,第 286 页。
⑤ 张载:《张载集》,北京:中华书局 1978 年版,第 298 页。

祠堂之制三间,外为中门,中门外为两阶,皆三级。东曰阼阶,西曰西阶,阶下随地广狭以屋覆之,令可容家众叙立。又为遗书衣物祭器库及神厨于其东。缭以周垣,别为外门,常加启闭。若家贫地狭,则止为一间,不立厨库,而东西壁下置立两柜,西藏遗书、衣物,东藏祭器亦可。正寝,谓前堂也。地狭则于厅事之东亦可。凡祠堂所在之宅,宗子世守之不得分析。凡屋之制,不问何向背。但以前为南,后为北,左为东,右为西。后皆放此。①

按照朱熹的规定,祠堂由家中宗子主管,每至清明、中元、重阳、冬至都要举行祭礼,每逢初一、十五进行参拜,宗子则每日早晨都需坚持参拜。除特殊时节之外,如婴儿满月、稚子加冠以及中举、进生、婚嫁等家中重大事项也须至祠堂祭拜。

三、名胜园林

名胜园林是项涵盖广泛的园林类型,其在微观与宏观层面可分别归纳为风景名胜点与风景名胜区。前者即以文化景观为背景的点状名胜,主要包含依仗地形或城墙建置的亭台楼阁、历史名人的造园痕迹两种情况;后者即指经人工开发的美学价值突出的自然风景地,可依地貌特征划分为山岳型风景名胜区及湖泊型风景名胜区两大主流类别。

(一)风景名胜点

郊野或城墙周遭的亭台楼阁在历史上有着共同的渊源,均是由"亭"的建筑形式发展而来。早在先秦三代时,"亭"并不具备当代亭子的形态意义,而是在字形上与"高"、"毫"、"京"等词汇共同指代高台之上的用于侦察瞭望的亭阁建筑②。秦汉时国家统一,"亭"的国防军事功能逐步被政治管理功能取

---

① 朱熹:《家礼》,载[日]吾妻重二:《朱熹〈家礼〉实证研究》,吴震等译,上海:华东师范大学出版社2011年版,第256—257页。
② 郭友明:《中国古"亭"建筑考源与述流》,《沈阳建筑大学学报》2012年第4期。

代,城墙谯楼等亭阁建筑继续保留,城外则实行"十里一亭"、"十亭一乡"的行政制度,亭阁建筑开始提供瞭望、治安、邮驿等多重功用。魏晋之后,城上及郊外亭阁的景观功能逐渐突出,具备了作为园林讨论的切实意义。

宋代郊野或城墙周围的亭阁建筑多数为政府官员所建,即为市民提供游憩、登览的公共场所,又同时作为自身政治功绩的固态表现。郊野中的亭阁自魏晋以来体量就不断缩小,结构与装饰上都趋俭,以亭、台的形式最为常见。其遍布于城外风景秀丽之地,数量不可殚记。城墙附近的亭阁则常为多层建筑,组合变化丰富,形态越发靡丽,往往构成城邑的标志性景观,如被誉为"江南三大名楼"的滕王阁、岳阳楼、黄鹤楼,均分别是宋时洪、岳、鄂三州州城之胜(图3.22)。

图3.22　夏永画中的黄鹤楼(左)、岳阳楼(中)及滕王阁(右)①

元代画家夏永曾留有三幅建筑界画作品,其内容为滕王阁、岳阳楼及黄鹤楼于宋末元初时的景观格局。据画面内容反映,三座楼阁均建于高台之上,主楼高两层,两侧朵楼高一层。建筑形态体现出了南宋官式建筑纤靡通透的典型特征,主楼与朵楼分别采用重檐及单檐九脊顶,屋檐及平座之下均有铺作、屋脊均有瓦饰。建筑外墙均使用了格子门替代,画中格子门完全拆去,露出立柱,将其观景功能发挥到极致。画面一角所表现的远山、帆船更反映出此类园林侧重登眺的览景立意,而楼阁高台四周零星点缀的植物、山石则反映出了楼

---

①　图片引自夏永:《黄鹤楼图》,云南省博物馆藏;夏永:《岳阳楼图》,美国弗利尔美术馆藏;夏永:《滕王阁图》,美国波士顿美术馆藏。

阁的营造同时也注重周围园林环境的经营。

除休憩、登览的亭阁建筑外,前代政权遗留的宫殿苑囿、历史名贤所建置的园亭别墅也是宋人时常造访的名胜。前者由于政治立场之需而多被荒废或改作他用,其园林属性逐渐衰退。后者则因宋人仰慕先贤之心而陆续有修缮扩建,部分则被直接建为名贤祠庙,演化成祠坛类型的园林。

杜甫草堂即是由名贤造园痕迹逐渐演变为名贤祠庙的典型代表。唐乾元三年(760),杜甫于成都西郊浣花溪畔营建草堂,以竹篱短墙、茅屋草亭等构筑结合溪流、阡陌,形成农家田园的景观意象[1]。杜甫去后草堂易主为崔宁宅园,崔宁之后则逐渐荒芜,到天复二年(902),唐末五代文人韦庄重修其址,大致遵循了该园的原始意象,"盖欲思其人而成其处,非敢广其基构耳"。[2] 而杜甫草堂也于此时正式成为一处历史名胜。北宋年间,草堂再度荒废,宋人吕大防重构草堂于旧址,并刻杜诗于堂壁、挂画像以供奉,草堂开始具备名贤祠庙的性质。南宋绍兴九年(1139),张焘再葺草堂,翻修建筑,于四围增刻26块杜诗石碑,同时修缮了其园林环境。这次修缮结束后,草堂"亭并浣花竹柏,濯濯可怜[3]",其祠堂之制也大致固定了下来。

(二)风景名胜区

早在先秦时期,自然环境就被纳入了古人审美的重要对象,孔子"知者乐水,仁者乐山"[4],庄子"山林与,泉壤与,使我欣欣然而乐与"[5]均是早期自然美学的代表言论。然而从先秦至两汉,自然审美在主流文化中始终被强加予心性德行的比附,直到魏晋时期"庄老告退,而山水方滋"[6],自然本身的美学

---

① 周凡力、阴帅可:《从杜甫草堂园林化过程管窥巴蜀纪念园林之流变》,《中国园林》2016年第4期。

② 韦庄:《浣花集·序》,载聂安福笺注,《韦庄集笺注》,上海:上海古籍出版社2002年版,第483页。

③ 喻汝砺:《杜工部草堂记》,载曾枣庄、刘琳主编:《全宋文(第178册)》,上海:上海辞书出版社、合肥:安徽教育出版社2006年版,第22—25页。

④ 《论语》,陈晓芬译注,北京:中华书局2016年版,第72页。

⑤ 《庄子译注》,杨柳桥译注,上海:上海古籍出版社2012年版,第221页。

⑥ 刘勰:《文心雕龙校注通译》,戚良德校注,上海:上海古籍出版社2008年版,第63页。

价值才得以解放出来。魏晋以来形成的游山玩水的社会风尚大力推动了对天然山水的开拓,这一推力一直持续到了后来的隋唐两宋。隋唐两宋被誉为是中国风景区发展的全盛时期,新兴发展的风景区数量超过 40 个[1],全国性的风景区总数超过 80 个,其中三分之一左右进入盛期[2]。

山岳型风景名胜区与湖泊型风景名胜区是宋时最为主流的两种风景名胜。山岳型风景名胜虽以峰峦、岩洞为主体,但同时也包括溪泉、潭瀑等小型水景。两宋时期各地的名山大川不仅野亭四立,且聚集了大量的寺院、道观、祠庙、别墅,部分还建有书院。因此,山岳型风景名胜区是宋代开发程度最高的类别,此时名闻天下的名胜地包括庐山、泰山、华山、嵩山、衡山、天台山、普陀山、九华山、峨眉山、青城山等。

山岳型风景名胜的开发起源于古代山川神灵的崇拜,在"三山五岳"、"五山十刹"、"洞天福地"等一系列宗教文化的熏陶下,宋人对山岳旅游的热情始终不曾衰减。华山即是在华夏民族山岳崇拜以及佛、道文化的浸润下逐渐兴盛的风景名胜区。

华山,又称太华山,位于陕西华阴县境内,是三山五岳中的西岳、洞天福地中的第四洞天,同时也是两宋时期极受欢迎的风景地。华山山体地貌特征为陡峭的花岗岩体,《山海经》称其:"削成而四方,其高五千仞,其广十里,鸟兽莫居。"[3]登顶华山自古以来就是一大难题,秦汉以来都很少有人涉足,故传华岳之巅多有长生草药,神秘色彩十分浓郁。唐宋以来随着文人、隐士的陆续登顶、驻扎,华山的神秘色彩逐渐退却,成为一座极具游赏价值的奇山险峰。全真道士王处一曾有《西岳华山志》一卷对华山的景象进行了描述,元人李好文《长安志图》更有幸留有图像一幅(图 3.23),从这些弥足珍贵的史料中可以一探华山在宋末元初时的景观格局。

---

① 张国强、贾建中、邓武功:《中国风景名胜区的发展特征》,《中国园林》2012 年第 8 期。

② 张国强、贾建中:《风景规划:〈风景名胜区规划规范〉实施手册》,北京:中国建筑工业出版社 2002 年版,第 23 页。

③ 《山海经译注》,陈成译注,上海:上海古籍出版社 2014 年版,第 27 页。

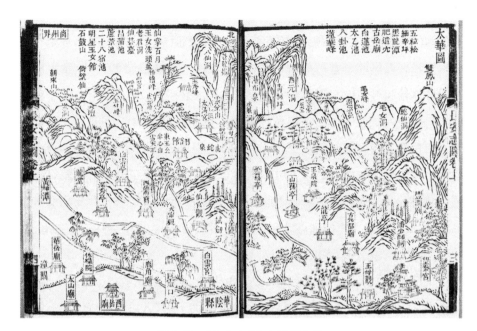

图 3.23 《长安志图》中的华山①

华山诸景可作山顶与山麓两部分分开叙述。山顶部分,宋代的华山与唐时的"三峰"以及清朝的"五峰"均有不同,大致呈现出以莲花峰为岳顶,朝阳、落雁(含松桧)、玉女三峰为从属的"四峰"格局。莲花峰,又名芙蓉峰,即今华山西峰,因峰顶巨石形状似莲花而得名,如韩愈之句"太华峰头玉井莲,开花十丈藕如船"。(《古意》)岳顶之南为落雁峰,即今华山南峰,传老子隐居于此,故山中留有老子修身炼丹的老君洞、太上泉、太一池、菖蒲池、老君烧丹炉。山顶还有仰天池、黑龙潭,为祈雨之地。岳顶之东北为朝阳峰,崖壁上石纹呈掌状,传为河神巨灵开山导河所留,故称"巨灵掌",汉时有巨灵神祠。顶之中峰为玉女峰,是春秋典故"萧史弄玉"发生的地方,有大量故事相关的景点,如明星玉女祠、玉女石室、玉女石马、玉女洗头盘等。除此四峰外还有张超谷、石羊城仙谷、文仙谷、牛心谷、黄神谷、藏马谷、毛女峰、云台峰、白云

---

① 宋敏求:《长安志(附长安志图)》,北京:中华书局 1991 年版。

峰、白羊峰、焦公岩、神土岩、壶公石室、长春石室等景①。山麓地势相对平
缓，祠庙、寺院、宫观以及各式亭台的布置开始增多。其中主要景点包括西
岳庙、西岳南庙、华岳庙、太山庙、鹿角庙、丰润庙、潘少师祠、王母观、仙宫
观、天宁观、白云宫、望泰宫、太清宫、玉泉院、休粮院、龙堂、龙亭、白云亭、
云松亭、山蒸亭等。

　　湖泊类型的风景名胜即以大、中型的内陆湖泊为主，但同时也包括湖泊周
围的山川。太湖、洞庭湖、鄱阳湖是宋代人尽皆知的三大名湖，由于面积过于
广袤，游憩设施布局分散，开发程度反而不是很明显。而诸如杭州西湖、越州
（今绍兴）鉴湖此类中型湖泊，不仅尺度宜人，且与城镇相互依傍。优越的区
位条件加上秀丽、辽阔的美学趣味使其具有强烈的亲和力，成为两宋开发程度
较高的风景湖泊。再者，湖畔地势平缓、水源充足，即方便建筑施工、又利于引
流凿池，故此人力痕迹颇多，其后天打造的文化景观更胜于山岳型风景名
胜区。

　　两宋期间风采最熠的湖泊型风景地莫过于杭州西湖，其当代的景观格局
基本定型于北宋，"西湖十景"的提法也在南宋完成，是宋代天然山水园林中
最杰出的代表案例（图3.24）。

　　虽然西湖属湖泊类型的风景地，但其周围的山林也是整个西湖景观的重
要构成。西湖诸山以南北相分，湖之北面包括宝石山、葛岭、栖霞岭等，统称为
北山；湖之南及西南面包括凤凰山、南屏山、大小麦岭等，统称为南山。西湖湖
水夹持南北诸山之间。湖面北隅有一岛山，即孤山。孤山与其东面的白堤将
西湖分为（北）里湖、外湖两部分。湖之西面南北向的苏堤又在外湖之中分出
一个（西）里湖。

　　除林间湖畔因地而设的郊亭以及湖岸堤坝的装点绿化之外，西湖四周环
布着大量别墅、宫苑、寺观园林，以园中有园的形式充当着整个西湖山水之中

----

　　①　《道藏（第5册）》，北京：文物出版社、上海：上海书店出、天津：天津古籍出版社1988年
版，第744—752页。

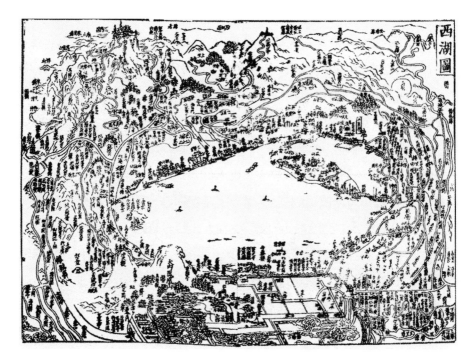

图 3.24 西湖图①

的景观节点。虽然这些节点在整体上皆以湖水为中心,但其分布也并非是完全均匀的向心式,而是呈现出南、中、北三段式集中分布②。南段即南山及西湖南岸,构园意在渲染山林,进而借山引湖。由于靠近宫城,其园林类型除别墅、寺观外还有一些皇家宫苑。中段即西湖东岸,同时包括白堤、孤山一带,以西面的苏堤作对景。东岸以柳浪闻莺滨湖景观带为特点,有御苑聚景、玉壶二园。而孤山更是整个西湖中段的高潮,保存有白居易竹阁、僧志铨柏堂、林逋梅圃等大量名迹,同时又新建有道宫四圣延祥观、西太乙宫。北段为宝石山、葛岭一带,以山地景观为主,建置有诸多别墅、寺观③。

---

① 曹婉如等:《中国古代地图集(战国—元)》,北京:文物出版社 1990 年版,图 160。

② 贺业钜:《南宋临安城市规划研究——兼论后期封建社会城市规划制度》,载贺业钜:《中国古代城市规划史论丛》,北京:中国建筑工业出版社 1986 年版,第 218—285 页。

③ 周维权:《中国古典园林史》,北京:清华大学出版社 2008 年版,第 331—332 页。

"西湖十景"虽具有浓郁的文学意味,但其内容也是描绘西湖景观格局的一种方式。十景在名称上两两对照,而景观上的联系并没有这种突出的对照关系。

平湖秋月——苏堤春晓:前者平湖泛指西湖湖面,秋夜宜泛舟赏月。后者指苏堤之景,堤上拱桥六座、小亭九座,堤岸栽花植柳,春日桃红柳绿。

断桥残雪——雷峰夕照:前者即白堤断桥,因孤山之路由此而断得名。后者指南屏山北脉及净慈寺雷峰塔之组景,山脉与古塔在晚霞时倒影于湖面。

南屏晚钟——曲院风荷:前者指南屏山净慈寺、兴教寺等大小寺院晚钟齐鸣,并与山体岩洞孔穴产生交响时的声景。后者位于西湖西北隅之曲院,与湖岸莲塘相邻,南宋时为酒坊,夏季时酒香与荷香随风四溢。

花港观鱼——柳浪闻莺:前者位于花家山南宋内侍官卢允升的墅园之中,园内方池养有异色观赏鱼,园池临西湖花港,因而得名。后者即指西湖东南岸的皇属园苑聚景园,其于岸滨遍植垂柳,密如幔帐,与春日莺啼之声相得益彰。

三潭印月——两峰插云:前者三潭之景实指三座小石塔,为苏轼治湖时建,传湖中有三潭深不可测,于是建塔以镇。后者指西湖南山、北山分别于西侧的最高峰,又称南高峰、北高峰,两峰之巅又各有一塔,高耸入云。

小　　结

园林类型在经历隋唐、五代之酝酿后于两宋全面分化,形成了宫苑园林、宅墅园林、寺观园林、祠坛园林、名胜园林、衙署园林、学校园林七大类型。这七种类型基本涵盖了明清以来社会上出现的所有主流园林,其形成反映了中国造园活动的历史进程在宋代收获成熟。从比较学视角出发,宋代七大园林类型的具体新变如下:

衙署园林与学校园林虽然在隋唐时期就有昙现,但直到宋时才开始真正发展成为独立的园林类型。宋代衙署园林在类型构成上又可细分为二。第一种情况为郡圃及衙署庭院,即依附于署廨的园林及其庭院绿化。其格局受礼制及客观的功能需求而相对固定,呈现出"厅"、"舍"、"圃"——办公、居住、游憩三大主要分区,也因此分别具备附属园林、居住园林及公共园林的多重属性。第二种情况为不依附任何机构,只是由政府资建的别圃园林。别圃的建设相对郡圃而言数量有所减少,但仍然十分普及。别圃的建设选址自由,格局也十分灵活,与今日城市公园的概念基本无异。学校园林在类型构成上同样也分两种。第一种为学宫,即官办学校,依地方行政等级之别而多被宋人称为太学、府学、州学、县学等。学宫在景观格局上相对固定,由供奉孔子或其他教育先贤的祠庙区、集教学、住宿、仓储为一体的学堂区,以及承载游憩、体教活动的园圃区三大区域构成,入口则有泮池及棂星门构成的标志性景观。第二种即民办学校,以书院最为常见。书院园林在格局上大抵与学宫相似,但规模及制度上均不及官营的学宫。二者最明显的区别在于,学宫往往选址城镇,书院则更多建置于城郊风景秀丽之地。

宫苑园林与寺观园林是宋时发生明显蜕变的两大类型,二者之中又以宫苑园林的变化最为剧烈。"宫"与"苑"分别代表了秦汉以来皇家园林的两大构成,前者以宫殿建筑为主,辅以园林及必要的庭院绿化,占地规模偏大,总体呈"宫中有苑"的格局;后者以自然山水为主,点缀以必要的建筑院落,占地规模极其广袤,总体呈"苑中有宫"的格局。宋代景观审美愈发精细,皇家宫苑的经营重匠心雕琢而轻宏大气派,故其占地规模不断减小,山水之美与建筑之美不再像前代宫苑那样泾渭分明,宫式园林与苑式园林的区别基本消亡,促成了两宋宫苑较隋唐时期少皇家气派而近私家典雅的整体意象。寺观园林方面,宋时佛教寺院的演变主要有两条线索。一者是延续与发扬中唐以来寺院建筑格局的汉化以及分院制度的兴起。在经历过唐代及五代时期的两次灭法运动后,寺庙园林在宋代宽松的宗教政策下重拾发展,院落格局完全摆脱印度以塔为中心的规制,改以佛殿统领全院。宋时寺院屋宇未达30间者需依靠有官授寺额的大寺院,这一举策进一步强化了中唐时期的分院制度,众星拱月的寺院格局于此时完全定型。第二条线索为禅宗的兴起对寺院园林产生的影响。禅宗"不立佛殿,唯树法堂"的规制再度改变了寺院格局,逐步形成以法堂为核心，山门居前、方丈居后，僧堂、厨库各居两侧的固定范式。道教宫观在宋廷的大力推崇下蒸蒸日上，但数量上远没有佛教寺院那样繁多，其格局变化大抵参照佛寺分院制度的模式，山门前入口引导空间的经营也与寺院一样更加注重气氛的烘托升华。

　　宅墅、祠坛、名胜三大类型则在宋代活跃兴荣的造园背景下继续稳步演进。宅墅园林大致分为宅园、别墅园和游憩园三个子类。前二者即指代坊巷之中的城市宅园以及郊野风景地中的别墅园，是宅墅园林之主流。宋时商品经济发达，城市作为造园用地的竞争力迅速增强，故城市宅园数量有所上涨。但由于城市地价提高，城市宅园数量又受到限制。宅园的发展虽然是宋代造园活动的一大特点，但其在地位上仍然与别墅园难分伯仲。游憩园是指单独建置于景致资源优越的城郊或城市地区的园林，其相对宅园与别墅园而言数量较少。游憩园内不设居住建筑，仅提供日常游憩，故原址上需要满足当日往返的区位要求。祠坛园林为承载祭祀活动的园林类型，据祭祀对象的不同可分为神祠神坛、王侯及名贤祠庙、宗祠家庙三各子类。其中，神祠神坛规模最大，且据祭祀形式的不同又可分为室外祭祀、主坛辅祠的祭坛园林，室内祭祀、主祠辅坛的祠庙园林。王侯及名贤祠庙在宋时数量迅速增多、纪念性质加强，其内祭坛但完全沦至建筑院落从属地位。宗祠家庙在三者中规模最小，且多数情况下仅作为宅墅园林的一部分。名胜园林据其尺度可分为风景名胜点与风景名胜区，前者涵盖郊野及城墙周围建置的亭阁建筑、历史名人的造园痕迹两种情况，后者主要包括山岳型风景名胜区、湖泊型风景名胜区两大子类。点状名胜一般由官员营建，是其情怀理想或社会职责的一种表现，区域尺度的风景名胜则是政府、僧道、个人等多个社会群体共同开发、经营的结果，二者均表现出强烈的公共属性。

第四章 构园技艺之变

宋代的科学技术较前代有重要发展,为构园技艺的进步提供了重要条件。然而科学技术的进步并非是推动构园技艺发生革新的唯一因素,制度文化、精神文化同样扮演着关键角色。正是科学技术与制度文化、精神文化的共同作用,造园向着"构园"发展。陈从周说:"造园一名构园,重在构字,含意至深,深在思致,妙在情趣,非仅土木绿化之事。"①这就是说,"构园"更多的是指文化造园、艺术造园、美学造园。宋代由于意识形态特别是理学与美学的繁荣,使得造园的技术与艺术有了重要发展,这主要体现在植物与动物造景、建筑营造、叠山理水三个方面。

第一节 植物及动物

宋代在园林植物的理论及运用上均取得了较大的发展,这一态势实际在唐代就已经初见端倪。如王方庆《园庭草木疏》(已佚)、李德裕《平泉山居草木记》率先以专题视角对园林植物给予了关注,段成式《酉阳杂俎》中的草木篇章也开始倾向于观赏植物。园艺技术上,观赏植物的培育也开始涉及嫁接、催化等方法,其中牡丹的栽植技术最为突出,已经能够培育出不同花色花型的新品种了。唐人在园林植物上取得的成就与其说是被继承,更不如说被宋人

---

① 陈从周:《园林谈丛》,上海:上海文化出版社 1980 年版,第 10 页。

完全超越。在广度上,宋人不只是留意于牡丹,更在多种木本、草本、藤本植物上有所发展,园林景观以及园艺著作不仅有集各类植物于一身者,更出现了某一植物的专类园林及著作。在深度上,宋人对观赏植物的科学认知相比唐代又深入了一步,从种植场地的处理、新品种的研发一直到后续的管养、繁殖均形成了一套体系化的操作流程。文人对植物文化的构建也发生了嬗变,植物审美的时代特征由以牡丹为代表的雍容富贵转变为以梅花为代表的冷艳清雅。

一、植物科技的突破

最早的"植物学"源起西方文化。大约公元前 350 年至前 287 年,师从柏拉图与亚里士多德的希腊学者提奥夫拉斯图斯(Theophrastus)创作《植物史》(*Historia Plantarum* 或 *Enquiry into Plants*)及《植物本原》(*On the Causes of Plants*)二书,通过植物形态、繁殖、分布、实践用途等多个方面的探索开启了植物科学研究的大门。而在中国,"植物"的概念虽早在战国时期就已出现,但长期以来,中国都没有出现纯粹的"植物学",对植物的理论探索一直附属于医药、农业、园艺的发展①。即便如此,从这三类理论著作所反映的知识上看,中国的植物学至少达到了欧洲 17 世纪中叶的水平。

宋代是中国植物研究历史上一个极为重要的时期。这一时期虽然在医药和农业领域都表现出了技术的进步,但最为突出的当论园艺学的发展。据统计,唐代流传下来的园艺著作仅有 2 部,而宋代传世的园艺著作则多达 33 部,如只论文献记载中出现过的著作,则数量更多至 62 部②。除科技因素外,植物的文化象征在两宋期间也发生了诸多转变。理学的出现对宋人的世界观产生了重大的影响,多数植物宗教及神话性质的符号寓意被更为理性的伦理、美学寓意所取代③。

---

① 陈德懋、曾令波:《中国植物学发展史略》,《华中师范大学学报》1987 年第 1 期。
② 冯秋季、管学成:《论宋代园艺古籍》,《农业考古》1992 年第 1 期。
③ 齐君、郝娉婷:《宋代城市及园林植物的传承与演变》,《中国园林》2016 年第 2 期。

（一）植物的分类思想

在古希腊，被誉为"植物学之父"的提奥夫拉斯图斯最早提出将植物划分为乔木、灌木以及草本，其中草本又分多年生草本及单年生草本①。而大约同一时期，发源千里之外的中华文化也产生了与之类似的分类方法。诞生于战国至西汉期间的辞书《尔雅》将植物概念二分为"草"与"木"，又将"木"细分为"乔"、"檄"、"灌"②。《周礼》则首先使用了"植物"二字作为概念，并按五行之说把植物划分为"皂物"（柞栗之属）、"膏物"（杨柳之属）、"核物"（梅李之属）、"荚物"（荠荚、王棘之属）以及"丛物"（萑苇、菅茅之属）五类③。然而这种分类方法并未得到普遍继承，主流的植物研究依旧延续着"草木"概念的脉络，继续发展演化出"花"、"竹"、"果"、"蔬"等不同门类。

宋人对植物的分类意识主要可从《证类本草（经史证类备急本草）》及《全芳备祖》二书中得出。《证类本草》为北宋药学家唐慎微所著，继承了前代诸本草典籍以往的成就，同时又新增 660 种药方（另一说 476 种），是两宋药学的代表之作，亦是明代《本草纲目》撰书的重要参考。《证类本草》将一千余种植物分为"草"、"木"、"果"、"菜"、"米"五大类，每大类又与《神农本草经》类似，受董仲舒"人性三品论"而细分为上、中、下三个等级④。《全芳备祖》为南宋陈咏（字景沂）所著，记录植物 400 余种，是中国历史上第一部植物，特别是栽培植物的专著。从《全芳备祖》的撰写结构上看，作者将植物分为了"花"、"果"、"卉"、"草"、"木"、"农桑"、"蔬"、"药"八个类别，先按每种植物的叙述顺序再按宋人对其重要性的不同理解而依次罗列⑤。由此看出，宋人对植物的分类虽有"草"、"木"之别，但与提奥夫拉斯图斯或《尔雅》又有所不同。后者是当代生物分类学界、门、纲、目、科、属、种的分类体系的前身，是以植物形

① Theophrastus, *Enquiry into Plants Volume I: Books 1 – 5*, Trans, Arthur F. Hort. 1999, Cambridge, MA: Harvard University Press, 1916.

② 《尔雅译注》，胡奇光、方环海译注，上海：上海古籍出版社 1999 年版，第 343 页。

③ 《周礼译注》，杨天宇译注，上海：上海古籍出版社 2016 年版，第 197 页。

④ 陈德懋、曾令波：《中国植物学发展史略》，《华中师范大学学报》1987 年第 1 期。

⑤ 陈景沂：《全芳备祖》，程杰、王三毛点校，杭州：浙江古籍出版社 2014 年版，第 3—4 页。

态为线索的客观分类体系。而前者则是以植物的实践含义为线索,特别是"花"、"果"、"蔬(或菜)"、"米"等类别明显反映出了植物的使用功能,是一套人本主义的分类体系。

（二）植物的栽培技术

两宋期间,植物的栽培技术不仅在实践层面上表现出了繁荣态势,更在理论层面上实现了内容以及数量上的突破。周师厚《洛阳花木记》、吴怿《种艺必用》、范成大《桂海虞衡志》等典籍不仅涵盖植物的介绍,更侧重于植物的培育。其中《洛阳花木记》更是成为我国最早发现的观赏植物专著[1]。除包含多个种类的植物培育总论外,还出现了牡丹、菊花、芍药、海棠、兰草、梅花、玉蕊、荔枝、柑橘、桐树、竹子13种植物的专门著作[2],每类著作都针对所述植物的培育方法进行了总结,部分著作还绘制了科学性质的插图。

在所有的植物中,花卉的栽培技术在宋代最为发达。以欧阳修《洛阳牡丹记》为例,书中记载:

> 花之木去地五七寸许截之,乃接,以泥封裹,用软土壅之,以叶作庵子罩之,不令见风日。惟南向留一小户,以达气。至春,乃去其覆。此接花之法也。种花必择善地,尽去旧土,以细工用白敛末一斤和之。盖牡丹根甜,多引虫食,白敛能杀虫。此种花之法也。浇花亦自有时,或用日未出,或日西时。九月旬日一浇,十月十一日三日二日一浇,正月隔日一浇,二月一日一浇。此浇花之法。一本发数朵者,择其小者去之,只留一二朵,谓之打剥,惧分其脉也。花才落,便剪其枝,勿令结子,惧其易老也。春初既去蒻庵,便以棘数枝置花丛上。棘气暖,可以辟霜,不损花芽。他大树亦然。此养花之法也。花开渐小于旧者,盖有蠹虫损之,必寻其穴,以硫磺簪之其旁,又有小穴如针孔,乃虫所藏处,花工谓之气窗,以大针点硫磺末针之,虫乃死。虫死花复盛。此医花之法也。乌贼鱼骨以针花树,入其

---

① 王宗训:《中国植物学发展史略》,《中国科技史料》1983年第2期。
② 冯秋季、管学成:《论宋代园艺古籍》,《农业考古》1992年第1期。

肤,花辄死,此花之忌也。①

涵盖繁殖、整地、浇灌、修剪、防寒、防虫以及其他注意事项,已然形成一套完整的种植体系。乔木的栽种同样也有详细的步骤方法。陈翥《桐谱》一书就记录了播种、压条、留根三种种植方法,步骤涉及整地、施肥、修剪、管养等多个方面:

> 凡植之法,于十月、十一月、十二月、正月,叶陨,汁归其根,皮干不通之时,必先坎其地,而后粪之,择植一、二春者,全其根,勿令冻损,经久为霜雪所薄,掘后即时以内坎中,厥坎惟宽而深,先粪之,以栽著其上。又复以灰覆之,其上以黄土盖焉。一免走肥,二亦拒摇。至春则荣茂,而木又易于条干,其新茎可抽五、六尺者,迫有至春,则根行,而蔓其发,乃尤愈于初春时也。如用春植,则皮汁通,叶将萌,故枝叶瘁矣。至来春,则济土斫去,以土塞其空心者,免为雨所灌,令别抽心者。不然,至别下栽时,便斫去而植,则尤妙于春斫也。盖春斫则破损其桩,有摇其根故也。桐之性,不奈渍淫,惟喜高平之地,如植于沙淫、低下、泉润之处,则必枯矣。纵有生者,抽茂不如高平之所。凡植后,至于抽条时,必生歧枝,日频视之。如歧枝萌,五、六寸许则去之。高者,手不能及,则以竹夹折之。至三、二年,则勿去其枝,恐其长而头下垂故也。伺其大,则缘身而上,以快刀贴身去,慎勿留桩,只经一、两春,自然皮合矣。桐之皮,甚软脆,而易伤,切忌耕、锄之时及牛、马等损之。如有所损,当以楮皮缠缚之,不尔则汁出也。又才一、二丈,则多斜曲,亦可以物对夹缚之令直,以木牵之亦然。盖桐抽条不戴首而出,又虚软故耳。仍不喜巨材所荫,如此葺之,其长可至十丈者。②

---

① 欧阳修:《洛阳牡丹记·风俗记第三》,载曾枣庄、刘琳主编:《全宋文(第35册)》,上海:上海辞书出版社、合肥:安徽教育出版社2006年版,第172—173页。
② 陈翥:《桐谱校注》,潘清连校注,北京:农业出版社1981年版,第29—33页。

总之,多数栽植理论都是通过作者的经验总结,甚至通过具有针对性的实证研究而得出结论。虽然各部著作的论述逻辑因人而异,但内容上均呈现出实践经验与科学理论相结合的总体特征。

另外,宋代的植物栽培技术已经开始掌握了部分不同气候带植物的种植方法。虽在园艺著作中没有提及,但在一些关于皇家园林的记文中确有所反映。如艮岳搜罗了全国各地的奇花异草,如华阳宫前福建、海南的荔枝、椰子,药寮、西庄中来自南北各地的植物药材,在相关人员的培育养护下"不以土地之殊,风气之异,悉生成长"①。

（三）植物新品种的研发

宋人对植物的科学认识在整体上达到了"种(Species)"的层级,而在牡丹、芍药、菊花、梅花、海棠等几个观赏花卉方面则更进一步,实现了"品种(Varieties)"的突破,这是两宋植物科技发展的一个标志性成果。王观在《芍药谱》序言中道:"天地之物悉受天地之气以生,其大小、短长、辛酸、甘苦,与夫颜色之异,计非人力之可容致功于其间也。"刘蒙在《菊谱》又写道:"花之形色变易如牡丹之类,岁取其变者以为新,今此菊亦疑所变也。"可见,宋人在植物的培植过程中对其遗传、变异规律的初步认识。借此规律,宋人对时下流行的几种花卉分别展开了新品种的研发培育。洛阳是北宋陪都,也是整个宋代最大的花卉培养基地。以洛阳为例,当地培育的牡丹品种数量达到了 121 种,芍药达 41 种,菊花 35 种,梅花 8 种,海棠 6 种,山茶 4 种,瑞香、木芙蓉、棣棠、锦带花等 2—3 种,果树方面,桃、杏、梨、李等常见树种也各具十余个不同品种②。

从宋代留下的园艺典籍上看,植物新品种的研发主要通过三种渠道。第一是自然变异,即在同种植物中寻求自然变异的植株,单独提出作为新品种。第二是嫁接。嫁接又可细分为两类。一类是发现芽变后将其嫁接于其他同种植株,进而得到新品种。另一类是直接嫁接,通过砧木与接穗间的相互作用而

①　周宝珠:《宋代东京研究》,开封:河南大学出版社 1998 年版,第 478 页。
②　李琳:《北宋时期洛阳花卉研究》,华中师范大学学位论文,2009 年。

获得新品种。第三类是杂交,采用有性繁殖,通过植物自然杂交而促使其发生变异,获得新品种。培育出的新品种根据其研发者姓名、研发产地、植物形态特征等重新命名①。

新品种的研发还刺激了花卉商品经济的迅速发展。良种花卉受社会各阶层的普遍青睐,身价百倍。《洛阳牡丹记》载一"接花工",以嫁接培育"姚黄"、"魏花"两个牡丹品种而出名。当这两个品种初见市场时,其所售接穗均要价五千,而"豪家无不邀之"。《天彭牡丹谱》也记彭州"双红"、"祥云"两个牡丹品种,售价高达七千至一万。而一般的花卉交易也同样在市场盛行,花市纷纷于各城市中自发形成,逛花市则成为宋代社会一大风俗。

二、园林植物的运用②

(一)梅

梅是两宋期间地位最高的园林植物,甚至可以说,梅就是宋代的象征。自先秦以来,梅作为园林植物开始投入种植之中,而当时侧重的是梅产果的生产价值。直到西汉之后,梅开始作为观赏植物,并在南朝及唐朝期间又有明显发展。而真正作为一种儒家"比德"的象征,梅文化的真正鼎盛期属宋元时代。据统计,《全宋诗》中以梅为题材的诗文达4700余首③。林逋及范成大是宋代梅文化的代表人物。林逋是北宋隐士,隐居杭州西湖孤山后坡。林逋酷爱梅花,在其园圃中植梅达360余株④。林逋品行高洁,"梅妻鹤子",受到苏轼、范仲淹、欧阳修等大家的一致赞颂。著名的咏梅诗句"疏影横斜水清浅,暗香浮动月黄昏"即是他的作品。如果说林逋对梅的贡献体现在"文",那么范成大对梅的贡献则表现在"质"。范成大不仅是北宋著名诗人,同时也是园林、植

---

① 郭风平、方建斌、范升才:《试论两宋观赏花木学主要成就及其成因》,《农业考古》2002年第1期。

② 注:本节部分内容已作为期刊论文发表,参见齐君、郝娉婷:《宋代城市及园林植物的传承与演变》,《中国园林》2016年第2期。

③ 曹林娣:《中国园林文化》,北京:中国建筑工业出版社2005年版,第242页。

④ 王铎:《中国古代苑园与文化》,武汉:湖北教育出版社2003年版,第185页。

物学家。他撰写的《范村梅谱》是世界第一部关于梅花的专著,书中详细记载了梅花的各类品种、植物学特征以及移植、嫁接等培育方法,具有重要的科研价值。此外,《范村梅谱》的诗句中记叙了梅花在园林中的实际应用情况,反映出了宋代梅花审美及种植的高峰①。

（二）牡丹

牡丹是唐代园林中极其重要的观赏花卉,但由于其种植不成规模,故而身价不菲,成为景观植物中的奢侈品。然而牡丹的公众审美价值却没有因此受到其身价的限制,相反,不仅贵族园林中喜爱种植牡丹,寻常百姓即使种不起牡丹,也会纷纷云集于长安、洛阳看花。雍容华贵、国色天香一度成为唐代牡丹的代言词。入宋以后,牡丹的种植技术更为成熟,欣赏牡丹的社会活动有增无减,但其文化品格却发生了明显的下降。中国古代的文人墨客是引领社会文化及审美意识变化的先锋,宋代以来,文人墨客对景观花卉的审美趋势发生了重大转变,歌颂的对象由富贵的牡丹转变为清冷的梅花,正如苏轼对牡丹的评价:"漏泄春光私一物,此心未信出天工。"(《和述古冬日牡丹》)然而,牡丹仍然是两宋以来十分重要的园林植物。

（三）芍药

魏晋期间,芍药开始成为园林中的主要观赏花卉,魏都洛阳的晖章殿前种有芍药,建康也种芍药且品种优良。隋唐时期,芍药也被大量运用于皇家园林。晚唐,芍药逐渐融入民众并且在园林中十分盛行。至宋,栽培技术的成熟使芍药的运用更加普遍,扬州迅速成为芍药培植基地,名冠天下,以王观《扬州芍药谱》为代表的芍药专著也在宋代开始出现。

（四）菊

对菊花的审美欣赏由来已久,而对菊花的人格比拟及园林种植,历代文人都以陶渊明为首。陶渊明将菊与松并举,赋予了菊高洁的隐士品格。唐代以来对菊花的推崇有增无减,特别是在契合了重阳节的习俗后,菊的文化特征已

---

① 陈平平:《范成大与梅花》,《中国园林》1999 年第 4 期。

经被发挥到了极致。虽然在宋代理学对菊的人格象征方面也有所发展,但真正决定菊花在宋代地位再次上升的是对其物色欣赏的提高。清人许兆熊在《东篱中正》中认为,对陶渊明爱菊虽然"聊以寄兴",但"于菊之优劣不暇辨也","宋以来始有名目"。宋代园林种植技术的发展为菊花的种植及新品种的培育带来突破。《刘氏菊谱》、《史氏菊谱》、《范村菊谱》、《周师厚菊谱》、《沈竞菊谱》、《胡融菊谱》、《马楫菊谱》纷纷出自宋代,列举菊花品种达 162 种之多①。如果说唐代对菊花的审美是"文"的提升,那宋代对菊的欣赏则是"质"的飞跃。

(五)莲

无论唐宋,作为水生植物,莲在园林、城市绿化、风景区建设过程中基本处于"逢池必种"的状态。但宋代的莲花又有品格上的提升。自理学家周敦颐之《爱莲说》之后,莲文化又新添儒家君子人格的象征意义,苏轼、黄庭坚也先后对莲的"花之君子"形象进行了一番歌颂,使莲花成为儒、道、禅三教并尊的园林植物②。

(六)海棠

宋人陈思曾著有《海棠谱》,他在序中写道:"本朝列圣品题,云章奎画,烜耀千古,此花始得显闻于时、盛传于世矣。"③从中可知,海棠的运用自宋时而兴。宋真宗赵恒在其后苑植有海棠,并且在《后苑杂花》中将海棠置于首章,其重要性可见一斑。从陈与以、范纯仁、晏殊、杨万里等宋代诗人的诗文中可知当时庭园之中盛行种植海棠。

(七)木芙蓉

木芙蓉又称木莲、拒霜花,其与莲花常常成对出现,前者栽于岸边,为木芙蓉,后者栽种水中,为水芙蓉。唐代园林就已经出现了木芙蓉的种植运用,如

---

① 张荣东:《中国古代菊花文化研究》,南京师范大学学位论文,2008 年。
② 马倩、潘华顺:《古代莲文化的内涵及其演变分析》,《天水师范学院学报》2001 年第 1 期。
③ 陈思:《海棠谱》,北京:当代中国出版社 2014 年版,第 1 页。

柳宗元在永州龙兴寺居住时曾将湘江的木芙蓉移栽到自己的精舍。宋代园林也有木芙蓉的身影,如《石林燕语》中就描述了温州江心寺的寺庙园林中栽植有木芙蓉。由于木芙蓉花期多在秋季,宋代后,木芙蓉不畏霜寒的"比德"思想开始显现。孝宗皇帝在木芙蓉的画中题诗道:"托根不与菊为奴,历尽风霜未肯降"①。而到晏殊笔下,木芙蓉则更是成为坚贞高洁的爱情象征。

(八)琼花、玉蕊

对琼花与玉蕊的认定,宋代开始就非常混乱,众说纷纭②。玉蕊名盛于唐代,以长安兴业坊唐昌观的玉蕊最为出名。《苕溪渔隐丛话》写扬州后土祠有琼花,"洁白而香,天下惟此一株,故好事者创亭于其侧曰无双"、"此花因王禹偁更名琼花",于是玉蕊花与琼花在宋代发生了识别混乱。据刘敞《移琼花》记载"彼土人别号八仙花,或云李卫公所赋玉蕊花即此是"又将琼花与玉蕊统一识别为八仙花一类。《全芳备祖》、《广群芳谱》等古籍中都将琼花、玉蕊与八仙花、绣球、紫阳等分门记载,认为其二者所指皆不是一种植物。③ 现多认为,唐代所指的玉蕊应是山矾科山矾属的植物白檀,琼花是忍冬科荚蒾属的植物绣球荚蒾。④ 由于产地多为扬州,并不容易成活,在宋代后琼花就被赋予一定神秘色彩。宋人周密在《齐东野语》中记述了仁宗、孝宗皇帝分别在禁院、南内都曾有栽植琼花,但没有成活。⑤ 虽然宋代产生的各种说法使琼花与玉蕊的分辨愈发混乱,但其从侧面说明了这两种植物在宋代的运用开始逐步增加。

---

① 仇春霖:《群芳新谱》,北京:科学普及出版社1981年版,第124—126页。

② 注:将琼花成为"玉蕊"只是一种说法,而宋代还盛行着其他不同观点。如宋人高似及洪迈对玉蕊作出考证,认为唐昌观的玉蕊应该是"场花",或叫"山矾"。而南宋葛立方、周必大、张淏、等人都对这种观点做出了反驳。陈景沂在《全芳备祖》中将玉蕊单独列出,认为"此花非山矾、非琼花"并且"自成一家"。周必大也认为玉蕊是一独立的植物,并作《玉蕊辩证》将花的外形特征叙述于其中。而至明清时期,对玉蕊的判断基本只是追溯两宋以来的文献。当代学者祁振声先生指出,近代对玉蕊的认定更加混乱,将玉蕊直接冠以拉丁文,自立门户,还有将玉蕊定义为西番莲。祁振声经过古籍文献的分析结合多年的实践经验,认为玉蕊是山矾科山矾属的植物白檀。

③ 陈景沂:《全芳备祖》,程杰、王三毛点校,杭州:浙江古籍出版社2014年版,第145—170页;刘灏:《广群芳谱(二)》,上海:上海书店1985年版,第863—883页。

④ 祁振声:《唐代名花"玉蕊"原植物考辨》,《农业考古》1992年第3期。

⑤ 周密:《齐东野语》,黄益元校点,上海:上海古籍出版社2012年版,第184页。

（九）山茶

宋代园林栽培技术突飞猛进,使一些本来难以成活的植物得以运用到城市园林之中,山茶就是其中一例。由于栽培技术的限制,山茶在宋代才开始被运用于园林之中①。宋人徐玑在诗中写道:"山茶本晚出,旧不闻图经;迩来亦变怪,纷然著名称。"宋代,关于山茶的诗词题咏越发常见,其中不乏陆游、曾巩、黄庭坚等大文豪的作品。

（十）茉莉、素馨

茉莉与素馨在宋代属于远方奇卉,据《东京梦华录》记载"素馨旧名耶悉茗,与茉莉胡人从西国移入南海,自此中国所在而有其花"②,《洛阳名园记》也有提及"紫兰、茉莉、琼花、山茶之俦,号为难植,独植洛阳,辄与其土产无异"③。关于茉莉及素馨的题咏,唐代及其鲜少,而在《全宋诗》及《全宋词》中则分别多达30至70余处。《东京梦华录》中还描述了东京城西的花田大量种植有素馨④,可见到宋代,这两种花的种植培育已经非常成熟。由于茉莉及素馨都花香浓郁,宋人常将其二者搭配种植,如范成大写道:"素馨间茉莉,木犀和玉簪"、"腥水留灌茉莉,结香旋薰素馨"。

（十一）瑞香

瑞香也是两宋期间才开始盛兴的植物,《东京梦华录》云"瑞香花树……本朝始著名",另又写到瑞香的花种出自庐山,而长沙种植瑞香已成风俗⑤,宋人王十朋也写道"真是花中瑞,本朝名始闻"。由于瑞香花期在早春,气温较低,因此也有诗人墨客将瑞香与傲霜斗寒的品格相联系。

（十二）菖蒲

据记载,菖蒲早在秦汉时期就多有培植。《吕氏春秋》云"菖者百草之先

---

① 仇春霖:《群芳新谱》,北京:科学普及出版社1981年版,第18—20页。
② 孟元老:《东京梦华录笺注(下)》,伊永文笺注,北京:中华书局2006年版,第679页。
③ 李格非、范成大:《洛阳名园记·桂海虞衡志》,北京:文学古籍刊行社1955年版,第8页。
④ 孟元老:《东京梦华录笺注(下)》,伊永文笺注,北京:中华书局2006年版,第679页。
⑤ 李格非、范成大:《洛阳名园记·桂海虞衡志》,北京:文学古籍刊行社1955年版,第680页。

生也,于是始耕",不仅记载了菖蒲的种植,还赋予了菖蒲很高的地位。汉代以来,菖蒲更是被赋予了浓厚的道家神仙色彩,多册古籍中都将长至九节的菖蒲比喻为长生不老药。汉武帝也追寻这种神仙思想,在扶荔宫种下大量菖蒲。菖蒲还与端午节的一系列民俗活动产生联系,唐宋以来庭院中、江湖边也有大量种植菖蒲,并且既用之入酒又用之入药,具有很高的经济价值。宋代以来,菖蒲不仅联系了道家文化,又衍生出了儒家思想。陆游、梅尧臣都赋予了菖蒲人格象征意义,苏轼在《石菖蒲赞》更是将菖蒲与"忍寒苦,安淡泊"的品格相比拟①。

（十三）木香、荼蘼

木香是非常见植物,据《东京梦华录》载木香"从外国舶上来",又称"江淮间亦有此种,名土青木香"。一开始,木香的种植仅出现于皇家园林,"京师初无此花,始禁中有数架",后来"花时,民间或得之。相赠遗,号'禁花',今则盛矣"②。可见木香在宋代的种植已经普遍。荼蘼在古代文献中多写作酴醾,与木香同属蔷薇属植物,《学圃杂疏》就将荼蘼作为白木香。荼蘼在宋代就开始被运用于花架上的立体绿化。北宋政治、文学家司马光的宅园中就曾用竹修筑花架专植荼蘼,《诚斋杂记》中也有荼蘼花架的记载。由于荼蘼花期在夏末,因此被苏轼、苏辙、杨万里、梅尧臣等文人古人移情荼蘼,赋予其"不争春"、怀才而又洒脱的人格特征③。

（十四）桂花

据《西京杂记》记载,在汉武帝时期,桂花就已经作为一种园林植物被栽植到上林苑之中。从汉至唐,桂花的种植基本停留于皇家园林及贵族园林之中,直到宋代才开始普及到民间。桂花文化寓意的变化也印证了这一点。汉唐桂花多与嫦娥神话相联系,而到了宋代,桂花则象征着吉祥、荣誉。宋人还以摘折桂枝象征金榜题名,宋僧仲殊与苏轼唱和词《金菊对芙蓉》写道:"花则

①　刘灏:《广群芳谱（四）》,上海:上海书店1985年版,第2112—2124页。
②　孟元老:《东京梦华录笺注（下）》,伊永文笺注,北京:中华书局2006年版,第746—747页。
③　刘灏:《广群芳谱（二）》,上海:上海书店1985年版,第992—1004页。

一名,种分三色,嫩红、妖白、娇黄……状元红是、黄为榜眼、白探花郎"。

(十五)棠棣

棠棣的应用不算常见,在宋代才有所发现。范成大记载棠棣出自西京洛阳,花期在九月末。南宋诗人董嗣杲在《棠棣花》中写道"晚圃甚花堪并架"说明棠棣在园林中开始有所种植①。

(十六)紫薇

又名满堂红、怕痒花、猴郎达树。紫薇的园林栽植历史也非常悠久,早在东晋元熙年,紫薇的栽植就已经盛行于社会。唐代曾将"中书省"改名为"紫微省",遍植紫薇,紫薇自此也象征着"皇权"或"为官"的寓意。宋代依旧沿袭了紫薇的城市及园林绿化的运用。宋史记载荆门有紫薇连理,梅尧臣诗中更写道东京"禁中五月紫薇树,阁后近闻都著花",可见紫薇的使用已经非常广泛②。

(十七)紫荆

又名满条红,自晋代以来就被赋予了"合家"之意。紫荆自古都是苑囿庭院的常用植物,唐宋都有种植。

(十八)凌霄

凌霄在古代园林中最有名的当属洛阳富郑公园,据《老学庵笔记》记载,富郑公园中有一凌霄花,不依木而生,花大如杯,后被移植到芳林殿。白居易、陆游、梅尧臣等唐宋诗人墨客对凌霄也多有题咏。明代《学圃余疏》中称凌霄与紫藤"皆园林中不可少者"③。

(十九)石楠

《本草》记录石楠"南北人多移植亭院间,阴翳可爱"。白居易在自家宅园中种有石楠,还写道:"见说上林无此树,只教桃柳占年芳。"朱长文也曾从外

---

① 孟元老:《东京梦华录笺注(下)》,伊永文笺注,北京:中华书局 2006 年版,第 745—746 页。
② 杨霞:《紫薇的文化意蕴及园林应用》,《安徽农业科学》2015 年第 43 卷第 5 期。
③ 刘灏:《广群芳谱(二)》,上海:上海书店 1985 年版,第 1039—1043 页。

地移植石楠于他的乐圃中①。

（二十）芭蕉

司马相如《子虚赋》中记载"其东则有蕙圃……诸柘巴苴"，巴苴即芭蕉，可见早在西汉芭蕉就已经投入到园林的植物造景运用中。芭蕉本出自广州，唐宋期间被大量引入到江东，芭蕉在庭院中的种植至此开始普遍化。韩愈、皎然、白居易、李商隐、陈与义、范成大、黄庭坚等等唐宋大家都曾留下了芭蕉的题咏，足见种植芭蕉在当时的风靡②。

（二十一）桃、李、梨、杏

在历史上最早的一批园圃中，果树作为经济价值兼具审美价值的园林植物，长期以来都受到历代园主的青睐，秦汉上林苑就是最大的一个果树种植基地，在《西京杂记》中提及的果树品种就达到了三千多种。发展至宋代，园林中种植经济果树的做法不但没有消亡，反而有所进步。皇家园林及各大贵族园林纷纷实行了更为细致的果树管理工作，每年产出的水果都会流入市场销售，以作为额外的经济收入③。桃、李、梨、杏在唐宋属于乡土树种，相比从他国引进的奇花异果更容易成活，另外，其树形、花果的观赏价值也较高，造成了社会范围内园林的普遍运用。由于桃、李、梨、杏花期基本在春季，又常常同咏春的诗词联系在一起。另外，唐宋以来，由于生产力的提升使人对自然的价值观产生了改变，像桃这样带有一定宗教神秘色彩的植物不断开始拟人化，被赋予各种主体的外形或品格特征，更加贴近现实生活。

（二十二）松、柏、竹

作为四季常绿树种，松、柏、竹的种植历史已经非常悠久，松、柏常被作为城市行道树树种，竹子也是苑囿园林中的常客。松柏岁寒后凋、竹虚心贞节的比德思想贯穿着中国园林的历史脉络，唐宋期间松、柏、竹的地位仍然位居上层，此不再赘。

---

① 刘灏：《广群芳谱（三）》，上海：上海书店 1985 年版，第 1733—1735 页。

② 黄宪梓：《芭蕉的古典文化叙事》，西北大学学位论文，2009 年。

③ 杨渭生：《两宋文化史》，杭州：浙江大学出版社 2008 年版，第 148 页。

（二十三）榆、柳

榆树及柳树在中国城市建设的历史上占据着超越松柏的地位。首先表现为古代防护绿地中的主要树种。其一是防止边境民族的入侵。《续资治通鉴长编》及《宋史》中都有记载宋朝政府颁布种植榆、柳以防辽、西夏的入侵。其二是用作堤坝的防护。赵宋时期，在湖泊两岸种植榆柳以巩固土壤成为治理水岸的普遍做法，在史书及诗词中有记载苏轼、陈尧佐、沈披、杨万里等政府官员都参与过柳树的种植工程。然后是作为城市行道树种植。宋代大规模地使用榆树、柳树作为行道树树种，不仅两京，据文献记载，彭州、郓州、福州、桂林、徐水等地都以榆、柳作为城市行道树夹道种植①。

（二十四）枫

《说文解字》中写到枫树"汉宫殿中多植之"，上林苑及华林园中也都有种植，说明了枫树的园林应用自汉代以来就盛行于皇家园林之中。而《楚辞·招魂》中"湛湛江水兮，上有枫。目极千里兮，伤心悲"。两句则是为枫树渲染上了"悲凉"的文学意蕴。在唐宋诸多关于枫树的诗词中常常将其与江河联系到一起，据此可以推断唐宋以后，枫树可能多被应用于河岸的栽植，以此巩固土壤或者营造滨水景观带②。

（二十五）冬青、黄杨

冬青又称万年枝，魏晋期间有种植，如"华林园有万年树十四株"。黄杨则在《本草》中有记载"黄杨生诸山野中，人家多栽插之"，可以推断汉代已经开始人工培育黄杨。有别于今日，唐宋园林中的冬青、黄杨多以乔木的形象出现，并且都以其叶小而密集为审美特点。

（二十六）槐、桐

从秦汉开始，槐树与梧桐被大量运用于苑囿及城市绿化。这种趋势也一直延续到唐宋，《酉阳杂俎》、《洛阳名园记》、《洛阳伽蓝记》中都大量记载了槐与桐在园林及城市中的运用情况。文人墨客也多留有槐树和梧桐的诗赋或

---

① 关传友：《中国植柳史与柳文化》，《北京林业大学学报（社会科学版）》2006 年第 4 期。
② 刘灏：《广群芳谱（三）》，上海：上海书店 1985 年版，第 1785—1791 页。

栽植梧桐的传记,唐诗宋词中以槐、桐为题材的作品多达上百。

（二十七）杉

从古文中可以发现,从汉至宋,杉树在园林中并不少见,但多数都非人工培育,并且多以"古杉"的形象出现。造园者或依仗场地原来就存在的杉树造园,如汉代太液池旁的孤树池、唐代武丘寺;或将杉树移植到园林中,如韦应物、白居易都曾将杉树移植到园林之中①。

三、园林动物的养殖理论及实践

自西周以来,动物作为古代园林的一大构成要素,其地位并不亚于山石。在中国园林三大起源形式"园"、"圃"、"囿"之中,囿便是以动物为主角的园林。早期的大型园林基本都豢养了一定数量的奇珍异兽,皇家园林如周文王的灵囿、秦汉两朝的上林苑、魏晋南北朝期间的华林园,宅园、别墅如西汉袁广汉宅园、西晋石崇的金谷园、东晋谢灵运的山居,飞禽、走兽、鱼鳖,种类之丰富犹如当今野生动物园。宋代园林中观赏动物的异彩纷呈同样不输前代,延福宫中有"鹤庄、鹿砦、孔翠诸栅,蹄尾动数千"②,艮岳更有"奇珍异兽,动以亿计",专门设有动物饲养区域的玉津园更有"麒麟含仁,驺虞知义,神羊一角之祥,灵犀三蹄之瑞。狻猊来于天竺,驯象贡于交趾。孔雀翡翠、白鹇素雉……介族千状,沙禽万类"③。然而在造园活动高度普遍化的两宋,这些非皇亲贵戚不可获取的珍禽异兽因难以在社会层面实现推广,一般园林中的动物仍以饲养起点较低的鳞介(水生动物)、禽鸟为主。园林动物虽不至淡出于造园视野,但其在理论创作与实践应用上却是无法与园林植物或建筑相抗衡的。

园林动物的豢养在整个中国园林发展史上主要发生了两个方面的改变。其一是逐渐排除了大型的野生动物,园林在规模上由大至小的转变、功能上由

---

① 刘灏:《广群芳谱(三)》,上海:上海书店 1985 年版,第 1713—1717 页。

② 脱脱:《宋史》,北京:中华书局 2000 年版,第 1416 页。

③ 杨大雅(杨侃):《皇畿赋》,载曾枣庄、刘琳主编:《全宋文(第 10 册)》,上海:上海辞书出版社、合肥:安徽教育出版社 2006 年版,第 319—326 页。

狩猎至游憩的转变共同促使了园林动物的选择保持在一些体型较小、管养简单、对人无害的物种范围内。其二是对观赏动物审美价值的追求不断提高，"非取其羽毛丰美，即取其音声姣好；非取其鸷悍善斗，即取其游泳绿波"①。园林动物的豢养在两宋时处于一个明显的转型期。皇家苑囿中的奇珍异兽虽然保留了犀牛、大象此类大型动物，但基本排除老虎、豹子等凶猛的肉食动物。宅园别墅、寺观庙宇内豢养的动物也在外观及文化寓意方面有了新突破，呈现出日益精细化的发展态势。

（一）鳞介

园池游鱼自古以来就是园林景观的一个构成，而金鱼的饲养则是自宋之后才开始出现的造景方式。金鱼即金鲫鱼，鲤科鲫属，因个体基因的异变而呈现出金、银、红、橙等不同颜色。明清时期，金鱼及其饲养环境一直是园林设计中的重要构成。由于金鱼的养殖在当时极为流行，不少关于金鱼品种及饲养的理论专著纷纷诞生于这两个时期，如屠隆《金鱼品》、张丑《硃砂鱼谱》。而一些极具观赏价值的金鱼品种还远传日本，乃至欧洲。

早在《述异记》、《南齐书》等南北朝文献中就有了野生的、自然变种的金鱼的记载。在李时珍《本草纲目》"鳞部·金鱼"中称："《述异记》载：晋桓冲中有赤鳞鱼。即此也。自宋始有家畜者，今则处处人家养玩矣。"②清人陈淏子在《花镜》"金鱼"一条中写道："前古无缸畜养，至宋始有以缸畜之者。"③看来，虽然前人早在千余年前就已经发现金鱼，但金鱼的人工饲养则直到宋代才开始出现。

据目前掌握的历史文献反映，北宋时期的金鱼饲养始于南方，普及程度不高，只是多见于开放程度较高的园林，特别是寺庙园林中用于放生的水池。如苏舜钦《六和塔（寺）》诗记："沿桥待（松桥扣）金鲫，竟日独迟留。"苏轼《去杭州十五年，复游西湖，用欧阳察判韵》记："我识南屏金鲫鱼，重来扪槛散斋

---

① 陈淏子：《花镜》，北京：农业出版社 1962 年版，第 403 页。
② 李时珍：《本草纲目》，北京：中国书店 1988 年版，第 106 页。
③ 陈淏子：《花镜》，北京：农业出版社 1962 年版，第 432 页。

余。"所描绘的分别是杭州六合寺及净慈寺院内放养的金鱼。彭乘《续墨客挥犀》卷四载："西湖南屏山兴教寺池有鲫鱼十余尾,皆金色,道人斋余,争依槛投饼饵为戏。"①描绘的也是寺庙中的金鱼。城市中偶有园林饲养,如《嘉禾百咏》记嘉兴"月波楼"在徽宗政和年间修有金鱼池,"唐刺史丁廷赞养金鲫于此"。

时至南宋,金鱼在园林中的饲养开始普及。南宋岳珂、戴埴、吴自牧分别在其著作中谈到金鱼。

岳珂《桯史》卷十二"金鲫鱼"一条中写道:

> 今中都有豢鱼者,能变鱼以金色,鲫为上,鲤次之。贵游多凿石为池,置之檐牖间,以供玩。问其术,秘不肯言,或云以阛市泻渠之小红虫饲,凡鱼百日皆然。初白如银,次渐黄,久则金矣,未暇验其信否也。又别有雪质而黑章,的踯若漆,曰玳瑁鱼,文采尤可观。逆曦之归蜀,汲湖水浮载,凡三巨艘以从,诡状瑰丽,不止二种。惟杭人能饵蓄之,亦挟以自随。余考苏子美诗曰:"松桥扣金鲫,竟日独迟留。"东坡诗亦曰:"我识南屏金鲫鱼",则承于时盖已有之,特不若今之盛多耳。②

戴埴《鼠璞》"临安金鱼"中载道:

> 坡公《百斛明珠》载旧读苏子美《六和塔寺诗》:沿桥待金鲫,竟日独迟留。初不谕此语,及倅钱塘,乃知寺后池中有此鱼,如金色,投饼饵久之,略出,不食,复入。自子美至今四十年,已有迟留之语,苟非难进易退不妄食,安得如此寿。观此则金鲫始于钱塘,惟六和寺有之,未若今之盛。南渡驻跸,王公贵人,园池竞建,豢养之法出焉。有金银两种鲫鱼,金鳅时

————————

①　赵令畤、彭乘:《侯鲭录·墨客挥犀·续墨客挥犀》,孔凡礼点校,北京:中华书局2002年版,第451页。

②　岳珂:《桯史》,吴企明点校,北京:中华书局1981年版,第143页。

有之,金鲫为难得。鱼子多自吐吞,往往以萍草置池上,待其放子,捞起曝干,复换水,复生鱼黑而白,始能成红。或谓因所食红虫而变,然投之饼饵,无有不出,能不食复入者盖寡。岂习俗移人,虽潜鳞犹不能免耶。①

吴自牧《梦粱录》卷十八"物产"也写道:

金鱼,有银白、玳瑁色者。东坡曾有诗云:"我识南屏金鲫鱼。"又曰:"金鲫池边不见君。"则此色鱼旧亦有之。今钱塘门外多畜养之,入城货卖,名"鱼儿活",豪贵府第宅舍沼池畜之。青芝坞玉泉池中盛有大者,且水清泉涌,巨鱼游泳堪爱。②

从以上三文的记叙中可以看出,南宋时期宋人已经开始进行变种金鱼的人工培育。具体方法可能通过杂交,同时也传闻通过喂食一种红虫而使其变色。从宋代植物杂交育种的技术上看,宋人已经掌握了植物遗传变异的基本规律,也极有可能将其运用于金鱼的育种。而通过喂食红虫的说法由于缺乏论据,无从判断其真伪。金鱼人工培育技术解决了其稀少的数量问题,使金鱼如同牡丹、芍药等观赏花卉一般成为商品流通市场。另一方面,此类载有金鱼养殖的文献均频繁提及了苏轼、苏舜钦等人对金鱼的题咏。看来,文人阶层对金鱼的审美欣赏在一定程度上引领了观赏金鱼的风气,推动了金鱼养殖的社会化。

为塑造饲养环境,部分养主在自家庭院中开凿水池,开启了金鱼池在园林设计中的一大风尚。一般情况下,金鱼池的建设材料多为石、砖或土,但也有部分王公贵族甚至使用白玉做池。如南宋知枢密院事许纶在其诗《金鱼久不浮游喜而有作》中写道:"买得黄金鲫,投将白玉池。"而也有部分养主在院中设缸或盆以养殖金鱼。一种方式是将缸或盆埋入土中做成水池,除畜养金鱼

---

① 戴埴等:《鼠璞(及其他两种)》,北京:中华书局1985年版,第35页。
② 吴自牧:《梦粱录》,杭州:浙江人民出版社1980年版,第172页。

外还多于缸或盆中种植一些水生植物。另一种方式是直接将缸或盆置于地上，专门饲养金鱼。① 因此自南宋之后，金鱼的养殖基本形成了缸（或盆）养及池养两大主要方式。

除鱼之外，龟也是园池中的常客。龟在中国古代有着极其厚重的历史文化内涵，常被寓以长寿之意，如《太平御览》转《博物志》云："龟三千岁，犹旋卷耳之上；蓍千岁，三百茎同。以老，知吉凶。"转《述异记》云："龟一千岁生毛，五千岁谓之神龟，寿万年曰灵龟。"② 也正是因为长寿，商周以来历代帝王均视龟为祥瑞神灵，以龟策（龟甲和蓍草）为卜筮，以致演化出致富致贵、指引迷津、行气导引、感恩报德、灵通变化、预报天意等一系列颇具巫觋属性的文化含义③。随着唐宋以来人对自然理性认知的深入，龟的迷信色彩逐步淡褪，而其长寿、祥瑞之意则多有保留，成为园林之中广受欢迎的观赏动物之一。

饲龟与养鱼一样是宋代文人士大夫对园林生活尚雅的表现。李涛《题处士林亭》诗云："石沼养龟水，月台留客琴。"王之道《小桥》诗曰："朝看龟鱼游，晚听鸥鹭浴。"通过对园池鱼龟的描写构建格调雅致的景观话语。在诗人陆游眼中，龟更具有退居隐士的寓意，其晚年蛰居山阴（今绍兴），自号"龟堂老子"、"龟堂病叟"，又以"龟堂"作为自己园林的名称，于其中创作了大量田园诗歌。在文人士大夫的影响下，两宋园林中龟的饲养十分常见，且多与鱼、荷同时出现。如张守四老堂"增植莲芡，鱼游而龟曳"④，洪适盘洲"游鱼千百……前后芳莲，龟游其上"⑤，苏氏北园"堂后凿池种藕，龟鱼得以自荫"⑥，

---

① 王凤扬：《宋人动物饲养与休闲生活》，华东师范大学学位论文，2014年。

② 李昉：《太平御览（第8册）》，夏剑钦校点，石家庄：河北教育出版社1994年版，第478—479页。

③ 郭孔秀：《中国古代龟文化试探》，《农业考古》1997年第3期。

④ 张守：《四老堂记》，载曾枣庄、刘琳主编：《全宋文（第174册）》，上海：上海辞书出版社、合肥：安徽教育出版社2006年版，第17—18页。

⑤ 洪适：《盘洲记》，载曾枣庄、刘琳主编：《全宋文（第213册）》，上海：上海辞书出版社、合肥：安徽教育出版社2006年版，第379—382页。

⑥ 李石：《合州苏氏北园记》，载曾枣庄、刘琳主编：《全宋文（第206册）》，上海：上海辞书出版社、合肥：安徽教育出版社2006年版，第42—44页。

孙氏绿画轩"禽鸟宅其幽,龟鱼息其阴"①,等等。

在养殖方式上,宋人饲龟与金鱼略同,或为池养、或为盆养,以虫食、饼屑或小块生猪肉喂食。龟及饵料均可通过《梦粱录》中所记专门经营水生动物养殖行当的"鱼儿活"购买②。除灰褐色的乌龟外,还有人饲养有金龟、白龟、玳瑁龟、绿毛龟,其中又以绿毛龟最受青睐。绿毛龟实际是指龟背上着生有丝状绿藻的淡水龟,其最早以"青毛神龟"的字样出现于南齐文献中③。由于绿毛龟多为野生且数量十分稀少,故其长寿祥瑞的寓意也非一般龟类可比。然而宋代之后,动植物培育技术的提高使宋人逐渐掌握了绿毛龟养成方法,市场上开始出现人工培育的绿毛龟。北宋伊始"京师鬻绿毛龟者,一龟动直数十千"④,因为稀少而十分昂贵。而北宋中期到南宋时,绿毛龟的贩卖开始增多。苏轼一次访友吕大防,见其盆中蓄绿毛龟,指曰:"此易得耳!"⑤陆游在游芜湖王敦城故址时记:"邑出绿毛龟,就船卖者,不可胜数。"⑥

(二)禽鸟

宋代园林中具有观赏性质的禽鸟有鹤、白鹇、孔雀、鹦鹉等,其中以鹤的饲养最为突出。鹤早在先秦时期就备受青睐,被赋予了浓重的神仙色彩,或者君子、隐士、胸有大志的人格特征。因此,鹤的人工饲养同样早于先秦时期就陆续出现,如著名的春秋典故"卫茹公好鹤"。魏晋时期,古人对鹤的审美欣赏达到高潮,咏鹤的文学作品开始集中出现,如曹植《白鹤赋》、王粲《白鹤赋》、湛方生《吊鹤文》、桓玄《玄鹤赋》、鲍照《舞鹤赋》等。与此同时,鹤的园林饲养也开始普及开来。三国吴人陆玑在《毛诗草木鸟兽虫鱼疏》对鹤的体态习

---

① 王十朋:《绿画轩记》,载曾枣庄、刘琳主编:《全宋文(第209册)》,上海:上海辞书出版社、合肥:安徽教育出版社2006年版,第111—112页。

② 吴自牧:《梦粱录》,杭州:浙江人民出版社1980年版,第181页。

③ 伍惠生:《中国的珍奇动物——绿毛龟》,《动物学杂》1988年第6期。

④ 赵令畤、彭乘:《侯鲭录·墨客挥犀·续墨客挥犀》,孔凡礼点校,北京:中华书局2002年版,第312页。

⑤ 张世南、李心传:《游宦纪闻·旧闻证误》,北京:中华书局1981年版,第18页。

⑥ 陆游:《入蜀记校注》,蒋方校注,武汉:湖北人民出版社2004年版,第93页。

性作出了简单的叙述,并称:"今吴人园囿中及士大夫家皆养之。"①可见园中养鹤在当时江南一带已经成为普遍现象。

宋人对鹤的热情不亚于魏晋,特别是对于文人阶层而言,养鹤被普遍视为是高洁的人格追求,即使鹤的饲养条件相对苛刻,但只要有条件者均在自家园林中设地养鹤。大型的皇家园林内有饲鹤。艮岳之中便设有"鹤庄",曹祖在《艮岳百咏》中描绘道:"白鹤来时清露下,月明天籁满秋空。"小型的城市宅园也常常养鹤。如秦观《叹二鹤赋》:"广陵郡宅之囿,有二鹤焉。"朱长文《乐圃记》:"有鹤室,所以畜鹤也。"均是宅园养鹤的实例。郊野的庄园别墅更是养鹤的理想环境。如苏轼《放鹤亭记》记录了云龙山一隐士在其山居之中养有二鹤。"梅妻鹤子"的北宋隐士林逋更是因其在西湖孤山饲养的两只鹤而闻名后世。

不同于其他动物,养鹤早在秦汉时期就出现了理论著作。相传齐人浮丘伯撰有《相鹤经》一书,又称《浮丘公相鹤经》,是中国最早的养鹤专著。但该书已经失传,北宋陈景元及王安石都曾对此书进行辑佚(考证并抄录)或重编。现所见《相鹤经》为《淮南八公相鹤经》,传闻即浮丘伯所著,其子弟将书藏于山中,淮南八公采药得之,后才传于世间。从明人周履靖所辑得的《相鹤经》内容上看,秦汉时期对鹤的认识充满了神仙传说以及阴阳五行的玄学思想:

> 鹤者,阳鸟也,而游于阴。因金气,依火精,以自养。金数九,火数七。故禀其纯阳也。生二年,子毛落而黑毛易。三年,顶赤为羽翮。其七年小变而飞薄云汉,复七年声应节而书,夜十二时鸣鸣则中律百。六十年大变而不食生物,故大毛落而茸毛生,乃素白如雪,故泥水不能污。或即纯黑而缁尽成膏矣。复百六十年,变止。而雄雌相视,目睛不转,则有孕。千六百年,形定饮而不食。与鸾凤同群,胎化而产,为仙人之骐骥矣。②

---

① 陆玑:《毛诗草木鸟兽虫鱼疏》,北京:中华书局1985年版,第39—40页。
② 师旷等:《师旷禽经·相鹤经·续诗传鸟名》,北京:中华书局1991年版,第1—2页。

到宋代,除了继承鹤的文化寓意外,宋人对鹤的认识与饲养则更具科学性、实践性。南宋林洪有《相鹤决》一文,记道:

> 鹤不难相,人必清于鹤,而后可以相鹤矣。夫顶丹颈碧,毛羽莹洁,颈纤而修,身耸而正,足癯而节高,颇类不食烟火,人乃可谓之鹤。望之,如雁鹜鹅鹳然,斯为下矣。养以屋必近水竹,给以料必备鱼稻,蓄以笼饲以熟食,则尘浊而乏精采,岂鹤俗也,人俗之耳。欲教以舞,俟其馁而置食于阔远处,拊掌诱之,则奋翼而唳若舞状。又则闻拊掌而必起,此食化也,岂若仙家和气自然之感召哉。今仙种恐未易得,唯华亭种差强耳。①

可见养鹤也分“俗养”及“仙养”。俗养即用笼饲养,以熟食为饲料,与畜养其他家禽无异。而仙养则意图保持鹤的灵性——即野性,营造湿地、竹林以模拟其自然生境,再以鱼虾水稻喂食,以房屋为圈。仙养是多数养鹤者的追求,因此宋人也常于园林之中设置专门的房屋养鹤,如上文中提到的艮岳鹤庄、乐圃鹤室。但“养以屋”只是仙养的手段,目的只是为保持鹤的野性,赋予其足够的自由活动空间。因此也有人提倡以宽笼饲养,如陆游在其诗中便反复强调“宽编养鹤笼”,“鹤和雏养要笼宽”。

宋代养鹤的理论著作并没有罗列出鹤的所有品种,但从著作中的某些字段上可以看出,宋人对鹤的分类主要按照两方面线索。其一是鹤的毛色。如唐慎微在《证类本草》中记载:“今鹤有玄有黄有白有苍,取其白者为上,他者次之。”②将鹤分为黑鹤、黄鹤、白鹤、青鹤,又道白鹤为其中上品。其二是鹤的栖息地。《相鹤决》中所云“华亭种”即嘉兴华亭的鹤。另外还有产自青田地区、扬州地区以及辽东地区的“青田种”、“扬州种”、“辽东种”③。

---

① 林洪等:《山家清事(及其他五种)》,北京:中华书局1991年版,第1页。
② 唐慎微:《证类本草》,上海:上海古籍出版社1991年版,第483页。
③ 陈阳阳:《唐宋鹤诗词研究》,南京师范大学学位论文,2011年。

孔雀及白鹇属雉科动物,体型相仿,都是自南方流入中原的禽鸟,两宋时期均以笼养为常见。孔雀色彩斑斓,更具富贵气息;白鹇则白羽黑纹,更具素雅风范。二者体态优美,是园林中较为珍贵的观赏禽鸟。北宋名宦刘敞在宅园中同时养有孔雀及白鹇,梅尧臣曾有诗云:"南笼养白鹇,北笼养孔雀。素质水纹纤,翠毛金缕薄。"圆通禅师"庭养猿、鹤、孔雀、鹦鹉、白鹇,皆就掌取食,号'五客'"。① 宰相李昉也"于私第之后园育五禽以寓目,皆以客名之。后命画人写以为图:鹤曰仙客,孔雀曰南客,鹦鹉曰陇客,白鹇曰闲客,鹭鸶曰雪客"。② 凭借对孔雀生理习性的经验把握,宋人对孔雀的饲养已经给出了一些理论总结,如黄休复《茅亭客话》提出:"初年生绿毛,二年生尾生小火眼,三年生大火眼。其尾乃成矣。孔雀每至晴明,轩翥其尾,自回顾视之,谓之朝尾。须以一间房前开窗牖,面向明方,东西照映,向里横一木架令栖息。其性爱向明,不在地止泊。饲之以米穀豆麦,勿令阙水,与养鸡无异。每至秋夏,令仆夫于田野中拾螽斯蟋蟀活虫喂饲之。"③

鹦鹉则自唐以来就是古人经常饲养的鸟类,一般均是笼养,饲养场所也就不再局限于园林之内了。两宋时期诸地市场都有鹦鹉贩卖,有红、黄、绿、白四种常见颜色。徽宗赵佶则还曾饲有一只进贡而来的五色鹦鹉,其画《五色鹦鹉图》可以为证。范成大《桂海虞衡志》记:"南人养鹦鹉者云,此物出炎方,稍北,中冷则发瘴,噤战如人患寒热,以柑子饲之则愈,不然必死。"④可知,宋人对鹦鹉已经实现了一定程度的科学认识。鹦鹉虽然乖巧可爱,但却被鸟笼限制了自由,故此唐宋文人都以鹦鹉比喻深居闺阁园林中的女子,而闺中女子也常常以饲养鹦鹉排解烦闷。

---

① 秦观:《淮海集笺注》,徐培均笺注,上海:上海古籍出版社1994年版,第1179页。

② 郭若虚、邓椿:《图画见闻志·画继》,米田水译注,长沙:湖南美术出版社2010年版,第233页。

③ 钱易、黄休复:《南部新书·茅亭客话》,尚成、李梦生点校,上海:上海古籍出版社2012年版,第134—135页。

④ 李格非、范成大:《洛阳名园记·桂海虞衡志》,北京:文学古籍刊行社1955年版,第21页。

第二节　建筑营造

两宋商业及手工业的勃兴带动了城市的发展,实现了政治、军事城市向经济城市的转型,鞭策了全国城市化进程的总体速度,同时也为建筑行业提供了更频繁的实践机遇。在此背景下,宋代建筑技术取得了辉煌的成就,成为中国古代建筑发展历程中"伟大创造"的时代①,在设计、技术、装饰、工程、管理等方面都达到了空前的巅峰状态②。

太祖立国以来,百废俱兴,被欧阳修奉为"国朝以来,木工一人而已"的吴越名匠喻皓投身都城建筑事业,撰成《木经》三卷,打破了中国建筑技术只以师徒口授的传统,也使《木经》成为中国历史上首部建筑技术专著。但该书传至宋末近佚,仅存沈括《梦溪笔谈》中摘引的只言片语③。绍圣四年(1097),宋哲宗为控制建筑行业中日益变本加厉的贪腐现象,特诏将作监李诫编撰《营造法式》规范建筑施工中工事及材料的定额。此书之成可谓是中国建筑史上的重大事件,其书汇集了从木构件到建筑彩画共计3555条北宋工匠世代相传的实践经验④,反映了当时建筑营造的最高水平,同时决定了南宋官式建筑之规制。《营造法式》于崇宁二年(1103)出版海行全国,宋室南迁后又于绍兴十五年(1145)再刊,对两宋以及后世建筑的影响是不言而喻的。

一、建筑技术的成就

宋代建筑技术所取得的成就可以从《营造法式》中反映出来。按照李诫

---

① 郭黛:《伟大创造时代的北宋建筑》,载张复合:《建筑史论文集(第15辑)》,北京:清华大学出版社2002年版,第42—49页。

② 潘谷西、何建中:《营造法式解读》,南京:东南大学出版社2005年版,第3页。

③ 冯继仁:《〈木经〉内容与文献价值考辨——兼论其对北宋建筑实践之实际影响》,《版本目录学研究》2013年第1期。

④ 中国科学院自然科学史研究所:《中国古代建筑技术史(下卷)》,北京:中国建筑工业出版社2014年版,第919页。

"诸作制度"、"诸作功限"、"诸作料例"、"诸作制度图样"四大板块的编撰体例,两宋期间建筑事业的发展主要表现在两个方面。

第一方面落实于营造方法。李诫首先在"诸作制度"部分明确给出了诸类工种的施工办法。其中,壕寨制度包括取正定平、立基筑基、砌筑城墙等做法,介绍了当时施工如何平整土地、测量放线、挖掘基坑等工作;石作制度包括了台基、石坛、钩阑、柱础、踏道、门砧、门限等做法,给出了石构建的造作次序、镌刻样式;以上两种制度共占 1 卷;大木作制度则使用 2 卷篇幅,首先确立了大木构建"材·栔·分"的模数制度,其次介绍斗拱(即铺作层)的制作安装以及各种变化,最后论述了梁、柱、槫、檐等柱框层、屋盖层大木构建的制作安装;小木作制度内容多达 6 卷,例举了格式门、窗、天花、藻井、照壁等常见木装修,胡梯、地棚、版引檐、擗帘杆等实用性木装修,井亭、叉子、露篱等室外木构设施,以及佛帐、道帐、壁藏、转轮藏等特殊的宗教装修;雕作、旋作、锯作、木作制度共 1 卷,分别介绍了雕木、车木、锯木加工以及竹笆、地衣簟、障日篛等竹制部件的做法;瓦作与泥作制度使用 1 卷篇幅,前者介绍了结瓦、用瓦以及屋脊、鸱尾、吻兽的制度,后者介绍墙壁、立灶、射垛等的垒砌及抹面;彩画作制度内容占 1 卷,提出了色"五彩遍装"、"碾玉装"、"青绿叠晕棱间装"(及"三晕带红棱间装")、"解绿装饰屋舍"(及"解绿结华装")、"丹粉刷饰屋舍"(及"黄土刷饰")、"杂间装"五种彩画制度①以及彩画施工方法;砖作、窑作制度 1 卷,介绍了阶基、铺地、墙下隔减、踏道、慢道等各项用砖制度以及砖、瓦的烧制方法。而对于文字无法表述清楚的部分,李诫则还于书末附有"诸作制度图样"加以说明。《营造法式》共使用 6 卷篇幅绘制诸作制度的各种图样,包括:石作制度图样 5 类 20 版,内容为石雕纹样、石构建形制;大木作制度图样 15 类 58 版,内容为构件形制、成组构件形制、建筑物总体或局部图样;小木作制度图样 4 类 29 版,内容为常用木装修及特殊木装修的形制及其雕饰纹样;雕木制度图样 5 类 6 版,内容为建筑上常用的装饰性雕木部件的图样;彩画及刷

---

①　注:杂间装为上述 5 种彩画制度的综合运用,故未列入计算。

饰制度图样共 18 类 90 版,内容为建筑彩画的图样及色彩搭配。此外,壕寨制度图样还给出了"望筒"、"水池景表"、"水平"、"真尺"四种测量仪器的图案。① 《营造法式》中的诸作制度以图样反映出了宋代在结构力学、材料加工、工程制图等方面所取得的杰出成就。

　　第二方面落实于工程预算。"诸作功限"与"诸作料例"是《营造法式》控制工程预算的两个方式。"料例"是指各建筑部件的规格尺寸及其数量,是建筑用料的规范及定额手段。如红石灰配比为"石灰 30 斤+赤土 23 斤+土朱 10 斤",铺作层斗拱每 1 斗用钉 1 枚,大料模方充 8—12 架椽栿的"长×宽×高"分别为"60—80×2.5—3.5×2.0×2.5 尺"等。两宋以来,料例被列入了法令条文的范畴,不仅建筑行业有料例,其他手工业生产均有料例。料例的制定不仅约束了建筑营造过程中的材料用量,同时又规避了项目过程中的粗制滥造。"功"指建造过程所消耗的人力,"功限"即工程所需人力的一个定额。《营造法式》中所涉及的功种类繁多,但大致可分为以下 5 种:其一为总杂功,即基坑的挖掘,泥土及材料的装车、搬运等工程所产生的功;其二为供作功,即各类工种的辅助工作所产生的功;其三为造作功,即将建筑部件制作成形所产生的功;其四为雕镌功,据情况不同而又称剜凿功、镌凿功、开凿功,即对部件进行雕刻时所产生的功。其五为安卓功,据情况不同而称安砌功、安钉功、安搭功,即对各建筑部件进行组合安装时所产生的功②。而对于建筑施工时所产生的所有功,《营造法式》均给出了一个量化的标准。例如一个华栱需要造作功 0.2 功,一扇 5 尺板门需要安卓功 0.4 功,一个两侧造剔地起突龙凤间花或云纹的角石需要雕镌功 16 功,开掘墙基每 120 尺需要总杂工 1 功等。部分功限精度甚至达到了 1/1000,如 1 条规格为"25×1.5×1 尺"的洪门栿需要造作功 1.925 功。通过料例以及功限的搭配,建筑工程所产生的所有劳动力可以实

_____

① 郭黛姮:《中国古代建筑史(第 3 卷,宋、辽、金、西夏建筑)》,北京:中国建筑工业出版社 2009 年版,第 632 页。

② 郭黛姮:《中国古代建筑史(第 3 卷,宋、辽、金、西夏建筑)》,北京:中国建筑工业出版社 2009 年版,第 631 页。

现等值计算,在工程预算上实现突破,优化了建筑施工前期的备工备料以及整个过程中的经费控制。

二、建筑等级差异的细化

与前代情况相同的是,导致两宋期间整个社会上建筑形态各有不同的原因之一即是官式建筑与民间建筑的分化。首先在经济条件上,市民阶层所营建筑的平均水平无论在规模还是华丽程度上始终不及生活富足的皇室及官僚。再者,封建礼制在法律条文上也不容许民间建筑逾越同级官式建筑的制度。如《唐会要·舆服上》云:"王公已下,舍屋不得施重栱、藻井。三品已上堂舍,不得过五间九架,厅厦两头门屋,不得过五间五架。五品已上堂舍,不得过五间七架,厅厦两头门屋,不得过三间两架,仍通作乌头大门。勋官各依本品。六品、七品已下堂舍,不得过三间五架,门屋不得过一间两架。非常参官,不得造轴心舍及施悬鱼、对凤、瓦兽、通栿乳梁装饰……其士庶公私第宅,皆不得造楼阁,临视人家……又庶人所造堂舍,不得过三间四架,门屋一间两架,仍不得辄施装饰。"① 宋代同样有类似的规定,《宋史·舆服六》记:"凡公宇,栋施瓦兽,门设梐枑。诸州正牙门及城门,并施鸱尾,不得施拒鹊。六品以上宅舍,许作乌头门。父祖舍宅有者,子孙许仍之。凡民庶家,不得施重栱、藻井及五色文采为饰,仍不得四铺飞檐。庶人舍屋,许五架,门一间两厦而已。"② 上述条例实质上是以人的等级身份为划分依据而产生的建筑礼制。而随着宋代《营造法式》的制定与执行,以建筑自身的等级身份为依据的礼制也开始成为法令,进一步深化了建筑礼制等级的差异。

《营造法式》对建筑的规模、质量、工艺要求明显呈现出三个主要级别,这三个级别反映出了宋代官式建筑的三大类型——殿阁类、厅堂类、余屋类③。

---

① 王溥:《唐会要校正》,牛继清校正,西安:三秦出版社2012年版,第497—498页。
② 脱脱:《宋史》,北京:中华书局2000年版,第2407—2408页。
③ 潘谷西、何建中:《营造法式解读》,南京:东南大学出版社2005年版,第16—17页。

此三大类型所对应的并非是某一特定的建筑形态,而是某一特定的制度。例如殿阁类所包含的建筑形态除大型的殿宇楼阁之外,还涵盖了亭榭、城楼等。但是作为殿阁类型的亭台楼阁,虽然形态不同,但其较一般同类建筑而言规模偏大,工料较优,装饰富丽雄伟,均是制度较高的建筑。厅堂类虽然在制度等级上逊色于殿阁类,但在功能上同样属于重要的建筑类型。余屋一类主要是以上二类的附属建筑,制度相对简陋。

依据制度类型的不同,其建筑在主体结构上保持着一定的差异:

其一,殿阁及厅堂两类建筑具有铺作层。铺作层即建筑的斗栱一层,部件包括栱、斗、昂、枋等类型。铺作层衔接屋柱与屋顶,既是承重结构,又是装饰结构。由于铺作层的建筑工序复杂,在《营造法式》大木作的叙述中占据了最大比重,被誉为大木作中的上等工。殿阁类建筑铺作由外檐铺作及身槽内铺作构成,有平座时还包括平座铺作①。无论唐宋,殿阁类建筑的铺作层都是整个建筑的核心部分。但在两宋期间,铺作层的装饰作用逐步放大,即使体量一般的建筑也时常出现七八铺作的做法。而对于厅堂类建筑而言,由于其制度低于殿阁,建筑的铺作层简洁明了,不做突出表达。余屋类建筑则没有铺作层。

其二,殿阁类建筑设有平棊、藻井。其二者均是天花板的做法。平棊即是由方格组成的天花板,每个方格常以彩画作装饰。藻井则是天花板中心位置的一种特殊处理,结构复杂,用以突出建筑内部空间的中心位置。厅堂及余屋类型的建筑均没有平棊及藻井,梁柱结构裸露。

其三,余屋类建筑屋盖一般不做特别处理,而殿阁及厅堂两类则有所讲究。九脊屋盖(即歇山顶)和四阿屋盖(即庑殿顶)是最为常见的两种屋盖形式,且其二者的运用不受殿阁及厅堂类型的制约。规模较小、平面趋近正方形的建筑多用九脊屋盖,规模较大、平面趋近矩形的建筑则多用四阿屋盖。除此二类之外还有不厦两头屋盖、斗尖屋盖,但所存实例鲜少。(图4.1)

---

① 潘谷西、何建中:《营造法式解读》,南京:东南大学出版社2005年版,第92页。

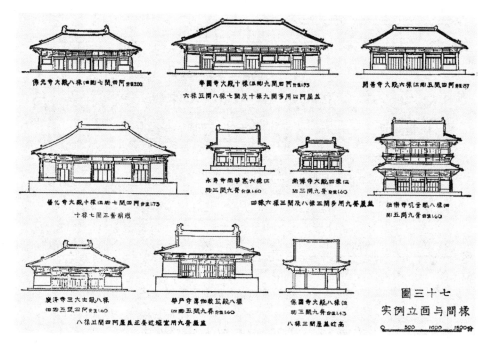

4.1　建筑屋盖样式立面①

　　其四，殿阁类建筑柱高整齐划一，室内空间整体性强。余屋类建筑多采取"柱梁作"结构，内柱高于外柱，柱梁间形成三角支架。厅堂类建筑柱梁结构与余屋类相似，但房间尺度大，梁柱结构更为丰富，梁柱之间设斗栱。

　　除结构之外，不同等级及不同大小的建筑，其木构架的用"材"又有不同（图4.2）。材是一种以斗、拱或木方断面尺寸为参照的模数，《营造法式》卷四开篇即提出"凡构屋之制，皆以材为祖"②，将材定位为屋宇建设的第一制度，且将材进一步划分为八个等级（表4.1），在殿阁、厅堂、余屋的基础上将制度再度细化。

---

①　陈明达：《营造法式大木作研究》，北京：文物出版社1981年版，附图37。
②　李诫：《营造法式（一）》，上海：商务印书馆1954年版，第73页。

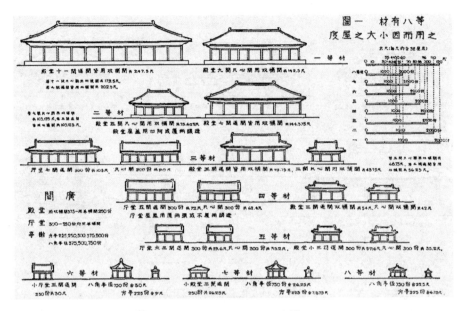

图 4.2　各建筑用材制度①

表 4.1　《营造法式》中的八种用材制度②

用材等级	断面尺寸	适用于何种建筑
第一等	9 寸×6 寸	殿身九至十一间者用之。副阶及殿挟屋比殿身减一等，廊屋(两庑)又减一等。
第二等	8.25 寸×5.5 寸	殿身五至七间者用之。副阶、挟屋、廊屋同上减一等。
第三等	7.5 寸×5 寸	殿身三间、殿五间、堂七间用之。(此处"殿身"与"殿"有区别，殿身是指重檐建上檐覆盖的部分，殿是指全殿。)
第四等	7.2 寸×4.8 寸	殿三间、厅堂五间用之。
第五等	6.6 寸×4.4 寸	殿小三间、厅堂大三间用之。
第六等	6 寸×4 寸	亭榭、小厅堂用之。
第七等	5.25 寸×3.5 寸	小殿、亭榭等用之。
(未入等)	5 寸×3.3 寸	营房屋用之。
第八等	4.5 寸×3 寸	殿内藻井、小亭榭施铺作多者用之。
(未入等)	1.8 寸×1.2 寸	殿内藻井用之。

---

① 陈明达：《营造法式大木作研究》，北京：文物出版社 1981 年版，附图 1。

② 潘谷西、何建中：《营造法式解读》，南京：东南大学出版社 2005 年版，第 45 页。

三、建筑风格的转变

关于两宋建筑风格的转变，梁思成先生在《中国建筑史》中给出了一个概括性较强的结论：

> 徽宗崇宁二年，李诚作《营造法式》，其中所定建筑规制，较之宋、辽早期手法，已迥然不同，盖宋初秉承唐末五代作风，结构犹硕健质朴。太宗太平兴国以后，至徽宗即位之初，百余年间，营建旺盛，木造规制已迅速变更；崇宁所定，多去前之硕大，易以纤靡，其趋势乃刻意修饰而不重魁伟矣。①

宋代建筑的"不重魁伟"可以从唐宋两朝一些建筑数据的对比予以说明。唐代宫苑、建筑宏大雄浑，其占地面积上远比两宋敞阔。唐长安城市里坊长宽各460—580米，而宋东京城市里坊面积则约为300米见方②。唐长安太极宫面积1.92平方千米，大明宫面积3.42平方千米③，而北宋宫城则仅是"周回5里"④，今考古实测面积为0.39平方千米⑤，南宋临安德寿宫面积约0.2平方千米⑥。园林亦是如此，唐长安禁苑周回120里⑦，而北宋就算是名贯古今的艮岳也不过周回10余里⑧。除面积之外，唐代建筑的气势及体量也都比宋代恢弘。唐大明宫主殿含元殿建于10米高台之上，台之左右各建两阁，⑨含元

---

① 梁思成：《中国建筑史》，北京：生活·读书·新知三联书店2011年版，第118页。

② 李合群：《北宋东京布局研究》，郑州大学学位论文，2005年。

③ 傅熹年：《中国古代建筑史（第2卷，三国、两晋、南北朝、隋唐、五代建筑）》，北京：中国建筑工业出版社2009年版，第399页。

④ 脱脱：《宋史》，北京：中华书局2000年版，第1414页。

⑤ 丘刚：《开封宋城考古述略》，《史学月刊》1999年第6期。

⑥ 张劲：《两宋开封临安皇城宫苑研究》，暨南大学学位论文，2004年。

⑦ 徐松：《唐两京城坊考》，[清]张穆校补，方严点校，北京：中华书局1985年版，第29—30页。

⑧ 赵彦卫：《云麓漫钞》，北京：中华书局1983年版，第8页。

⑨ 傅熹年：《中国古代建筑史（第2卷，三国、两晋、南北朝、隋唐、五代建筑）》，北京：中国建筑工业出版社2009年版，第404页。

殿殿身面阔 11 间,四周外加副阶 1 间,总面阔达 13 间。北宋宫城主殿大庆殿殿基高 6 米,殿身面阔仅 9 间,但左右有东、西挟殿各 5 间,殿后又有后阁,与前殿呈工字型连接①。南宋宫城主殿大庆殿大致也是面阔 9 间,垂拱殿面阔 5 间,左右朵殿各 2 间②。以上数据对比说明,唐代的园林、建筑在占地面积上远超宋代数倍有余,建筑体量也比宋代宏敞。宋代建筑虽然体量稍小,但组合却十分丰富,以灵秀见长。以唐含元殿与北宋大庆殿的对比为例,前者看门见山、一览无余,气势魁伟但稍显单调。后者正立面一主两次、后阁半隐,体块空间层次变化丰富。在建筑面积上,唐代建筑虽比宋代略敞,但其差距却并不是很大。而从宫苑占地面积上看,唐代宫苑远超宋代几倍,数据十分夸张。这一情况表明,唐代建筑布局疏旷,两宋则紧凑了许多,其宫室苑囿更趋精致。

宋代建筑的"刻意修饰"则表现在多个方面。两宋建筑院落在空间布局上惯用从南至北"门屋+前殿+后殿"再以矩形回廊连接并套住整组建筑的形式,且前后两殿常以廊相接,使二殿屋顶呈工字型,整体感十分强烈。两宋期间宫殿、衙署、寺观、祠庙中的核心院落大多如此。由于建筑组合的多元搭配以及龟头屋(即抱厦)的频繁运用,宋代建筑的屋顶变化变得十分丰富。除上述所提及的工字脊以及普通的一字脊外,常见的还有十字脊、曲尺脊、丁字脊、工字脊。张择端所绘《金明池争标图》中水心五殿还出现了环形屋脊的回廊。另外,宋代重要的建筑常常使用九脊顶,因此屋脊转角的套兽、嫔伽、蹲兽、滴当、火珠等装饰也随之增加。在屋顶用瓦上,唐时多用色泽乌黑的青掍瓦,晚唐及宋时琉璃瓦的运用开始多见起来。两宋以来建筑立面的变化也十分明显。从北魏至唐,建筑门窗一直流行板门与直棂窗的搭配。板门为木板并列拼合而成的整块门板,形式朴实且无法透光。直棂窗为木条以一定间隙竖向排列而成的窗,无法启闭。宋时,除了安全需求较高的建筑仍使用密实的板门

---

① 郭黛姮:《中国古代建筑史(第 3 卷,宋、辽、金、西夏建筑)》,北京:中国建筑工业出版社 2009 年版,第 109—112 页。

② 郭黛姮:《中国古代建筑史(第 3 卷,宋、辽、金、西夏建筑)》,北京:中国建筑工业出版社 2009 年版,第 125—126 页。

外,多数居住建筑均换成了可以拆卸的格子门以及可以启闭的阑槛钩窗的做法。格子门即上部为空花格、中下部为腰花板及障水板的木门。在《营造法式》中,其样式从边框到格眼分别达到了6—12种。阑槛钩窗即设有钩阑及托柱,可以上下启闭的格窗,其内侧还设有坐槛,可以临窗依坐,向外赏景。格子门及阑槛钩窗的运用不仅极大程度地解决了室内采光的问题,且立面装饰变得更加精细。整个建筑立面由隋唐以来封闭敦实转变为两宋灵秀通透,可谓是一种跨越式的形象转变。两宋时期的建筑彩画也反映出了一定的时代特征。唐代建筑彩画色彩绚丽明艳,以暖色为主调。而宋代的一大突出特点在于出现了以青、绿的冷色调为主的建筑彩画①。《营造法式》记:"五色之中,唯青、绿、红三色为主,余色隔间品合而已。"其所确定的彩画三大主体色调中冷色占据其二。此外,《营造法式》所列举的五种彩画制度——五彩遍装、碾玉装、青绿叠晕棱间装、解绿装饰屋舍、丹粉刷饰屋舍、杂间装五彩遍装、碾玉装、青绿叠晕棱间装、解绿装饰、丹粉刷饰,五大彩画制度中主调冷色的占据其三。这一变革开启了冷色调彩画在后世建筑装饰中的盛行。而在彩画内容上,宋代建筑彩画则更多沿袭了汉唐传统。图案具体包括人物神仙、飞禽走兽、花卉植物以及一些抽象纹样。

宋代建筑风格的转变是南北建筑融合的表现。唐末五代以来,北方及中原地区长期战乱,经济与文化的发展都受到了很大的制约。相较而言,在吴越、南唐政权统治下的江南地区稍显稳定,建筑技艺的发展相对迅速。北宋立国以来,吴越名匠喻皓入京效力,南方建筑技艺开始结合地方特征在中原地区传播开来,其对后来《营造法式》的制定都产生了巨大影响,其书中竹材的运用、"串"构建在大木作中的运用、蒜瓣柱及梭柱的运用、上昂的运用等等都是江南建筑风格北传的表现②。北宋灭亡后,南宋王朝定都临安,南方技艺对国家建筑风格的影响更无需多言。因此,宋代建筑技术以及风格上的转变,实质

---

① 陈望衡、刘思捷:《试论宋代建筑色调的审美嬗变——〈营造法式〉美学思想研究之一》,《艺术百家》2015年第2期。

② 潘谷西、何建中:《营造法式解读》,南京:东南大学出版社2005年版,第6—11页。

就是继隋唐之后,中国南北建筑融合的再一次表现①。

四、园林建筑的形态

(一)亭、水亭、井亭、碑亭

亭是宋代最为常见的园林建筑,其平面格局有四角、六角、八角等,其中以四角较为常见,未见明清时期出现的扇形、梅花形、卍字形等异形。宋亭屋顶常用九脊、攒尖,重檐九脊、攒尖,十字九脊等。制度较高的官式亭子则还有铺作,屋脊有鸱尾、吻兽。制度较低的亭子则可能仅是茅顶。亭子一般建于台基之上,四围可设钩阑、坐槛、格子门,也可完全敞开。宋画中的部分亭子常常在柱外还有类似支架的四条细线(图 4.3),实际就是格子门拆卸后所余的框架。水亭一般由靠立柱将亭托出水面,通过平桥或廊桥与水岸相连。对于制度较高的水亭,其水中立柱与平台衔接的部分还有铺作。井亭与碑亭则分别是架设于水井、碑刻之上的亭子,对水井及碑刻起到一定庇护作用。碑亭由于其内石碑的特殊纪念意义,所用制度一般较高。除保护水井、碑刻外,艮岳入口御道正中更有一亭为庇景石而建,意图与井亭、碑亭相似。

图 4.3　可拆卸格子门的园亭②

---

① 傅熹年:《试论唐至明代官式建筑发展的脉络及其与地方传统的关系》,《文物》1999 年第 10 期。

② 图片引自刘松年:《四景山水图·夏》,北京故宫博物院藏。

（二）殿、堂

殿、堂为园林中地位最为突出的主体建筑。殿在官式建筑中制度最高，常使用四阿顶、九脊顶，重檐四阿、九脊顶，一些不突出的小殿也有不厦两头造（即悬山顶）的做法。铺作及屋顶装饰各依规制，殿身可设副阶，各部件彩画装饰。官僚、士庶园林中的厅堂则严格按照建筑礼制的规定而造。两宋期间的宫殿、厅堂常与其他建筑组合搭配，形成丁字形、工字形、曲尺形等复合式的造型，四周也常设有矩形回廊，变化丰富，整体感强烈。

（三）楼、阁

楼与阁虽概念起源不同，但至宋时已基本混淆使用①，同时作为高层屋宇的指代。宋代楼阁建筑屋顶多用九脊、重檐九脊或十字九脊。楼阁建筑两层之间的屋檐称为腰檐，腰檐下有铺作，上为平坐，平坐之下又有铺作。唐之前楼阁少平坐，宋时带平坐的楼阁则是楼阁建筑的主流。由于腰檐、平坐的存在，楼阁建筑的铺作及屋脊用兽十分繁复，装饰气息十分厚重。宋代楼阁基座多数为矩形，上层与下层可对齐，也可有收分。一些楼阁建置于高台、城墙之上，以便等登眺，如著名的滕王阁、岳阳楼、黄鹤楼。庭院之中的楼阁则多用于藏书，寺院中的楼阁则用途更为丰富，可作佛殿，经藏、轮藏、钟楼、鼓楼等。

（四）轩、榭、斋、馆

轩、榭、斋、馆各自概念源起不同，但发展至两宋时已经与原意产生了诸多改变。轩原指有隆曲顶盖的车，后来成为园林中承载文艺、休闲活动的小型建筑。榭本指是高台上的建筑，宋代开始多作小型通透的临水建筑的统称。斋和馆前者原指斋戒，后者本是客舍，宋时分别发展为园林书房及一般厅堂的指代。轩、榭、斋、馆建筑形式比较灵活，开间无约束，装饰各依制度，已基本没有太过固定的范式。

（五）廊

由于宋人惯常以廊庑衔接主要建筑并围合形成院落，故而廊的运用在宋

---

① 张威：《楼阁考释》，《建筑师》2004 年第 5 期。

代园林中十分频繁。宅园、别墅、寺观、祠庙、衙署、学校的院落中均多设有廊，宫苑之中廊的运用更加普遍，基本上是逢殿必廊的状态。南宋大内宫城后苑中更有一衔接各主要殿宇及后苑的锦臕廊，其长达 180 间，若按宋时廊庑每间 2.5 米的平均开间尺度计算，其总长竟高达 450 米，被誉为是宋代宫苑长廊之最①。宋代廊的运用虽然频繁，形式却少变化，基本都是双面空廊。但从宋画所反映的情况上看，宋人比较喜爱在廊庑一侧或两侧安装可以拆卸的格子门。如此一来，廊下又可以形成一个封闭程度较高的走道空间。

（六）台

《说文解字》云"四方而高者"是谓台。自先秦以来的台多为土筑，如老子所言："九层之台，起于累土。"②汉魏时期则流行木构高台，但基础已经开始使用土石砌筑③。隋唐以及两宋时期，高台则多为土筑而砖石砌面，或者完全砖石砌筑。从古至今，高台的体量在逐渐缩小。三代至春秋战国时期，出于宫室媲美的建设原则，天子及诸侯的高台尺度都比较庞大，台上多有精美巍峨的建筑。发展至两宋时，台的尺度已经比较宜人。虽不乏由政府兴修的高耸雄壮的大型高台楼阁，但更多台榭则是在宅园、别墅中由私人据地势修建，只做日常游憩性质的登览，因而面积、高度都不会太过突出。

（七）桥、亭桥、廊桥

两宋期间的桥梁按结构可分为梁桥、拱桥，按材质有木制、竹制、石制。梁桥结构及工艺都比较简单，多运用于园林及水流平缓、无须通舟的小型河道。拱桥无桥墩（但偶尔也有在拱桥下增柱承载的情况），桥下可行舟，且不会面临桥墩受河水侵蚀而导致的一系列问题，故而多运用于城市或主要河道之中，一些规模较大的园林中也多有拱桥运用。亭桥与廊桥即于桥上增设亭、廊的形式，有时亭、廊同时搭配出现。理论上，梁桥与拱桥都可增设亭、廊，但宋时园林中的亭桥、廊桥一般以梁桥结构较为常见。

---

① 郭黛姮：《南宋建筑史》，上海：上海古籍出版社 2014 年版，第 107 页。
② 《老子》，饶尚宽译注，北京：中华书局 2016 年版，第 161 页。
③ 王贵祥：《略论中国古代高层木构建筑的发展（一）》，《古建园林技术》1985 年第 1 期。

（八）门、门屋、门楼

宋时园林之门大致有三种形式，一者即为一般的柱门，包括士庶屋舍普遍使用的衡门以及六品以上官员宅墅或者祠庙、学校才可使用的乌头门。衡门是一种由两根立柱及一到两根横梁组成的简单柱门。《营造法式》云："诗义横一木作门而上无屋谓之衡门。"①宋时人家多在衡门门梁上加装茅顶或瓦顶坡屋盖。按建筑礼制，屋盖下可有铺作，但不得施重栱。乌头门俗名棂星门，在《营造法式》中记有详细的制度规范。乌头门高 8—22 尺，高 15 尺以下则宽与高同，以上则宽度减高度之 1/5。乌头门两侧挟门柱高为门高的 1.8 倍，柱头套瓦筒防腐，因瓦筒乌黑而得名乌头门。挟门柱内侧为门扇，门扇上部为直棂式，中部有腰花板，下部为障水板和促脚板，门梁之上两柱内侧有日月板。② 制度较高的园林常设三道乌头门，以中间一道为主，左右两道制度稍低。门屋是园门的第二种形式，各类园林中都有运用，与乌头门类似，有单间及三间两种情况，中间一间阔三至五开间，厦两头或不厦两头造，门扇多是板门或软门。门楼则一般只在城墙或宫苑园林中出现，楼屋顶用四阿顶、九脊顶或重檐九脊顶，常设平坐以供远眺。楼下门扇为板门一至五道。一些门楼左右还有朵楼及连廊。

（九）墙、竹栅、木栅

墙在宋代建筑或园林中的作用主要有二：一是为房屋作围护，二是分割室外空间。虽然就材料而言，北宋时期就已经出现了土筑及砖筑两种做法，但官式建筑工程中的墙体仍多沿用传统的夯土墙或土墼墙，而南方一带则多使用砖墙③。为起到装饰作用，土筑墙以石灰泥分别混合红灰、青灰、黄灰、破灰四种彩色灰泥做抹面。竹栅、木栅则是乡村地区代替砖墙的做法，木栅即以细木枝条纵列排布而成，横向两小檩以作固定，转折处设柱。竹栅与木栅略同，只

---

① 李诫：《营造法式（一）》，上海：商务印书馆 1954 年版，第 31 页。

② 郭黛姮：《中国古代建筑史（第 3 卷，宋、辽、金、西夏建筑）》，北京：中国建筑工业出版社 2009 年版，第 705—706 页；潘谷西、何建中：《营造法式解读》，南京：东南大学出版社 2005 年版，第 107—110 页。

③ 潘谷西、何建中：《营造法式解读》，南京：东南大学出版社 2005 年版，第 208 页。

是以竹笆代替木枝,竹笆以横纵各四道竹片编织而成。

(十)钩阑

钩阑即栏杆,与园林建筑关系紧密。在宋代官式建筑制度中,钩阑包括了木作及石作两种材质,其做法均一分为二:其一是重台钩阑,高四尺余,上下设置两层花板(花板即栏杆立柱之间的隔板),图案相对繁琐;其二是单钩阑,高三尺余,设一层花板,图案相对简洁①(图4.4)。钩阑望柱(即栏杆立柱)呈六边形,柱身做雕饰,柱头为云龙、狮子、莲花等形象,柱脚雕饰莲花。民间未采用官式制度的钩阑则较为简洁,望柱及花板少修饰。

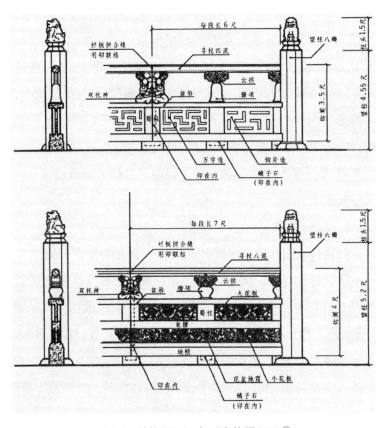

图4.4 单钩阑(上)与重台钩阑(下)②

---

① 李诚:《营造法式(一)》,上海:商务印书馆1954年版,第174—178页。

② 潘谷西、何建中:《营造法式解读》,南京:东南大学出版社2005年版,第201页。

（十一）流杯渠

流杯渠为园林中开展曲水流觞活动的场所,常设置于亭下。《营造法式》记录了当时官式建筑中两种形式的流杯渠的做法及图样——国字流杯渠及风字流杯渠(图4.5)。二者皆为石刻,雕有牡丹、龙凤等纹样。私家园林中的流杯渠则比较简单,有的模拟溪水形态,做成蜿蜒曲折的自然式,仅在渠边添置石凳。有的也以石刻形式出现,只是少纹样雕琢。

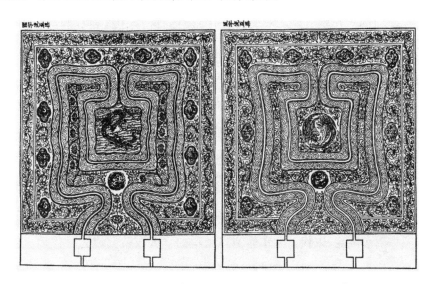

图4.5　《营造法式》中的国字流杯渠与风字流杯渠①

（十二）道路铺装

宋代官式建筑中的道路铺装多使用砖砌,依据道路类别细分为三种。其一为露道,即室外的一般道路。用砖铺筑,两侧各侧铺四块砖以形成道路边线,中间则平铺或侧铺,但中间稍高形成弧面,与今日园路排水设计类似。道路宽度因地制宜,不做硬性规定。其二为踏道,即台阶踏步,即用砖作,又可用石作。踏道两边设"颊"做边界,台阶每阶高四寸,宽一尺。踏道总宽度随建筑面宽的改变而改变。其三是慢道,即砖铺坡道,又分为城门慢道与厅堂慢道,坡度比例分别为5∶1与4∶1。为起到防滑作用,砌筑慢道时面砖需露龈三

---

①　李诚《营造法式(三)》,上海:商务印书馆1954年版,第161—163页。

分,或在表面雕饰花纹①。

第三节　叠山理水

宋代叠山理水技艺相对隋唐而言变化十分突出,其成就为明清叠山理水技艺的完全成熟提供了理论及实践基础。山石方面,石文化在宋代形成高峰,赏石专著"石谱"开始出现。宋人共著有《云林石谱》、《宣和石谱》、《渔阳公石谱》三部石谱,其中杜绾《云林石谱》涵盖景石多达117种,既包含了初步的地质学认知,又富含大量美学品评特点,成为中国古代最为全面的山石品评著作。在叠山技艺上,不仅"虽一拳之多而能蕴千岩之秀"②的写意之风大盛,诸多大型的叠山作品也开始追求真峰实峤的攀登体验。另外,北宋末期艮岳的营建成为中国园林山石造景历史上的大事件,其对后世叠山垒石的影响至关重大。园林理水方面虽然没有诞生理论著作,但随着两宋造园中心的不断南移,水景的运用更加频繁,自然式与规则式水池均有不同程度的发展。相较小型的园林引水凿池,宋代大型水体治理工程的卓著成就则成为时代理水技艺发展的一大亮点,宋廷对河道及湖泊的整治伴随着园林景观的美化提升,在治理的同时又为公众提供了欣赏自然山水风光的游憩场所,可谓是古代工程理念进步的表现。

一、山石造景的技法转变

中国历史上的筑山现象最早以"台"的形式出现于商至春秋战国期间各诸侯国的宫室苑囿之中,如殷纣王朝歌的鹿台、周文王长安的灵台、楚灵王郢都的章华台、燕昭王武阳的金台等。这些台均是以土筑丘,再于丘顶设置建筑。台的功能用途各国情况都有不同,但基本以举行宗教、政治、社交仪式为

---

① 李诚:《营造法式(二)》,上海:商务印书馆1954年版,第98—99页。
② 杜绾:《云林石谱》,北京:中华书局2012年版,第1页。

主,造景作用并不是很突出。而直到秦汉时期上林苑、兰池宫、咸阳宫、建章宫等皇家园林"一池三山"的仙苑模式才开始以造景功能为要务,在池中以土堆筑岛山象征神话中的仙山,开启了园林筑山模拟自然之先河。虽然历史文献对秦汉宫苑筑山材质的描写比较模糊,但从《西京赋》"触穹石,激堆崎,沸乎暴怒"、《上林赋》"盘石振崖,嵚岩倚倾"、《西都赋》"岩峻崔翠,垂石峥嵘"等文学性描述来看,这些假山的砌筑已经开始运用石材,包括土山嵌石、石驳岸,或者景石特置。此类做法在魏晋、隋唐时期的宫苑中也有继承,无非后世在叠石、取材技艺上更为讲究。比如曹魏时期的芳林园,北魏时期的华林园,隋代长安大兴苑、洛阳会通苑(西苑),唐代洛阳东都苑、上阳宫等,大体都是土筑或土石结合的假山,只是其摹写的山势形态更为多样。两宋以来,园林山石的造景技艺完成了诸多本质性的转变,故而被誉为是中国古典园林掇山垒石的"兴盛阶段"[①]。其所取得的历史成就,可谓是开启了明清假山堆叠之先范。

宋代园林的山石造景技艺是切不可一概而论的,必须分做北宋与南宋两段历史阐述,或者更准确的分法是,艮岳之役以前及艮岳之役以后。艮岳一役背负了激起方腊起义以及北宋政权灭亡的历史地位,但同时又是园林掇山垒石的一块里程碑。周密《癸辛杂识·假山》记:"前世叠石为山,未见显著者。至宣和,艮岳始兴大役。连舻辇致,不遗余力。其大峰特秀者,不特封侯,或赐金带,且各图为谱。"看来,周密对艮岳的山石技艺给出了"前无显著"的评价。那么,"前世"的做法又是如何的? 李诫的《营造法式》恰好可以给出答案。《营造法式》在泥作料例中给出了四种假山的做法:

> 垒石山:石灰四十五斤;粗墨三斤。
>
> 泥假山:长一尺二寸、广六寸、厚二寸砖三十口;柴五十斤;径一寸七分竹一条;常使麻皮二斤;中箔一领;石灰九十斤;粗墨九斤;麦麸四十斤;麦麰二十斤;胶土一十担。

---

① 孟兆祯:《假山浅识》,载:《科技史文集(二)》,上海:上海科技出版社1979年版。

　　　壁隐假山:石灰三十斤;粗墨三斤。

　　　盆山(每方五尺):石灰三十斤(每增减一尺,各加减六斤);粗墨
　　二斤。①

　　从这段文字记载可以首先判断出,北宋早期的假山做法基本沿袭了唐代的制度。20世纪90年代初唐代洛阳上阳宫园林遗址的考古调查中,所发现的六处假山遗迹就极其类似于《法式》中"垒石山"的做法②。陕西出土的唐三彩庭院中的假山形象以及四川出土的五代时期的假山墙分别就是上文所提及的"盆山"和"壁隐假山"。另外,从材料上看,所有假山涉及石灰及粗墨,即是用石灰和粗墨调色勾缝,技术上并不算什么突出的创新,但材料的用量上却反映出了一个明显的趋势。按照李诫的说法,无论石山还是土山,石灰的用量都只停留于两位数的范畴,这一用量对于秦汉时期动辄昆仑蓬瀛的筑山尺度而言绝对是难以想象的。可见,从唐代一直到北宋政和年期间,园林假山出现了微缩化、庭院化的趋势。

　　这一趋势还可以从词源学的角度加以佐证。按广义理解,假山即指人工建造的地景形态,因此多数学者将假山的历史追溯到了春秋战国时期的"台"。从春秋至魏晋一直都以"筑山"、"构山"、"建山"等词汇表达山石的砌筑,直至唐代之后才出现了"小山"、"假山"等表述③。这说明在唐代及北宋早期,园林之中的山石造景从一味仿写自然山体的客观形态开始向移缩天地的写意追求发展。

　　(一)从写实到写意

　　唐宋早期园林假山的庭院化象征着山石造景技法的第一个转变——从写实到写意的转变。值得注意的是,这一变化并非纯粹由审美思想的主观转变

---

　　①　李诫:《营造法式(三)》,上海:商务印书馆1954年版,第82—84页。

　　②　王岩、陈良伟、姜波:《洛阳唐东都上阳宫园林遗址发掘简报》,《考古》1998年第2期。

　　③　曹汛:《略论我国古代园林叠山艺术的发展演变》,载《建筑历史与理论(第一辑)》,南京:江苏人民出版社1980年版,第80—91页。

而产生,其背后还蕴含着切实的客观因素,即宅园、别墅山石造景的迅速崛起。早期的筑山活动一直都是以皇家园林为先锋,私家园林则一直受锢于客观条件的局限。这种局限表现在三个方面。其一是经济,私家园林的工程预算一般都无法与帝王企及。其二是权力,皇家园林之役动辄上万劳力,而对于个人来说即使官居宰相,也是没有这个权限的。其三是礼制,私人的宅园如果骄奢僭上,则是要被兴师问罪的。西汉时期茂陵富人袁广汉的宅园就提供了这样一个例子。《西京杂记》载其园:"构石为山,高十余丈,连延数里","积沙为洲屿,激水为波潮",其间还种植各种奇花异草,豢养奇珍异兽。无论在规模还是形制上都显然在效仿当时的皇家园林①。最后的结果就是"罪诛,没入为官园,鸟兽草木皆移植上林苑中"。因此,私家园林中的山石技艺长期以来都怀持向皇家园林看齐的企图,但同时又与其保持着一个安全距离。但这一现象在后来的几百年间开始发生转变。隋唐以来,私园园主开始意识到,私家园林不能在山水、建筑、花木、鸟兽上企及皇家,私园的发展必须另辟蹊径,而置石则成为了私家园林设计试图超越皇家而开辟的"蹊径"。

　　相比园林的规模、制度,园林置石则是完全可以放到台面上鼓吹的事,如牛僧孺、李德裕的宅园都以搜罗了各地奇石而闻名,引领了后世园林置石的设计风范。而白居易则不仅在自家园林中留下了奇石,更留下《双石》、《太湖石》、《莲石》等数十首赏石题材的诗作,以及全面论述太湖石的收藏与鉴赏的散文《太湖石记》,在理论层面上对园林置石作出了总结拔高。②"撮要而言,则三山五岳、百洞千壑,覼缕簇缩,尽在其中。百仞一拳,千里一瞬,坐而得之。"白居易这段话直接道明景石以小观大的象征寓意,直白反映了置石、赏石活动的兴盛就是园林山石造景写意化最为突出的外在表现。此外,白居易还提出了园林选石"太湖为甲,罗浮、天竺之徒次焉"、"石有大小,其数四等,

---

① 王劲韬:《中国皇家园林叠山研究》,清华大学学位论文,2009 年。

② 贺林:《中晚唐赏石文化:赏石文化的第一座高峰(一)》,《宝藏》2011 年第 9 期;贺林:《赏石文化第一高峰上的顶峰(一)第一个与石结缘的大文学家白居易赏石活动概述》,《宝藏》2013 年第 6 期;贺林:《赏石文化第一高峰上的顶峰(四)第一个与石结缘的大文学家白居易赏石活动概述》,《宝藏》2013 年第 10 期。

以甲、乙、丙、丁品之,每品有上、中、下"的品级规定,对宋代乃至明清园林置石都产生了相当深刻的影响。

两宋时期,园林景石的品评再一次迎来高潮。士大夫者如米芾、苏轼、欧阳修、黄庭坚、范成大,权贵者如赵佶、蔡京、朱勔,皆醉心于赏石。如果说白居易是晚唐最具代表的景石品评理论家,那么这一称号在宋代则当属米芾及苏轼。米芾为北宋书画家,生平嗜石如命,拜石为兄。对景石的品评,米芾留下了"曰瘦,曰皱,曰漏,曰透"的四大原则,对景石的形态、肌理提出了鉴赏标准。而苏轼则在米芾的四字口诀上追加了一个"丑"字,将"瘦、皱、漏、透"的物象基础融会到了以"丑"为概念的美学范畴。① 至此,对景石的写意追求完全成为园林置石的主流。

(二)从静观到动游

园林山石造景除经历了写实到写意的变化外,还发生了一个常被忽视的技法转变——从静观到动游,即由视觉效果式叠山向综合体验式叠山的转变。上文谈到,园林置石在晚唐时期就已经迎来首次高峰,但叠石方面却没有发生实质的进步。假山的营造多沿袭隋唐,不超出于李诫《营造法式》中所提及的几种方法,因此周密才下结论道艮岳之前的叠石"未见显著者"。艮岳中的山石没有按照李诫所制定的规范来操作,而是由宋徽宗赵佶率孟揆、梁师成、朱勔等人负责设计假山,再招揽吴兴一带的职业山匠,"以图材付之","按图度地,庀徒僝工"②。在艮岳之役以后,园林山石造景不仅重"置",也开始强调"叠"。置石既指景石的单独特置,也涵盖对石料的简单堆砌,但无论何者,置石都旨在欣赏石材的自然造化。叠石当然也是欣赏石头的自然形态,但"叠"更强调施以人力,本质在于自然与人工造化的融合,是主体意识凸显的重要表现。因此,叠石为山,其意图不单单在于白居易所言自然景致的"坐而得之",更在于景观与观景者更深层次的交流互动。

---

① 注:郑板桥《石》:"米元章论石,曰瘦,曰皱,曰漏,曰透,可谓尽石之妙矣。东坡又曰:石纹而丑。一'丑'字则石之千态万状,皆从此出。"

② 王明清:《挥尘录》,上海:上海书店出版社2009年版,第57页。

北宋初期及其之前的山石造景即属置石,多注重形态,讲究如何宛如真山,如何峥嵘峻峭。而自艮岳之后,掇山垒石开始由"置"转"叠",山石造景的重点开始由视觉过渡到于环境互动的综合体验,由静观转变为动游。《御制艮岳记》载:"复由嶝道,盘行萦曲,扪石而上,既而山绝路隔,继之以木栈。木倚石排空,周环曲折,有蜀道之难。跻攀至介亭,最高诸山,前列巨石……不可殚穷。"赵佶这段话态度非常明确,掇山垒石的目的不只停留于欣赏其"雄拔峭峙"的视觉形态,更在于"腾山赴壑,穷深探险"的游憩体验。假山的设计也理然应该"斩石开径,凭险则设蹬道,飞空则架栈阁",以激励"盘行"、"扪石"、"跻攀"、"穷景"等多个感官相互配合的人与环境的互动。这种叠石技法的观念转变不仅仅反映在园林,也体现在山水画上。北宋画家郭熙对自然山水提出了"可行者、可望者、可游者、可居者",且进一步认为"可行可望不如可居可游"。"游"、"居"相对"行"、"望"而言都是更为复合的游憩行为,显然郭熙的山水画论是与园林叠石不谋而合了。

二、景石的流通

艮岳山石造景的价值不只停留于美学层面,更在客观上推动了江南石料向中原地区的流通。鉴于当时的科技条件,景石的运输是极其困难的,这在很大程度上制约了江南石材向东京、洛阳等中原城市的市场流通。童寯先生在《江南园林志·造园》中谈道:"吾国园林,无论大小,几莫不有石。李格非记洛阳名园,独未言石,似足为洛阳在北宋无叠山之征。"李格非在《洛阳名园记》中没谈到石头只是说明在北宋早期,山石造景在洛阳当地的园林中并不流行。而在江南地区,掇山垒石已经成为一项专门的行当,吴兴称"山匠",平江称"花园子",徽宗赵佶在建造艮岳之时还专门聘请吴兴山匠承担假山施工,足见北宋早已出现叠山。而造成洛阳园林无石的原因主要是交通运输条件的制约。景石的运输即使是明清时期都基本只能靠人力畜力以及水运实现。明人王徵在《奇器图说》中留有一"运石图"(图4.6),形象刻画了运送景石的艰难。再者,自唐代以来景石的审美以太湖石为首,而太湖石产自洞庭湖周围,距中原地区千里之遥,在洛阳园林中置办太湖石显然是不现实的。因此可以说,北宋中早期的山石造景虽有发展,但并未在全国范围内普及开来。

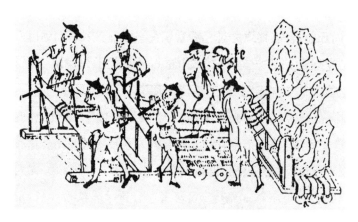

图4.6 运石图①

到赵佶执政之后,大规模的景石运输才首开先河。为兴修皇宫苑囿,赵佶专门设立"花石纲",通过政府力量向各地搜罗花木、石材。花石纲在政治立场上虽属劳民伤财的亡国工程,但无疑大力推进了景石的流通,为园林置石、叠石的普遍化作出了显著贡献。首先,花石纲遍及全国,征收范围极广,大致涉及江苏太湖、江西九江、福建丝溪、山东登州、蓬莱等地区,如再算上植物的部分,则两淮、两浙、两广、山东、福建、湖南、四川,甚至海南都被纳入了征收范围②。其次,花石纲征收景石的数量非常庞大。在艮岳之前,徽宗就以修奉景灵西宫之名,通过花石纲"下苏、湖二州采太湖石四千六百块"③。艮岳兴建之时,"契勘修万岁,合用山石万数浩大"④。花石用量较以往呈倍数上涨,仅运输用所用的船舰就新增2400艘,可见运量之大⑤。最后,花石纲在运送过程

---

① 邓玉函:《奇器图说》,(明)王徵译,载:张福江:《四库全书图鉴(第10册)》,北京:东方出版社2004年版,第331页。

② 周宝珠:《宋代东京研究》,开封:河南大学出版社1998年版,第473页。

③ 毕沅:《续资治通鉴》,北京:中华书局1993年版,第2227页。

④ 杨仲良:《皇宋通鉴长编纪事本末》,哈尔滨:黑龙江人民出版社2006年版,第2161页。

⑤ 周宝珠:《宋代东京研究》,开封:河南大学出版社1998年版,第474页。

中对原石的处理技术避免了景石在运输过程中的折损。周密《癸辛杂识》中记，宋人在运送太湖石前，首先使用胶泥将石头空隙填实，其外再以麻筋、杂泥包裹，使整个石块外形圆融，然后日晒使其坚实，最后再装入车、船运输①。

　　艮岳花石纲之役虽向京输送景石无数，但并非所有都用到了皇家园林的建设之中，其半数以上的景石或经常规的筛选淘汰，或是徽宗赏赐给大臣，而更多的则是被涉事官宦私自克扣，最后成为私家园林的造景用石。当时，艮岳花石纲主要涉及的官宦有负责督察工程的梁师成，主管东南及两广应奉的蔡京、蔡攸父子，东京应奉司的王黼，苏杭造作局的童贯，苏杭应奉局的朱勔，汝州应奉局的李彦等，其阵容完全涵盖了"北宋六贼"中的所有奸佞。蔡氏父子在东京有宅园数处，其内花木繁茂、径路交互，用陆游的话来说就是"宏敞过甚"②。蔡京的园林中藏纳了不少花石纲苛扣下来的景石，其诗《与范谦叔饮西园》中自叙到园内掇山垒石至于"三峰崛起无平地"的程度。宣和七年（1125），完颜宗望率军进攻东京西水门时，蔡京宅园中的景石还被抗金名臣李纲下令投入汴河之中抵挡金兵，可以想象其园中景石的体量与数量③。王黼在东京也有两座宅园，"穷极华侈，垒奇石为山，高十馀丈……以巧石作山径，诘屈往返数百步，间以竹篱茅舍，为村落之状"。④ 王黼宅园又与梁师成的园林相邻，两人相互勾结，花石纲运来的"铅松怪石，珍禽奇兽"多半"充于内囿"、"布于外宫"，"四方珍异，悉入于二人之家，而入尚方者才十一"⑤。而童贯、朱勔、李彦等其余官吏也都受惠于花石纲，所获佳木奇石置于自家园林，情况与蔡、王、梁等人大抵无异。

　　而在北宋政权倾覆之际，艮岳中的景石部分被凿成小块儿，以作投石机石炮之用。但更多的石头则有幸被保留了下来。宋人庄绰记："渊圣即位，罢花

①　周密：《癸辛杂识》，北京：中华书局1988年版，第15页。
②　陆游：《老学庵笔记》，李剑雄、刘德权点校，北京：中华书局1979年版，第106页。
③　周宝珠：《宋代东京研究》，开封：河南大学出版社1998年版，第457页。
④　徐梦莘：《三朝北盟会编（甲）》，台北：大化书局1979年版，第304—305页。
⑤　王称：《二十五别史·东都事略》，济南：齐鲁书社2000年版，第906页。

石纲,沿流皆委弃道傍。"①范成大也记东京汴河中"卧石磊块,皆艮岳所遗"。② 可见很多景石是被弃之荒野了。还有很多品相较好的景石则被金人运走。皇统元年(1141),金熙宗下令采集北宋御苑中的景石,命人用车转运至北京一带,作为金代皇家园林的景观用石,或者进一步流入北方其他私家园林之中。无论是被运走还是被弃置,艮岳花石纲的遗石都为景石的流通创造了条件,使得私家园林的山石造景有了更多可取之材。

三、理水技艺的发展

(一)引水

无论古今,园林的水体设计首先需要考虑水源问题。在两宋期间,除个别园林采用地下水外,多数园林水景的水源都基本来自河流及湖泊。郊区的庄园别墅一般临水而建,城市内部的皇家园林或私家宅园则多选择从市政河道引水入园。

对于江南地区而言,城市内部水网密布,水源充足,而临安更是毗邻西湖,大量园林引水于西湖或直接以西湖为景。而对于中原地带,虽然水源相对稀少,但城市内基本都有河流穿城而过,且政府常因城市漕运及生活用水的需求而对市政河流进行整治,因此也基本能够满足园林中景观用水的水源问题。以东京为例,城内有汴河、惠民河(蔡河)、广济河(五丈河)、金水河四条主要河道。除此之外,城内还设有密布交织的水渠网络。《续资治通鉴长编》卷104记载天圣四年"新旧城为沟注河中,凡二百五十三"③(仁宗天圣七月丙寅),在城中开挖水渠二百五十三条,与市政河道相沟通。这些沟渠可用于园林引水,但前提是不能拥堵渠道,否则将按违章建筑拆除。如《宋史》卷三百一十六"包拯传"载:"中官势族筑园榭,侵惠民河,以故河塞不通。适京师大

---

① 庄绰:《鸡肋编》,北京:中华书局1983年版,第74页。
② 范成大:《范成大笔记六种》,孔凡礼点校,北京:中华书局2002年版,第13页。
③ 李焘:《续资治通鉴长编(第4册)》,北京:中华书局2004年版,第2414页。

水,拯乃悉毁去,或持地券自言,有伪增步数者,皆审验劾奏之。"①

南宋理学家朱熹留有一名句:"半亩方塘一鉴开,天光云影共徘徊。问渠那得清如许?为有源头活水来。"(《观书有感》)此诗被文学家视为极具哲理的诗学名作,但其同时也蕴含了宋人园林引水的基本原则。

除为主体水景提供水源的作用外,宋人常依据一些其他方面的功能或景观需求对引水的沟渠作出设计,具体包含以下几种情况。第一种情况是不做特殊处理,直接以渠的形式出现。如司马光独乐园中环绕中庭的水渠,李迪松岛中引水的水渠,魏了翁《北园记》描绘的连接方塘的水渠,刘宰《野堂记》中引泉而做的水渠等。部分设有田地的园林也将水渠引入田中,以方便灌溉。第二种情况是将水渠做成自然溪流的形式。这种情况较为普遍,城市宅园及郊野别墅中都有大量出现。第三种情况是将沟渠两岸筑高,或在其侧堆筑山石,使其形成深涧的形式。如朱长文乐圃中的西涧、洪适盘洲的蒼葍涧等。第四种情况是利用高差将水渠做成瀑布,但这种情况在一般的私家园林中较为少见,只在艮岳这样的大型皇家园林中有所运用。第五种情况是将水渠做成曲水流觞。多数园主都倾向于在曲水流觞之上架以亭榭,作为流杯亭或流杯堂,但流杯亭或流杯堂中的水渠多为石刻。也有园主直接利用园林中的水渠做成露天形式的曲水流觞,如洪适的盘洲,不仅将水渠做曲,还在其上垒筑假山,酒杯从假山下的水渠流出。第六种情况是将水渠稍微疏宽,在渠中或渠岸设置汀石或土丘,形成一个钓鱼的场所。第七种情况也只出现于大型的水景园林之中,即在渠边设置棚架,作为码头或者休憩的场所。

(二)汇水

汇水是园林理水的核心。多数园林都采用凿池的方法将水源汇集起来,形成园林水景的核心部分。而所凿水池的形态则分为规则式与自然式。值得注意的是,在明代末期以及清代的园林中,由于造园家对规则式水池设计的排挤,导致了自然形态的水池以压倒性的优势出现于明清园林之中。如明末叠

---

① 脱脱:《宋史》,北京:中华书局2000年版,第8310页。

山大师张南垣在处理水池时主张"方圹石泇,易以曲岸回沙",以曲折自然的驳岸取代方形的设计。造园大家计成也在《园冶》中写道:"峰虚五老,池凿四方……时宜得致,古式何裁?"①可见,计成也认为规则形式的水池虽然在古时相得益彰,但对当下的园林设计却没有太大意义。因此,自然式的水池设计在明末之后得到了大力的推广,形成了中国古典园林"虽由人作,宛自天开"的代表形象之一②。然而在宋代,规则式的水池设计与自然式并没有高下之别,且规则式的水池设计在宋代还非常流行,留下了大量的文献记载。因此,对宋代园林汇水手法的理解首先需要回避明清园林所带来的先入为主的主观印象。

规则式的水池设计主要包括方形与圆形。方形水池在北宋皇家园林中出现最多。如东京城内的金明池,张择端《金明池争标图》一图直观地描绘出了该池几近四方的形态。琼林苑于金明池相对,也设有方池。孟元老《东京梦华录》记:"南过画桥,水心有大撮焦亭子,方池柳步围绕,谓之虾蟆亭。"③艮岳之中也有方形水池。徽宗《御制艮岳记》记载艮岳万松岭上下设有两关,"出关,下平地,有大方沼,中有两洲,东为芦渚,亭曰浮阳;西为梅渚,亭曰云浪。沼水西流,为凤池;东出为砚池。"凤池与砚池虽无法判断其形制,但大方沼则应该就是方形的水池。瑞圣园也疑有方池,虽没有记文论证,但曾巩曾在诗中写该园"方塘潋潋春光绿,密竹娟娟午更寒"。宅园、别墅中也多有方形水池的设计。如司马光独乐园弄水轩北的池沼,朱熹观书第中的半亩方塘,周必大玉和堂前的水池,卢允升西湖宅园中的方池"花港观鱼"等。

正圆、椭圆或半圆形也是两宋水池设计的常见形态。北宋政和三年(1113)徽宗在造延福宫之时便采用了圆池的设计。《宋史·地理志一》记:"宫之右为佐二阁,曰宴春,广十有二丈,舞台四列,山亭三峙。凿圆池为海,跨海为二亭,架石梁以升山,亭曰飞华,横度之四百尺有奇,纵数之二百六十有

---

① 计成:《园冶注释》,陈植注释,北京:中国建筑工业出版社 2006 年版,第 206 页。
② 鲍沁星:《两宋园林中方池现象研究》,《中国园林》2012 年第 4 期。
③ 孟元老:《东京梦华录笺注(下)》,伊永文笺注,北京:中华书局 2006 年版,第 683 页。

七尺。"可见该池为椭圆形状,长轴四百余尺,纵轴二百六十七尺。池上设桥、亭,还有以石梁架构的假山。宋人邓牧《伯牙琴·雪窦游志》中记雪窦上一园邻靠寺庙,"因桥为亭,曰锦镜,亭之下为圆池,迳余十丈,植海棠环之。花时影注水浃烂然,疑乎锦,故名。"可见该园设有一直径十余丈的圆形水池,跨池设有亭桥。庆元府郡圃在南宋开庆年间也有一圆池。《开庆四明续志》卷二记郡圃中有两棵古桧柏,枝干交错,湮灭于墙瓦之下。"一日忽闻桧下泉声涓涓然,亟疏凿之。泉流如注,遂取桧间甃,为圆池。因营摺廊五间,左右二桧为憩息之所,环以桧屏,翳然有濠间之想。"

除了单独的方池、圆池之外,还有少量园林采用了方圆搭配的汇水手法。传闻李白在济宁的浣笔泉就是一方一圆的设计,清人王琦在《李太白集注》中写道:"浣笔泉在济宁州城东阙外,去会通河不数武,出土中一方池一圆池,相传李太白浣笔处。"两宋期间也出现有方圆结合的水池设计。《汴京遗迹志》卷八中就记载到东京南薰门外玉津园旁就有一地称为"方池园池",并称是"宋帝临幸游赏之所"。洪适的盘洲中也有类似的设计,《盘洲记》中写道:"方其左为'鹅池',员(圆)其右为'墨沼','一咏亭'临其中。"可见其鹅池、墨沼,一方一圆,二池之间还设有一亭。

规则式的水池设计最早可以追溯至西周时期的"辟雍"及"泮宫"。辟雍即是西周的"大学"。《白虎通义·辟雍》说:"辟者璧也,象璧圆又以法天也;雍者,雍之以水,象教化流行也。"《新论·正经》也说:"王者作圆池如璧形,实水其中,以环雍之,故曰辟雍。"因此,辟雍的形制就是圆形水池中心设一台地,西周时期的大射之礼还常常在辟雍的水池中乘船举行,也有说法认为周文王的灵沼就是指辟雍的圆形水池。泮宫是诸侯的教育场所,《礼记·王制》说:"天子曰辟雍,诸侯曰泮宫。"[①]相比辟雍,泮宫的水池(即泮池)一开始并没有固定的形制。《水经注·泗水》卷25记载鲁国泮宫中的两个矩形水池:"台南水东西一百步,南北六十步。台西水南北四百步,东西六十步。台池咸结石为

---

① 陈澔注:《礼记》,金晓东校点,上海:上海古籍出版社2016年版,第145页。

之,《诗》所谓思乐泮水也。"①《孔氏祖庭广记》中的"鲁国图"也直观印证了这一说法(图4.7)。据考证,从汉至元,除少数特殊案例外,泮池的做法一直都以方形为主。直至明人王圻采纳了汉儒"辟雍水环如璧,泮宫半之"的观点,在其《三才图会·宫室》中确定了半圆形的泮池形制,此后一直延续至清朝②。

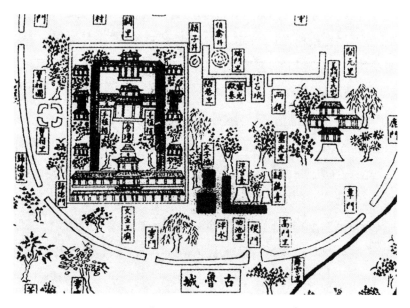

图4.7 鲁国图中的泮池(黑色部分)③

唐人杨师道《咏砚》诗云:"圆池类璧水,轻翰染烟华。"宋人董养贤也云:"面学有池,古也。古者学宫莫不拥水环之,以象德教流行也。"④因此,园林之中方池圆池的形态极有可能就是对辟雍、泮宫的摹写,以寓意教化。而园林的景观布局以及景题的命名也反过来印证着这一说法。多数宅园的布局都将书房面向水池,典型如朱熹之观书第前的半亩方塘。大量园主还将园林池沼冠以"墨"、"砚"、"洗笔"、"浣笔"等题名,教化意图更显而易见。

---

① 郦道元:《水经注校正》,陈桥驿校正,北京:中华书局2013年版,第569—570页。

② 张亚祥、刘磊:《泮池考论》,《古建园林技术》2001年第1期。

③ 曹婉如等:《中国古代地图集(战国—元)》,北京:文物出版社1990年版,图51。

④ 董养贤:《韶州府学记》,载曾枣庄、刘琳主编:《全宋文(第47册)》,上海:上海辞书出版社、合肥:安徽教育出版社2006年版,第52—53页。

　　自然式的水池也是两宋园林中惯常出现的设计手法,其具体又包括两种具体情况。其一是园林本身就靠近天然的江河湖海,因此取其驳岸稍作整治。此类园林大多地处市郊乡野或风景名胜。如洛阳城外的北水、胡氏二园便是倚河造景,《洛阳名园记》记:"北水、胡氏二园,相距十余步,在邙山之麓,瀍水经其旁,因岸穿二土室,深百余尺,坚完如埏埴,开轩窗其前,以临水上。水清浅则鸣,漱湍瀑则奔驶,皆可喜也。"苏舜钦在平江城郊的沧浪亭也是一座倚靠自然水景的园林,《沧浪亭记》描述其"三向皆水也","草树郁然,崇阜广水,不类乎城中"①。吴儆在歙州新安的竹洲则是直接以湿地中的滩涂为园林,《竹洲记》中道:"因其地势窪而坎者为四小沼,种菊数百本周其上,深其一沼以畜鱼鳖之属,备不时之羞,其三以植荷花菱茨,取象江村之景,且登其实以佐觞豆。"②可见也是对天然形成的四个水池进行了稍微地休整。皇家园林方面,由于宋代没有离宫,而东京周围又没有大型的自然水体,因此直到宋室南渡之后才大量出现自然水景园。在临安,集芳园、聚景园、延祥园、琼华园、玉壶园、屏山园等大量皇家园林环绕西湖湖岸而建,"俯瞰西湖,高挹两峰;亭馆台榭,藏歌贮舞;四时之景不同,而乐亦无穷矣"③。

　　第二种情况是人工开凿的自然式水池,多见于城市宅园。洛阳虽有伊、洛、瀍、涧四水穿城而过,但却没有大型的天然湖泊。因此,洛阳城中大量以池沼为盛的城市宅园,其水景基本都是人力所为。诸如环溪、湖园、松岛、独乐园、文潞公东园等园,其中皆含人工开凿的自然式水池,部分还可以泛舟于其内。东京的自然条件与洛阳相似,园林水景只能通过凿池引渠而来。虽然关于东京城市园林的文献记载极为简略,但部分语句仍可透露出自然式水池设计的几个案例。如北宋权相蔡京的西园,其诗云:"三峰崛起无平地,二派争流有激湍。极目榛芜唯野蔓,忘忧鱼鸟自波澜。"另外诸如童贯、王黼、梁师成

---

　　① 苏舜钦:《沧浪亭记》,载曾枣庄、刘琳主编:《全宋文(第41册)》,上海:上海辞书出版社、合肥:安徽教育出版社2006年版,第83—84页。
　　② 吴儆:《竹洲记》,载曾枣庄、刘琳主编:《全宋文(第224册)》,上海:上海辞书出版社、合肥:安徽教育出版社2006年版,第120—122页。
　　③ 吴自牧:《梦粱录》,杭州:浙江人民出版社1980年版,第176页。

等受惠于艮岳花石纲的宦官,各自园林无不穷极奢华,其中必有自然式的水池设计。平江城内的乐圃也有人工开掘的自然式池沼,虽然乐圃是在五代时期吴越广陵王钱元璙"金谷园"旧址上建,但其西侧的水景及西圃一带属后建,极可能为园主朱长文请人凿成。另外,北宋皇家山水园林中的水景也大多属于人工开凿,特别是皇城后苑一带,护城河北段景龙江的开凿使得其两岸的撷景园、撷芳园、延福宫、艮岳等御苑得以解决水源问题,塑造大面积的天然水景。

无论规则式还是自然式,多数园林水池中均有设置诸如亭、桥、岛、堤、石山等构筑物,其中以挑出水面的亭、横跨水面的亭桥以及池中筑岛三者较为普遍。这些设计基本都以景观需求为设计初衷,摆脱了仙苑园林式的求仙思想。即使是与道教关系密切的艮岳,其核心水景的设计也没有采用一池三山的做法,而是在池中堆筑"芦渚"、"梅渚"两座以自然植物造景为设计初衷的小岛,相反只在园北一侧尺度较小的池沼中设置"蓬壶"一岛。

四、治水工程对景观的改造

两宋期间的史籍留下了大量赵宋王朝对河流湖泊的疏浚整治记录,据统计[1],宋代以来至少有 496 项水利工程收到了明显成效,相对于唐代 91 项的数据而言可谓是一个质的飞跃。这些治水工程不仅仅解决了水患防治、交通运输、农业灌溉、生活用水等问题,同时也营造了理想的城市或郊野性质的湿地景观,成为宋人休闲娱乐的公共场所,与园林密切相关。

(一)河流的治理

从整治对象上看,两宋期间的治水工程主要分为河流的治理与湖泊的治理。河流的治理可举东京为例。东京城内有四条主要河流,汴河、五丈河(广济河)、蔡河(惠民河、闵河)、金水河(天源河)。前三者的主要功能是漕运。《宋史·食货志》记:"宋都大梁,有四河以通漕运:曰汴河,曰黄河(东京城

---

① 李约瑟:《中国科学技术史:第一卷·导论》,上海:科学出版社、上海古籍出版社 1990 年版,第 139 页。

外),曰惠民河,曰广济河,而汴河所漕为多。"按年度计算,汴河漕运量600万石,广济与惠民二河则分别为62万及60万石①。为保证漕运顺畅,避免河水决堤侵田,政府常采取清淤疏浚、兴修水阀、凿渠分流、木岸狭河等方式对河流进行治理,其中以木岸狭河最具时代特色。木岸即木质驳岸,以乔木枝干相捆,固定于河水两岸,使河道变窄,从而加快水流,以便运输。从历史文献上反映,木岸的做法在东京较为普遍,《续资治通鉴长编》记:"自京至泗州置狭河木岸,仍以入内供奉官史昭锡都大提举,修汴河木岸事。"②宋祁《惠民堤河晚瞩》诗云:"行舟压天底,卧木拥沙痕。"可见汴河及蔡河都有木岸的做法。

金水河不通漕运,原本只是为解决生活用水而开挖的河流,但后来却与园林发生了密切的联系。

> 金水河一名天源,本京水,导自荥阳黄堆山,其源曰祝龙泉。
>
> 太祖建隆二年春,命左领军卫上将军陈承昭率水工凿渠,引水过中牟,名曰金水河,凡百余里,抵都城西,架其水横绝于汴,设斗门,入浚沟,通城濠,东汇于五丈河。公私利焉。乾德三年,又引贯皇城,历后苑,内庭池沼,水皆至焉。开宝九年,帝步自左掖,按地势,命水工引金水由承天门凿渠,为大轮激之,南注晋王第。真宗大中祥符二年九月,诏供备库使谢德权决金水,自天波门并皇城至乾元门,历天街东转,缭太庙入后庙,皆甃以礲甓,植以芳木,车马所经,又累石为间梁。作方井,官寺、民舍皆得汲用。复引东,由城下水窦入于濠。京师便之。③

这段记录说明了金水河早在太祖赵匡胤时期就是后苑皇家园林的主要水源,真宗时期又成为太庙的水源。除了皇家园林之外,官僚及百姓还都可以使用。此外,金水河在太宗时期还先后成为金明池、琼林苑的水源,徽宗时期又

---

① 周宝珠:《宋代东京研究》,开封:河南大学出版社1998年版,第165页。
② 李焘:《续资治通鉴长编(第8册)》,北京:中华书局2004年版,第4448页。
③ 脱脱:《宋史》,北京:中华书局2000年版,第1574页。

成为延福宫、艮岳诸园的水源,可谓是东京景观用水的首要河道。

东京城内的河流泥沙含量较大,河道两岸多由淤泥堆积而成,土质疏松。为巩固河岸,政府多采用堤岸植树的方法,通过植物根系的生长来巩固驳岸土壤。如北宋期间的"总京城四排岸"谢德权,专门负责河岸的整治。谢首先令人清掏两岸的沙土,"沙尽至土为垠",又另人"植树数十万以固岸"(《宋史·列传》第六十八)。东京城市的主要河道、沟渠以及护城河两岸都种有乔木。周宝珠《宋代东京研究》指出自宋初以来,政府都陆续下诏要求在城内四大河流的沿岸广植榆、柳①,孟元老《东京梦华录》载御街渠道"尽植莲荷,近岸植桃李梨杏",护城河则"濠之内外,皆植杨柳"②。这种植树固岸的方法为东京的城市绿化做出了极大的贡献,其与行道树的种植一同形成了东京纵横交错、相互连通的城市绿道。

(二)湖泊的治理

宋廷对湖泊的整治可举临安西湖为例。西湖是钱塘江常年以来泥沙堆积于湾口因而形成的一个潟湖,湖底较浅,容易大量滋生湿地植物,促使西湖沼泽化。因此,历代对西湖的治理都集中在清除葑草、疏淤蓄水等工作上。南宋期间西湖所展现出来的秀美的湖光山色,实际上是晚唐、吴越、北宋、南宋几个时期以来湖水整治的成果。

两宋是西湖整治的高峰时期。景德四年(1007)及庆历元年(1041)间时任郡守王济、资政殿学士郑戬分别对西湖进行过疏浚,但最有成效的还是苏轼任职杭州期间开展的整治工作。从熙宁五年(1072)至元祐四年(1089),西湖的葑田已经从占据湖面十分之二三的面积扩大到了二分之一,如再不整治,西湖则将完全沦为沼泽。于是苏轼以《乞开杭州西湖状》一书上奏哲宗,请求对西湖开展整治。元祐五年(1090),苏轼率民二十万,清除葑草,疏浚淤泥,共清除葑田二十五万余丈。又利用打捞起来的葑草淤泥砌筑长堤,将湖一分为里、外二湖,堤上建"映波"、"锁澜"、"望山"、"压堤"、"东浦"、"跨虹"六座石

---

① 周宝珠:《宋代东京研究》,开封:河南大学出版社 1998 年版,第 483—484 页。
② 孟元老:《东京梦华录笺注(上)》,伊永文笺注,北京:中华书局 2006 年版,第 78 页。

拱桥,下以沟渠连接湖水。为巩固堤岸,同时又美化环境,苏轼令人于堤上夹植杨柳,同时还建造了九座亭子,将整治工程与美化工程结合一体。另外,苏轼还奏请成立"开湖司"作为西湖整治的专属管理机构,细化了西湖管理的责任制度。

宋室南渡之后,杭州成为国家行都,城市发展进程加快,为西湖的生态环境带来了巨大压力。一方面沿湖居民为图经济效益纷纷栽植菱、荷,侵占湖面,加速了湖泊的沼泽化;另一方面市民将生活污水排入湖中,部分菱、荷种植户还施以粪秽肥沃湖底土壤,造成了西湖水质的严重下降。因此,南宋以来对西湖的整治越加频繁,从绍兴九年(1139)至祥兴元年(1276)的一百余年间共开展了七次大型的治水工程①。除了重视湖岸与水质的治理,南宋政府也极为重视市民游憩环境的营造。每年二月,政府都开支二十万贯,"委官属差吏雇唤工作,修葺西湖南北二山,堤上亭馆园圃桥道,油饰装画一新,栽种百花,映掩湖光景色,以便都人游玩。"②这些公共园林建设的同时也刺激了皇室、官僚、僧道在西湖周边开园凿池的风尚,其一同营造了西湖片区的山水竞秀的自然景观以及意蕴深厚的文化景观。

小　结

在国家科学文化迅速崛起的时代背景下,宋代构园技艺相较隋唐而言已经脱离青葱,转而迈入成熟阶段。其在各要素上的具体革新分别如下。

植物造景方面,宋代园艺学所取得的举世成就即便是在中国通史之中也是尤其瞩目的。这一时期诞生的园艺理论著作相比唐代而言增幅达到十余倍之多,这些著作在内容上共同反映了宋人从植物的栽培管养到新品种研发所掌握的一套体系完整、内容翔实、涉猎广泛的先进园艺技术。在技术条件的保障下,宋代园林植物种类丰富,出现了大量南方、西域、海外引进的奇芳异草,

---

① 林正秋:《杭州西湖历代疏治史(下)》,《现代城市》2007 年第 4 期。
② 吴自牧:《梦粱录》,杭州:浙江人民出版社 1980 年版,第 6 页。

这些外来植物经过宋人的养护、驯化后已基本适应当地气候。园林植物的发展同样也体现于文化维度。在宋代理学思想的浸润下，植物的文化寓意由迷信转变为比德。伴随着唐宋审美品位由富贵向清雅的转向，形象冷艳的梅花一时取代牡丹成为宋代最具代表性的园林植物。园林动物培育的发展虽然没有植物那样突出，但其变化同样是不容忽视的。譬如金鱼、绿毛龟的养殖及人工培育，鹤、孔雀、白鹇等禽鸟的饲养经验总结，均是中国园林动物造景技艺的重要进展。

建筑景观方面，两宋在建筑设计、技术、装饰、工程、管理多个方面收获的成果使中国古代建筑迎来了其历史进程上的"伟大创造"的时代。据北宋官修建筑工程法典《营造法式》反映，宋代建筑在大木作、小木作、石作、砖瓦作等多个方面均取得了结构力学或材料加工方面的科技进步，建筑施工对材料及劳力的预算已经实现量化规范。在礼制层面，宋廷所采用的建筑等级制度具有愈渐细致的发展趋势。以官式建筑为代表，其虽在整体上分为殿阁、厅堂、余屋三大类型，但各类建筑依情况不同又至少划分了八个等级的大木用材，建筑形态也随其等级的分化而表现得更加多样。在建筑风格上，北宋虽然定都中原，但却不断向江南地区引进建筑工匠，充分吸收南方建筑技艺，促进了中国南北建筑的再度融合。南宋之后全国政治、经济中心南移，江南建筑更在朝、野两大舞台上大放异彩。因此，两代建筑相比李唐时期而言由硕大魁伟转变得纤靡轻盈，建筑修饰气息渐郁，但又与冷艳清雅的时代审美特征相吻。

叠山方面，两宋时期的山石造景是整部中国造园史的重要转折，其为明清园林掇山垒石树立了先范。北宋之后，隋唐所盛行的单纯用于静置观赏的小型石山、盆山逐步被可以跻攀登眺的叠石或土石相间的大型假山取代。晚唐以来形成的写意追求也在宋代文人的建树下进一步加深，出现了瘦、皱、漏、透、丑等景石品评的美学标准。以《云林石谱》为代表的一系列极具地学思维的石论著作也在此时应运而生，首次将园林用石提升至理论高度。宋徽宗统治以来，花石纲及艮岳的经营极大程度上刺激了景石的开采与流通。自此之后，园林山石造景的运用更加频繁。理水方面，自然式与规则式的水景设计同时构成了宋人园林理水的两大方式。自然式包括借助河流、湖泊等天然水系，或人工模拟沼、溪、涧、瀑、汀、津等水文形态。规则式则主要为直渠、曲渠、方池、圆池（含椭圆及半圆池），其中方池、圆池的设计在源起上具有丰富的文化内涵。此外，开展曲水流觞的流杯渠也是园林水景中的一个重要构成，其形态即有自然的溪泉形式，也有规则的曲渠形式。最后，伴随两宋数以百计的大型治水工程，滨水景观的改造也被诸多官士提上议程，极力鞭策依傍于江河湖泊的风景名胜的兴修建设。

结合宋人在构园技艺上取得的进展，宋代园林在景观构成的整体印象上已与明清时期并无二致，明清园林中出现的植物、惯用的动植物造景方式、建筑及构筑物的形态与功能、山石造景的艺术原则、水体的处理方法基本都能在宋代园林中找到呼应。虽然园林经营的专业理论在此时还没有出现，但其各构成要素的专门著作已经相继诞生。故此，中国传统园林的营造在宋代首次反映出了构园技艺的成熟特征。

第五章　审美趣味之变

　　两宋是中国式的封建文化发展顶峰,以儒家为主干融合道释的意识形态成为中国的统治文化。与之相关,两宋也是中国美学、中国艺术发展的高峰,中国古典美学理论至此基本成熟,这种美学理论的核心是士大夫的审美趣味。宋代的士大夫既不是纯粹的儒家,也不是纯粹的道家,更不会是纯粹的佛家,多为整合儒道释三家以儒为本且多混迹官场的知识分子。这种审美观既体现在文学、艺术之审美之中,也体现在园林的审美之中,其中主要体现为"'乐'的雅俗共兼"、"'隐'的名过其实"、"'野'的人文渗透"、"'清'的多义蕴含"。

第一节　"乐"的雅俗共兼

　　"乐"是中国园林美学中的一个核心概念,其自先秦至明清以来都一直影响着园林景观的美学品格,如金学智先生所言:"在中国造园史和游园史上,'乐'字总是一以贯之的。"①的确,"乐"始终贯穿于园林历史发展的历程之中,但"乐"的内涵却并非是一成不变的。在唐宋以前的美学思想史中,"乐"虽源发于情感,但最终却通向于一种极致的人生境界,是一个远远高于世俗的美学概念。然而在人本情怀日益浓郁的两宋时期,这一概念经过宋代文人士大夫的扬弃与重构之后与世俗生活发生了亲和关系,尤其是在两宋造园思想

---

　　① 　金学智:《中国园林美学》,北京:中国建筑工业出版社 2005 年版,第 421 页。

中,"乐"基本脱离了绝食人间烟火的圣贤气象,转而变得更加人性、更易践行,最终形成了亦雅亦俗、雅俗共兼的宋型尚"乐"美学思潮。

一、作为人生境界的"乐"

先秦以来,儒家与道家都出现过以"乐"为话题的哲学讨论。儒家论"乐"以孔子、孟子作为表率。《周易·系辞上》提出了"乐天知命,故不忧"①的乐天精神,这一精神构成了孔子"乐"论的标志体现。乐天的前提是"知命",其表现为:其一,知天地之道,既因为理解了世界的客观规律而快乐,也能从其认知、体悟过程中发现快乐。叶公向孔子的学生子路打探孔子,子路没有作答。后来孔子得知后告诉子路:"女奚不曰,其为人也,发愤忘食,乐以忘忧,不知老之将至云尔。"②"发愤忘食"并不仅指狭义上的努力学习,而是对天地之道的体察,观物而致知。正因为能从这种体察活动中发掘乐趣,在以"乐"作动力的情况下自然而然地达到了废寝忘食的境地。所谓"学而时习之,不亦说乎"③,致知的乐趣是人之本性,不需要任何功利目的。其二,知人事之道,树立了超然的人生信念,并在其坚持、贯彻的过程中发现快乐。这一点以孔子的学生颜回表现最为突出,"一箪食,一瓢饮,在陋巷,人不堪其忧,回也不改其乐。"④一般而言,"乐"的情感在世俗层面上多数来自于物欲的满足。箪食、瓢饮、陋巷显然是对物欲的背弃,但这种背弃并没有减少或改变颜回之乐,可见这种乐趣是凌驾于世俗之上的。《论语·述而》曰:"饭疏食饮水,曲肱而枕之,乐亦在其中矣。不义而富且贵,于我如浮云。"⑤可见,孔子倡导的人生乐趣超越了富贵的囹圄,表现出安贫乐道的乐观态度。这一态度被宋代理学家们大肆发挥,构建了"孔颜乐处"的理学话语。孟子的乐论则着重强调"王之乐"与"君子之乐",表现出了强烈的社会意识。"王之乐"的内容主要是"与

---

① 《周易》,杨天才译注,北京:中华书局2016年版,第339页。
② 《论语》,陈晓芬译注,北京:中华书局2016年版,第85页。
③ 《论语》,陈晓芬译注,北京:中华书局2016年版,第2页。
④ 《论语》,陈晓芬译注,北京:中华书局2016年版,第68页。
⑤ 《论语》,陈晓芬译注,北京:中华书局2016年版,第84页。

民同乐"。"乐民之乐者,民亦乐其乐;忧民之忧者,民亦忧其忧。乐以天下,忧以天下,然而不王者,未之有也。"①在《孟子·梁惠王》的篇章中,孟子通过"管弦之乐"、"田猎之乐"、"苑囿之乐"的例举诉诸"独乐不若众乐"的命题。这种"与民同乐"的政治祈愿在后世逐步发展成为士大夫积极入世的政治信条。"君子之乐"的内容则主要是社会生活的伦理教化。孟子曰:"君子有三乐,而王天下不与存焉。父母俱存,兄弟无故,一乐也;仰不愧于天,俯不怍于人,二乐也;得天下英才而教育之,三乐也。"②分别提出了"孝悌之乐"、"道德之乐"与"教育之乐"三个维度。可见,无论是"王之乐"还是"君子之乐",孟子对"乐"的解读始终紧密围绕着人与人之间的社会关系,通过对乐的概念建构来把控家庭、社会、国家的意识形态。

庄子通过对最高级别的"乐"——"至乐"概念的求证后,得出了"至乐无乐"的理解。世人所追求的无非富贵名利、健康长寿,所喜好的无非由服饰、音乐、美食等带来的视觉、听觉、味觉等官能方面的美好体验,而"乐"或"不乐"则取决于现实情况与这些追求、喜好是否背离。庄子认为,这种世俗"乐"观是不可取的。以透支身体换来富贵却无福消受,期盼健康长寿但却在年迈之时成日忧虑死亡的到来,此类以"形"之劳损换来的乐趣都谈不上是"至乐"。庄子说:"吾以无为诚乐矣,又俗之所大苦也。故曰:'至乐,无乐;至誉,无誉。'"③可见,庄子认为,最高形式的乐趣就是"形"的保存,而获得这种乐趣的方式则是老子所提出来的"无为"。"无为"是通向"至乐"的途径,但想要真正体验"至乐",还需具备一个前提条件。这个前提庄子没有直接下定论,而是通过"鼓盆而歌"的故事来反映。庄子的妻子死了,惠子前往吊丧,发现庄子敲瓦唱歌,自得其乐。惠子斥责道:"你跟她生儿育女、相守至老,如今她死了,你不伤感哭泣就算了,怎么还敲瓦唱歌!"庄子表示,一开始自己当然是伤心难过的。但是后来想想,人之生死就像春夏秋冬的演替,是天地运作的

---

① 《孟子》,万丽华、蓝旭译注,北京:中华书局2016年版,第30页。
② 《孟子》,万丽华、蓝旭译注,北京:中华书局2016年版,第298页。
③ 《庄子译注》,杨柳桥译注,上海:上海古籍出版社2012年版,第164页。

自然规律,因为自然的运作而嗷嗷哭泣,岂不是"不通命"的做法![①] 可见,"至乐"的体验必须具备"通命"的前提,这与儒家"乐天知命"相似,但根本的区别是,庄子"至乐无乐"的哲学建构通向了保全形体,"至乐活身"的生活观照。西汉《淮南子·原道训》对先秦道家的"无为至乐"又作出了进一步发展,提出了"以内乐外"及"以外乐内"两种取乐方式。"以外乐内"即是通过钟鼓管弦、陈酒行觞取乐,这种方式"乐作而喜,曲终而悲。悲喜转而相生,精神乱营,不得须臾平",表面上获得了乐趣,实质则劳形伤身。而"以内乐外"则是"不以身役物,不以欲滑和",为欢不欣、为悲不慑才是获取"至乐"的真谛,"能至于无乐者,则无不乐;无不乐,则至极乐矣!"[②]

虽然儒道两家对"乐"的释义有不同侧重,前者偏向道德及社会责任,后者强调自由及生命形体,但其在乐的方法论上秉持着相同的观点,均提倡将人生乐趣建立于荣辱富贵的世俗乐趣之上。这种"乐"在范畴上已经超越了情感,是古代知识精英构建出来的人生境界,其以超脱世俗的哲学体悟为要求,被提升到了常人无法企及的高度。

二、"乐"境的外化表现

"乐"的境界虽然高于生活,但也存在环境审美方面的外化表现,尤其是在儒家思想中。《论语·雍也》所提出的"知者乐水,仁者乐山"[③]是将君子"乐"境外化于环境审美的最突出的代表。"智水仁山"的内涵并非真正在于"智慧者以玩水为乐,仁德者以游山为乐"的字面意思。"智水仁山"之所以被称为"比德"思想,缘由即是其本义在于诉诸"智"和"仁"的人生境界。这一境界虽表现为山水审美之乐,却又高于普通人的游山玩水。《论语·先进》所塑造的"曾点气象"有着类似的含义。孔子与其学生子路、冉有、公西华、曾点讨论志向,前三者都表达了为官入仕的政治意愿,孔子对此都保持着不可苟同

---

① 《庄子译注》,杨柳桥译注,上海:上海古籍出版社 2012 年版,第 166 页。
② 刘安,《淮南子》,陈静注译,郑州:中州古籍出版社 2010 年版,第 28—29 页。
③ 《论语》,陈晓芬译注,北京:中华书局 2016 年版,第 72 期。

的态度,唯独曾点说道:"莫春者,春服既成,冠者五六人,童子六七人,浴乎沂,风乎舞雩,咏而归。"孔子欣然赞同道:"吾与点也。"①孔子的四名学生均是才德修养出众之人,操持政务于他们而言并非是出乎意料的选择,但修养过人却还能在自然山水中乐此不疲,说明其心志能够畅然悠游于"出"与"处"之间,这才是孔子兴于褒奖的君子"乐"境。

儒家的君子"乐"境不仅可以外化为自然山水的审美乐趣,同时也可外化为园林之乐,只是这种乐趣超越了普适性质的园林游赏之乐,化身成为名君贤臣的"与民同乐"。这种乐趣的释义来源于孟子对"文王之囿"的热烈讨论:

> 孟子见梁惠王,王立于沼上,顾鸿雁麋鹿,曰:"贤者亦乐此乎?"
>
> 孟子对曰:"贤者而后乐此,不贤者虽有此,不乐也。《诗》云:'经始灵台,经之营之,庶民攻之,不日成之。经始勿亟,庶民子来。王在灵囿,麀鹿攸伏,麀鹿濯濯,白鸟鹤鹤。王在灵沼,于牣鱼跃。'文王以民力为台为沼。而民欢乐之,谓其台曰灵台,谓其沼曰灵沼,乐其有麋鹿鱼鳖。古之人与民偕乐,故能乐也。《汤誓》曰:'时日害丧?予及女偕亡。'民欲与之偕亡,虽有台池鸟兽,岂能独乐哉?"②

周文王的苑囿,其在管理上能够与民共享,砍柴者、狩猎者皆可以游,虽方圆七十里而百姓仍觉其小。而齐宣王之苑囿,像是于国家中设立的陷阱,百姓如果猎杀其中的麋鹿则被视同于杀人之罪,故其即使仅方圆四十里,民仍以为大。"文王之囿"的典故虽然是孟子借园林诉诸政治的一个途径,但却在后世的发展中逐渐形成一套统治阶层园林之乐的共同话语。园林游憩虽然在本源上能够引起游园者愉悦情感的发生,但在儒家语境中,皇帝及官僚的园林之乐更应该反映在"乐民之所乐"。这种乐趣再次对自身修养提出挑战,将"乐"从世俗范畴中抽离出来,实现其由情感维度向心性维度的转变。

---

① 《论语》,陈晓芬译注,北京:中华书局 2016 年版,第 147—148 页。
② 《孟子》,万丽华、蓝旭译注,北京:中华书局 2016 年版,第 3 页。

除了"山水之乐"及"与民同乐"之外,儒家君子"乐"境还有一条重要的外化线索——"箪瓢陋巷之乐",也可称为"孔颜乐处",即本书上一小节中所谈到的孔子与其弟子颜回的典故。需要引起注意的是,这一外化方式的成熟更多得益于宋代理学家对其所作出的贡献。周敦颐是第一个将孔颜之乐作为论题抛出的学者。在其代表著作《通书》中,周敦颐发问道:"夫富贵,人所爱者也。颜子不爱不求,而乐乎贫者,独何心哉?"这一问题引发了宋人对这一命题的集中讨论。对于颜子之乐,周敦颐自己的解释是:"天地间有至贵至富、可爱可求而异乎彼者,见其大而忘其小焉尔。见其大则心泰,心泰则无不足,无不足则贵富贱贱处之一也。处之一则能化而齐,故颜子亚圣。"①程颐、程颢解释道:"颜子箪瓢,非乐也,忘也。"②"箪瓢陋巷非可乐,盖自有其乐耳。'其'字当玩味,自有深意。"③朱熹则说:"'乐亦在其中',此乐与贫富自不相干,是别有乐处。"④可见,理学家分别以指代不明的"忘"、"其"、"别"等词汇来解释颜子之乐。这种做法并非是故弄玄虚,而是意在说明这种乐趣只是通过富贵贫贱的超越获取,但其具体的内容则还需自身体悟。"箪瓢陋巷之乐"虽在本义上是"内圣"的表现,而这一话语又同时包含着十分强烈的环境意象,即一个十分简破的居住场所,该意象随着理学家对"孔颜乐处"的推崇而成为了普遍敬重却又不敢妄自涉足的生活理想。

无论"山水之乐"、"与民同乐"还是"箪瓢陋巷之乐",君子"乐"境的外化方式均与园林景观产生着千丝万缕的关系,特别处在儒学日益复兴、园林日益成熟的两宋,尚"乐"的审美意识极其广泛地渗入到宋人的造园思想之中,使"乐"当仁不让地成为宋代园林中最为首要的主题。洛阳之"独乐园"、"安乐窝"、"和乐庵",滁州之"丰乐亭",苏州之"乐圃",相州(今河南安阳)之"康乐园",高邮之"众乐园",饶州(今江西鄱阳)之"同乐园",严州(今浙江建德)之

---

① 周敦颐:《周敦颐集》,梁绍辉等点校,长沙:岳麓书社2007年版,第76—77页。
② 程颢、程颐:《二程遗书》,上海:上海古籍出版社2000年版,第138页。
③ 周敦颐:《周敦颐集》,梁绍辉等点校,长沙:岳麓书社2007年版,第184页。
④ 黎靖德:《朱子语类(第3册)》,王星贤点校,北京:中华书局1986年版,第883页。

"后乐园",兴化军(今福建莆田)之"共乐亭",曲阜之"颜乐亭",东平之"乐郊池亭",河中府(今山西永济)之"乐安庄",东阳之"水乐亭",武义之"内乐亭",成都府之"渊乐堂"等等以"乐"为题的园林实例举不胜举,充分显示了宋代园主对"乐"的极致推崇。这许许多多的园林之"乐"虽源自前代承袭下来的尚"乐"传统,但绝非仅仅停留于对"山水之乐"、"与民同乐"或者"箪瓢陋巷之乐"的标榜,因为"乐"的内涵在宋人不断的推敲之中悄然发生了变化。

三、"乐"在园林中的雅俗共兼

在两宋政治偏安、经济富足的社会环境中,知识精英所推崇的乐趣又从人生境界的范畴落实到了现实生活。富弼《留守太慰相公就居为耆年之会承命赋诗》记:"塞路移君庖,盈车载春醪。献酬互相趣,欢处不知止。"苏轼《携妓乐游张山人园》云:"故将俗物恼幽人,细马红妆满山谷。"陆游《游山西村》曰:"莫笑农家腊酒浑,丰年留客足鸡豚。"宴聚、妓乐、丰收,此等琐碎且世俗的生活乐趣均被当做值得宣扬与回味的内容。而作为生活的载体及内容,园林游赏愈发朝着世俗文化的方向迈进了。

邵雍在洛阳的宅园"安乐窝"算是将"乐"走向世俗的最突出的一个案例。邵雍是与周敦颐、张载、程颢、程颐并称"北宋五子"的杰出理学家,其终身未仕,以教书来维持生计。邵雍初居洛阳时"蓬荜环堵,不芘风雨"[1],可谓贫寒潦倒。其宅园"安乐窝",房屋是王拱辰出资,在五代节度使安审琦的宅基上,利用郭崇韬废宅余材盖起来的,而园林则是富弼令其门客孟约给他买的。熙宁年初实行买官田的法案,安乐窝地契属官田,邵雍无力支付,欲将该园张榜出售,司马光于心不忍,于是又替他买下了地契[2]。在如此穷困的处境下,邵雍却于洛阳城中安贫乐道、安居乐业,与昔日的颜回无异。不过,邵雍所信奉的"乐"却并不是飘在天上的"圣贤之乐",而是一种既不反情感、又不违心性

---

① 脱脱:《宋史》,北京:中华书局 2000 年版,第 9949 页。
② 邵伯温:《邵氏闻见录》,北京:中华书局 1983 年版,第 194—196 页。

的广义"乐"论。邵雍认为,"乐"可以三分,一是自然世俗的"人世之乐",二是伦理教化性质的"名教之乐",三是格物致知性质的"观物之乐"①。三者虽然品格述异,但并不是负面消极的,只不过是人各有所取罢了。"安乐窝"的造园思想中就充分体现了邵雍广义"乐"论的内涵。邵雍借园林将"乐"与"窝"结合,从抽象联系具体,大雅联系大俗。"窝"原指穴居、巢穴,邵雍用"窝"来指代自己的宅园,意在渲染其园景虽简,但却富于归属感。邵雍曾留有吟咏安乐窝园景的诗句:"南园临通衢,北圃仰双观。虽然在京国,却如处山涧。清泉篆沟渠,茂木绣霄汉。凉风竹下来,皓月松间见。面前有芝兰,目下无冰炭。"②从中大致可以判断安乐窝分南园、北圃两部分,园中有清泉,但其余多数都是植物造景,连无山池亭榭等简单的园林构筑都没有。邵雍说:"所寝之室,谓之'安乐窝',不求过美,惟求冬暖夏凉。"③这种安贫乐道的精神迎来了后世无数文人造园家的刻意追求。邵雍《安乐窝铭》曰:"安莫安于王政平,乐莫乐于年谷登。王政不平年不登,窝中何由得康宁。"④这段铭文一共反映出了两个信息:其一,与儒家治国思想相同的是,"安乐窝"的主题思想与国家社会紧密联系;其二,与儒家治国的主流言论不同的是,"安乐窝"在主旨上完全出发于一个市民视角。不同于孔孟、老庄,邵雍首先肯定的是世俗维度的"人世之乐","乐于年谷登"就属于这种因农田丰收而带来的最普通的快乐。虽然这一市民视角在客观成因上源自邵雍的布衣身份,但其却能在社会主流文化都在诉诸精英阶层的入世以及出世之"乐"时给予了市民阶层最基本的人文关怀。邵雍在《乐乐吟》一诗中歌颂道:"吾常好乐乐,所乐无害义。乐天四时好,乐地万物备,乐人有美行,乐己能乐事,自数乐以外,更乐微微醉。"正是由于其对待"乐"的包容态度,邵雍在洛阳的交际圈涉及官僚士流、

---

① 邵雍:《伊川击壤集》,北京:中华书局 2013 年版,第 2 页。
② 邵雍:《伊川击壤集》,北京:中华书局 2013 年版,第 224 页。
③ 邵雍:《无名公传》,载曾枣庄、刘琳主编:《全宋文(第 46 册)》,上海:上海辞书出版社、合肥:安徽教育出版社 2006 年版,第 69—71 页。
④ 邵雍:《安乐窝铭》,载曾枣庄、刘琳主编:《全宋文(第 46 册)》,上海:上海辞书出版社、合肥:安徽教育出版社 2006 年版,第 68 页。

诗人哲人、子弟小辈①，其"安乐窝"的影响范围也更为广阔。据《宋史》记载，邵雍每逢出游归来后，洛阳士大夫都遣童孺厮隶争相迎接，邀其至家中短住。更有甚者仿其居所在自家建"窝"，称"行窝"，供邵雍留宿②，其园林影响力之广可见一斑。邵雍"安乐窝"的建构甚至对司马光的造园思想都有一定的启发意义。司马光退居洛阳后与邵雍交往甚密，待其如兄，数次与邵雍在安乐窝中聚会，咏其园林"家虽在城阙，萧瑟似荒郊。远去名利窟，自称安乐巢。（《赠尧夫先生》）"其自家园林落成后取名"独乐"，也以"乐"为主题，想必并不是巧合。

司马光的"独乐园"中所建树的"独乐"精神也是"乐"在宋代走向世俗的一个侧影。熙宁变法期间，司马光与王安石之间的对立立场不断激化，党争形势愈演愈烈，因此司马光决定急流勇退，于熙宁四年（1071）请判西京御史台，卜居洛阳③。司马光在洛阳造的第一座园子叫"花庵"。其诗《花庵诗寄邵尧夫》在题注中云："时在西京。留台廨舍东新开小园，无亭榭，乃治木插竹，多种酴醿、宝相及牵牛、扁豆诸蔓延之物，使蒙幂其上，如栋宇之状，以为游涉休息之所，名曰花庵。"然由于"花庵"仅占地一亩，过于简小，于是司马光又在就任洛阳的第三年，在洛阳尊贤坊北买地二十亩，开始筹建"独乐园"。据司马光所述，"独乐园"中共有"读书堂"、"弄水轩"、"钓鱼庵"、"种竹斋"、"采药圃"、"浇花亭"、"见山台"七景，其所乐之事不外乎读书、钓鱼、种花、采药等日常生活内容，与寻常人家无异。在"独乐"语境中，"乐"就是个人性情使然。司马光个人在生活作风上始终保持着尚俭的主张，其《训俭示康》云："众人皆以奢靡为荣，吾心独以俭素为美。"④在文笔上，司马光风格朴素洗练，不喜修

---

① 何新：《试论西京洛阳的交游方式与交游空间——以邵雍为中心》，《河南社会科学》2011 年第 4 期。

② 脱脱：《宋史》，北京：中华书局 2000 年版，第 9949 页。

③ 脱脱：《宋史》，北京：中华书局 2000 年版，第 8613 页。

④ 司马光：《训俭示康》，载曾枣庄、刘琳主编：《全宋文（第 56 册）》，上海：上海辞书出版社、合肥：安徽教育出版社 2006 年版，第 216—218 页。

饰,神宗任命其负责撰写诏书骈文时,司马光直接拒绝,称"臣不能为四六(骈文)"①。在生活作风上,司马光在洛阳创"真率会"组织聚会,以"真率为约,简素为具(《真率铭》)","酒不过五行,食不过五味"。推此即彼,"独乐园"中多数节点的景观意象也都表现出了简素天然的风格特征,其中比较突出的是利用竹梢交叉、打结形成建筑形式来创造半开敞空间。例如钓鱼庵,以圆形方式环植翠竹,再将竹梢顶端统一向心捆绑,形成草屋的形式。又如采药圃北面宽一丈的园路,两旁列植翠竹,再利用捆绑的形式使两列竹梢内向交错,形成廊庑的形式(图5.1)。不过,司马光的"独乐"并非只是遵循本心那么简单。试看其《独乐园记》中对"乐"的诠释:

> 孟子曰:"独乐乐,不如与人乐乐;与少乐乐,不若与众乐乐。"此王公大人之乐,非贫贱所及也。孔子曰:"饭蔬食饮水,曲肱而枕之,乐在其中矣。"颜子"一箪食,一瓢饮","不改其乐"。此圣贤之乐,菲愚者所及也。若夫鹪鹩巢林,不过一枝;偃鼠饮河,不过满腹。各尽其分而安之,此乃迂叟之所乐也……或咎迂叟曰:"吾闻君子之乐必与人共之,今吾子独取于己,不以及人,其可乎?"迂叟谢曰:"叟愚,何得比君子?自乐恐不足,安能及人?况叟所乐者,薄陋鄙野,皆世之所弃也,虽推以与人,人且不取,岂得强之乎?必也有人肯同此乐,则再拜而献之矣,安敢专之乎!"②

司马光认为,孟子之"乐"是"王公大人之乐",孔颜之"乐"是"圣贤之乐",而自己不过一顽固愚钝的老叟,志向卑微,故而与这两种乐趣毫无干系。自己所乐之事物,皆是世人所摒弃的薄陋鄙野,除非是对"乐"有着相同的理解,否则不可能强加于人。事实上,司马光对"独乐"的释义多少掺杂着因政

---

① 脱脱:《宋史》,北京:中华书局2000年版,第8613页。

② 司马光:《独乐园记》,载曾枣庄、刘琳主编:《全宋文(第56册)》,上海:上海辞书出版社、合肥:安徽教育出版社2006年版,第236—238页。

治失意而引发的牢骚,正如其门生刘安世所言:"温公创独乐园,自伤不得与众同也。"①其所谓"世之所弃"却是自己之所乐的"薄陋鄙野",无非是自嘲自己的政见无法被宋神宗及其他大臣所采纳。故而,司马光所真正向往的仍然是国家以及社会的认同。相比超然物外、不知而不愠的君子"乐"境,司马光所推崇的"独乐"是将其世俗化了。若不是追求宴聚之乐与园林之乐,司马光也不会因"花庵"简陋而再营"独乐园",若不是追求国家的认同,其也不会在王安石罢相、宋神宗驾崩后出重返朝廷。这种不断在出世之乐与入世之乐之间徘徊的境地就是宋代士大夫"乐"论观念的普遍写照。

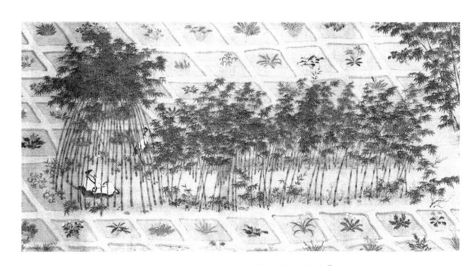

图5.1　独乐园中用竹梢结成的廊庑②

"乐"在宋代园林中走向世俗的另一大表现是"与民同乐"开始成为官僚个人政治宣扬的手段,而这一风尚的开拓者则是欧阳修。庆历五年(1045),欧阳修贬官至滁州,常常与州人同游于琅琊山山麓之亭。筹建山亭之人本是琅琊寺僧人智仙,而将其命名为"醉翁亭"的人则是欧阳修。由于欧阳修《醉翁亭记》一文,这座亭子变得名闻遐迩。记文曰:"人知从太守游而乐,而不知

---

① 刘方:《独乐精神与诗意栖居——司马光的城市文学书写与洛阳城市意象的双向建构》,《江西社会科学》2008年第1期。

② 图片引自:仇英:《独乐园图》,美国克利夫兰美术馆藏。

太守之乐其乐也。醉能同其乐,醒能述以文者,太守也。太守谓谁? 庐陵欧阳修也。"①从字句之间可以看出,欧阳修实质是为自己能乐州人之所乐而作记,虽然已经构成了一种宣扬,但毕竟亭子并不是自己所建,也算不上是通过园林来宣扬"与民同乐"的政治原则。严格来说,真正通过园林来宣扬政治的应该是欧阳修知滁州的第二年策划建设的"丰乐亭"。欧阳修在《丰乐亭记》中写道:"夫宣上恩德,以与民共乐,刺史之事也。遂书以名其亭焉。"②其所为"宣上恩德"虽然指代宋廷,但实际也不排除自己,显然已将修亭当做是政治宣扬的手段了。此后,两宋士大夫以"与民同乐"为旗号的造园活动变得十分频繁,并且每处园林的修筑均留有文字称颂功德。宣城郡圃中有太守邵氏所建"共乐亭",梅尧臣有句赞曰:"乐不计其得时,计其善适。"③相州有韩琦所营郡圃"康乐园",其园记云:"而知天子圣仁,致时之康,太守能宣布上恩,使吾属有此一时之乐,则吾名园之意,为不诬矣。"④高邮军有毛渐、杨蟠所建郡圃"众乐园",其园记曰:"及其来游也,肩相摩,足相蹑,知得其所以乐而不知其所以为之者,亦余志之区区云尔。"⑤英州(今广东英德)南山有太守方氏所葺"众乐亭",李修在其园记中赞曰:"上宜以布行天子之德惠,下以询考风俗之利疚……当膏泽广土,岂止同民乐于一邦而已!"⑥以上做法与"文王之囿"的典故既有相似,又有不同。孟子语境中的"与民同乐"未必需要以"乐"名其园,以文颂其德。两宋士大夫的做法的确贯彻了"与民同乐"的原则,但同时

①　欧阳修:《醉翁亭记》,载曾枣庄、刘琳主编:《全宋文(第35册)》,上海:上海辞书出版社、合肥:安徽教育出版社2006年版,第115—116页。

②　欧阳修:《丰乐亭记》,载曾枣庄、刘琳主编:《全宋文(第35册)》,上海:上海辞书出版社、合肥:安徽教育出版社2006年版,第114—115页。

③　梅尧臣:《览翠亭记》,载曾枣庄、刘琳主编:《全宋文(第28册)》,上海:上海辞书出版社、合肥:安徽教育出版社2006年版,第165页。

④　韩琦:《相州新修园池记》,载:曾枣庄、刘琳:《全宋文(第40册)》,上海:上海辞书出版社、合肥:安徽教育出版社2006年版,第42—43页。

⑤　杨蟠:《众乐园记》,载曾枣庄、刘琳主编:《全宋文(第48册)》,上海:上海辞书出版社、合肥:安徽教育出版社2006年版,第243—245页。

⑥　李修:《英州南山众乐亭记》,载曾枣庄、刘琳主编:《全宋文(第128册)》,上海:上海辞书出版社、合肥:安徽教育出版社2006年版,第202—204页。

更视这一做法为政治宣扬的一种途径,以此实现利人利己的双赢。这种带有功利色彩的政治"乐"学显然就是君子"乐"境世俗化的结果。

总之,在两宋儒学复兴,并与道、释相互交融的思想背景下,园林文化充分继承、发扬着先贤的尚"乐"情怀,格调高雅,然而宋代园林中的"乐"又并非属于圣贤境界。两宋文人士大夫一方面秉承着先贤的"乐"学态度,另一方面又不遗余力地对"乐"的内涵作出补充发展,使其不再排斥世俗文化,最终铸就了宋代雅俗共赏的尚"乐"园林美学。

第二节　"隐"的名过其实

隐逸思想是中国传统文化的重要构成,而园林又是隐逸生活的物质载体,自隐逸思想成熟之后,其与园林之间的关系就日益紧密。自"中隐"思想浮现后,"隐"与园林已经达到了互为内容的境地。有宋一代,士大夫阶层日益拜服于"中隐"思想,策使隐逸迅速成为席卷士流园林造园主旨的一大内容。然而随着时代背景的转变,隐逸已然不再是传统意义上的志在林泉,而是在园林之中沦为形式,其与隐士之间已经发生断裂。在南宋时,即使是炙手可热的权臣,其园林也被强行灌注以隐逸的主题[①]。宋时的园林隐逸单纯成了某些士大夫写在匾上、造在园里的表面现象,背离了其本身内涵。"隐"在两宋园林中的名过其实反映了隐逸文化与造园思想之间的联系在宋代发展到了一个全新阶段。

一、"隐"与园林的历史渊源

若追溯历史渊源,隐逸思想的出现要先于诸子百家。从文字记载上看,早在尧舜时期就已经出现有以巢父、许由为代表的典型隐士。巢父终身放牧隐居,因筑巢而宿而得名巢父。许由也是不营世利的一名高士,因为其高洁的道

---

① 王毅:《中国园林文化史》,上海:上海人民出版社 2014 年版,第 260 页。

德品行,尧帝欲请其代为治理天下。结果许由在听到这一消息后马上归隐山林,跑到河边洗耳朵,认为这种言论玷污了自己的思想。巢父的做法则更为极端,认为许由如果存心遁隐,尧帝怎会得知他的品行。现在跑到河边洗耳,浸污了牧牛的饮水,于是牵牛到上游喂水去了。商末周初的伯夷、叔齐也是典型的隐士代表。伯夷与叔齐均是孤竹国国位的继承人,因为相互礼让,结果都隐居到北海之滨去了。后来二人听说周国在文王治理下繁荣安定,于是打算前往定居。结果迁居途中得知文王已死,武王继位后兴兵伐纣,于是二人叩马谏言:“父死不葬,爰及干戈,可谓孝乎? 以臣弑君,可谓仁乎?”①武王灭商后建立周朝,伯夷、叔齐耻于其以“不孝不仁”的做法而换来的江山,于是发誓不食周粟,采薇菜而食,最后饿死于首阳山。可见,三代以来的隐逸思想具有某些反政府主义的色彩。在观念上表现出对政治逃避,甚至是刻意丑化。在实践过程中则往往表现出偏激的行为,严重者不惜以生命为代价。此类趋向激进的隐逸典故在百家争鸣的春秋战国时期内受到了诸家学者的理性关怀,隐逸行为也在这一时期的讨论声中寻找到了哲学基础。

道家思想虽然推重隐逸,但也并不回避治国的内容。老子说:“修之于身,其德乃真。”又说:“修之于邦,其德乃丰。”②其言论对治国修邦的人生目标不仅不具备攻击性,甚至还放到修身的语境中一起讨论。庄子的思想则明显更具有偏向性了。《史记》记楚威王曾企图以丰厚的待遇以及宰相的职位招纳庄子,而庄子却笑着答复威王使者说:“你见过祭坛饲养的猪牛吗? 不仅给它喂好的,甚至还给它穿上华丽的衣服,最后被当做太庙的祭品了。那个时候,即使想做一头普通自由的猪也来不及了。”③始终贯彻自己终生不仕之道。儒家则表现出入世的倾向性。孔子首先摆正了隐逸与入世之间的平等地位,

---

① 司马迁:《史记(下)》,北京:中国文史出版社 2002 年版,第 416 页。

② 《老子》,饶尚宽译注,北京:中华书局 2016 年版,第 134 页。

③ 司马迁:《史记(下)》,北京:中国文史出版社 2002 年版,第 421 页。

认为"天下有道则见,无道则隐"①,其二者不过是基于不同社会背景下的不同决策而已。其学生又进一步提出"学而优则仕"②、"士不可以不弘毅"③之类的观点,明确了儒家经世论学的基本态度。孟子的主张则更明确倒向入世了,其在孔论的基础上提出"士之仕也,犹农夫之耕也"④,把为官从政直接看做是知识分子的职责所在。法家与儒家对待入世的态度相似,但在对待隐逸问题时不但没有秉持认可的态度,反倒是发表了一些反隐言论。如法家的代表人物韩非子就曾对以往学者普遍给予了高度评价的许由、伯夷、叔齐一行隐士作出了批判。韩非子认为此类高人逸士,"上见利不喜,下临难不恐"是典型的"不令之民",这类人在历史上,"或伏死于窟穴,或槁死于草木,或饥饿于山谷,或沉溺于水泉",对国家社会而言毫无用处⑤。

巢父、许由、伯夷、叔齐之"隐"可以说是一种比较彻底的、苦行僧式的"山林之隐",其不仅在生活上难以令人接受,甚至连生命也未能保障,故此其与园林之间并不存在明显的联系。这一情况在两汉之时发生了转变。严光、司马徽、诸葛亮等均是汉时隐士的代表。严光,字子陵,自幼学识过人,与光武帝刘秀为同学,刘秀多次请严光入仕均被拒绝,自顾隐居桐庐富春江畔,成日披裘垂钓于江中,至八旬而终。司马徽,才学广博、门生众多,被诸士尊称为"水镜先生",于南漳县南经营"水镜庄",躬耕为生。诸葛亮与司马徽情况大致相似,也是自营庄田,十年躬耕于荆州南阳,直至刘备请其出山。相比先秦隐士而言,两汉隐士的生活条件得到了很大程度的改善,多数隐士都是自食其力,以传统的耕织方式维持生计,将隐逸的践行方式转化为"田园之隐"。另外,由于隐士本身的文化素养,其对居住环境难免产生一些审美需求。譬如仲长统,其志在"使居有良田广宅,背山临流,沟池环匝,竹木周布,场圃筑前,果园

---

① 《论语》,陈晓芬译注,北京:中华书局2016年版,第100页。
② 《论语》,陈晓芬译注,北京:中华书局2016年版,第260页。
③ 《论语》,陈晓芬译注,北京:中华书局2016年版,第98页。
④ 《孟子》,万丽华、蓝旭译注,北京:中华书局2016年版,第127页。
⑤ 《韩非子》,李维新等注译,郑州:中州古籍出版社2008年版,第411页。

树后"。如果满足了这些条件,"则可以陵霄汉,出宇宙之外矣。岂羡夫入帝王之门哉"①。至此,园林与隐逸文化之间的交集逐渐明晰了。

然则,严光、司马、诸葛之居实为村庐,并没有一个明确的园林意象,仲长统之言也是蓝图空想,并没有将之落地。"田园之隐"的园林化还当属两汉之后的魏晋时期。从社会背景来看,魏晋时期的最大特点即在山河动荡、人命草菅。身陷政治漩涡的士人如履薄冰,稍有不慎,不仅个人性命难以保全,甚至整个家族都会受到牵连。另一方面,魏晋以来,儒学逐渐式微,玄学以及佛道开始兴起,整个社会充斥着崇尚自然的山水之风。在此两种境地下,隐逸文化开始大步发展起来。魏晋期间的隐士不仅在数量上举不胜举,且在名节上也有着空前的表现,陶渊明、嵇康、阮籍、戴颙、王羲之父子等被后世誉为隐逸典范的人物都诞生于这一时期。如果说两汉隐士的居所只是有了丝缕园林意味,那么魏晋隐士的居所俨然就是园林。例如嵇康"家有盛柳树,乃激水以环之,夏天甚清凉,恒居其下傲戏"。② 戴颙"乃出居吴下。吴下士人共为筑室,聚石引水,植林开涧,少时繁密,有若自然"③。更为闻名的是谢灵运的"始宁墅",其别墅坐览湖、田、园、山四类风景,园林植物多达百余种,占地面积在 5 平方千米之上,是魏晋时期一座代表性的风景式庄园④。

从先秦到魏晋,隐逸文化已经完成了由蒙昧向成熟的转变,隐逸的行为受到社会各界的普遍追捧,隐逸的方式由偏激逐渐缓和,隐逸的场所也开始愈发接近园林。魏晋时期的隐逸风尚"深刻地影响着后世的私家园林特别是文人园林的创作"⑤,魏晋隐士的田园山居更是成为唐宋以来宅墅园林建设的先范。

---

① 范晔:《后汉书》,李贤等注,北京:中华书局 2000 年版,第 1109 页。

② 刘义庆:《世说新语校笺》,(梁)刘孝标注,杨勇校笺,北京:中华书局 2006 年版,第688 页。

③ 沈约:《宋书》,北京:中华书局 2000 年版,第 1516 页。

④ 王欣、胡坚强:《谢灵运山居考》,《中国园林》2005 年第 8 期。

⑤ 周维权:《中国古典园林史》,北京:清华大学出版社 2008 年版,第 169 页。

二、隐逸思想的延展

严格来讲,隐逸仅仅指代具有较高文化素养的知识分子逃离尘嚣而隐居深山的行为,但随着隐逸文化的发展,这一理解开始受到越来越多的冲击,隐逸文化的边界也在冲击中不断向外延展。"朝隐"首当其冲地成为传统隐逸的第一个冲击力。"朝隐"思想的创始人是西汉狂士东方朔。东方朔是一个极赋才学但同时又自视甚高的人,其文辞不逊、举止荒唐,但同时又十分机敏,在朝中得不到重用,被皇帝视作滑稽之人,然而东方朔却自言:"如朔等,所谓避世于朝廷间者也。古之人,乃避世于深山中……宫殿中可以避世全身,何必深山之中,蒿庐之下。"①魏晋"竹林七贤"之一的向秀也是"朝隐"思想的践行者。向秀早年满腹诗书,与嵇康、阮籍、吕安等人结识后志同道合,纵情燕游于竹林之下,成为魏晋风度之佳话。曹魏景元四年(263),嵇康、吕安惨遭司马昭杀害,向秀迫于无奈赴洛阳入仕,虽官至散骑侍郎,但"在朝不任职,容迹而已"②,不过将做官看作是保全自身的举措罢了。晋人邓粲同样也是心系隐逸的高士,时荆州刺史桓冲看重邓粲才识,聘厚礼请其入仕,邓粲深感桓冲爱贤之心,就此复命,但为官以来多次请辞,最终还是规返田园了。邓粲回应州郡辟命的事情引来了刘驎之、刘尚公两位隐士的批判,认为他这是"忽然改节,诚失所望",然邓粲回曰:"足下可谓有志于隐而未知隐。夫隐之为道,朝亦可隐,市亦可隐。隐初在我,不在于物。"③这一回答对传统隐逸文化作出了重新解读,"朝市之隐"正式成为隐逸的另一维度。故西晋王康琚在《反招隐诗》中提出"小隐隐陵薮,大隐隐朝市",依据隐逸方式将"隐"划割为"小"、"大"之分。

冲击传统隐逸思想的另一大力量则是"假隐"的出现。所谓"假隐",即以隐求仕,故意通过暂时的隐逸来宣扬名节,以博得政府征贤纳士时的青睐。东

---

① 司马迁:《史记(下)》,北京:中国文史出版社 2002 年版,第 778 页。
② 房玄龄等:《晋书》,北京:中华书局 2000 年版,第 910 页。
③ 房玄龄等:《晋书》,北京:中华书局 2000 年版,第 1434 页。

汉以降，朝廷对隐士的征兆日益重视，利用隐士身份沽名钓誉者也屡见不鲜，如赵宣守孝的例子就比较典型。汉朝取士重德，因守孝隐逸不出的隐士则是非常值得礼遇的。时青州一带有民赵宣，葬亲后不闭墓道，在墓中居住，服丧二十余年，乡人均传其为高洁之士，故向朝廷推荐。随后，向来礼贤爱才的士大夫陈蕃前往拜访，结果在询问赵宣之妻后发现，其家中五子均为服丧时所生，大怒道："圣人制礼，贤者俯就，不肖企及。且祭不欲数，以其易黩故也。况及寝宿冢藏，而孕育其中，诳时惑众，诬污鬼神乎！"①于是将赵宣治罪。虽然说自，举荐选仕制度的存在一直是东汉至魏晋期间"假隐"现象不断滋长的重要原因。然而就算是在科举制度开始崭露头角的隋唐时代，由于皇权对隐逸文化的优视与扶持，"假隐"现象不仅没有衰减，反倒达到了高潮，其标志即是"终南捷径"的形成。唐人卢藏用，少中进士后未被启用，于是归隐于天子脚下的终南山，后来皇帝移驾洛阳，他又随之归隐到洛阳东南的少室山，故被人称为"随驾隐士"，最后果然被朝廷以要职聘用。后来，同样隐居终南山的隐士司马承祯也被招用，但司马却坚持不仕，归山之时卢藏用送行，指山而道："此中大有佳处。"司马徐徐答曰："以仆视之，仕宦之捷径耳。"②

最后，冲击传统隐逸的第三个势力，同时也是将隐逸与园林完全融为一体的一股力量就是"中隐"。"中隐"概念是中唐时期白居易的首创，其含义上与上文中的"朝隐"有几分类似，都是处身士流却又心系政外的隐逸方式，二者均可统称为"吏隐"或者"禄隐"，然而在白居易看来，"朝隐"始终规避不了案牍劳神，仍然不是心之所想的隐逸方式。另一方面，传统的隐逸方式"小隐"不但情感寂寞，且物质条件也十分匮乏。白居易真正想要的是"出"、"处"之间的一个平衡状态，这一状态在白诗中被频繁咏及：

丘樊太冷落，朝市太喧嚣。不如作中隐，隐在留司官。

——《中隐》

①　范晔：《后汉书》，李贤等注，北京：中华书局 2000 年版，第 1459 页。
②　欧阳修、宋祁等：《新唐书》，北京：中华书局 1975 年版，第 4374—4375 页。

> 空山太漠落,要路多险艰。不如家池上,乐逸无忧患。
>
> ——《闲题家池寄王屋张道士》
>
> 山林太寂寞,朝阙空喧烦。唯兹郡阁内,嚣静得中间。
>
> ——《郡亭》
>
> 巢许终身稳,萧曹到老忙。千年落公便,进退处中央。
>
> ——《奉和裴令公新成午桥庄绿野堂即事》

既不要"丘樊"、"空山"、"山林"、"巢许",又不要"朝市"、"要路"、"朝阙"、"萧曹",白居易的"中隐"理论实际就是秉承中庸思想,在精神得失与物质得失之间做出的带有享乐主义色彩的权衡选择。这种隐逸方式不仅免劳心力,且月月有俸禄可食;其人生既不会太受冷落,亦不会太过喧嚣。通过"中隐"的方式,士大夫的独立人格及其需求的生活资料得到了兼顾。不同于其他隐逸方式,"中隐"对隐逸的场所做出了明确限定——即园林,只有寓意城市山林方能中和世外寂寥与世内的忧扰。基于这一联系,"中隐"思想在极大程度上激励了士大夫对园林规划设计的亲身参与,显著推动了文人园林中士流园林在中唐以后的迅速发展,同时也为宋代园林之"隐"的名过其实埋下了伏笔。

三、"隐"成士流园林之形式

"中隐"思想的出现对宋代园林美学而言影响是鞭辟入里的。白居易晚年以"太子宾客"之闲职寓居洛阳,时而于园抚琴自酌,时而于园宴饮宾客的"中隐"生活更是宋人普遍仿慕的对象。园林文化学家王毅教授表示,出于两宋社会机制对士大夫阶层的客观要求,宋代士大夫对"中隐"文化表现出来了普遍的服膺和弘扬①。得益于科举制度的完善,两宋期间借隐逸入仕的"假隐"现象已经不成气候,真正凭借自身素养入仕的士大夫阶层掌握了更多的

---

① 王毅:《中国园林文化史》,上海:上海人民出版社2014年版,第249页。

权力。然而面对日益庞大的士大夫群体,政治斗争的局势也开始严峻。在恩荫制度以及师友关系的影响下,宋代士大夫之间的政治斗争往往发展成朋党、家族式的党派争斗①,其牵连人数众多,宦海沉浮的感慨必然十分普遍,"仕"、"隐"矛盾空前激烈。"中隐"途径能够在进退之间来去自如,受两宋士人的追捧亦是情理之中的现象。

严格来说,宋代士大夫所践行的隐逸方式并不是真正意义上的"中隐",大多数人下任闲官并非是自己的意愿,即使真的是主动请辞也多半为形式所迫,司马光、王安石、富弼、文彦博、苏轼等两宋著名文人均是因为党争而闲居园中,且多数人在政局倒戈后又欣然复职。这种现象只能算得上是被动"中隐"或者暂时性"中隐",其与"中隐"唯一的交集不过只是二者都隐于园林罢了。更直白地说,宋代士大夫的隐逸实践,多数都是对被贬官的园林生活的美称。在这段时期内,宋代士大夫似乎总是一边享受着"中隐于园"的休闲生活,一边伺机等待着波折之后的复出。如果说,"竹林七贤"的山涛两度隐居都只能落得个"吏非吏,隐非隐"②的评价,宋代士大夫的被动"中隐"就根本谈不上是"隐"。

然而有趣的是,两宋期间的士流园林又时刻充斥着隐逸的美学思想。例如晏殊曾营有一座名为"中园"的别墅园,其为此园作有《中园赋》一文,从文中"徜徉乎大小之隐,放旷乎遭随之命"③一句可以看出其园林主题就是标榜"中隐",只是园名中略去了"隐"字。据晏殊所述,"中园"位于某州县城郊的穷乡僻壤。晏殊每日务政之后驱车早归,漫步于阡陌之中,"进宽大治之责,退有尚农之赀"。"中园"虽然处于穷僻,但其宇舍却未必简陋。从《中园赋》对园内桃、李、杏、梨、梅、柿、玉蕊、杜鹃、辛夷、芍药、菊花等数十种观赏植物的描绘来看,这座园林不仅不简陋,反倒是具有一定规模。另外,"中园"之内还设有一定规模的农圃,不过其目的并非在于生产,而是取意闲适自如。据晏殊

---

① 张剑、吕肖奂:《两宋党争与家族文学》,《中国文化研究》2008 年第 4 期。
② 房玄龄等:《晋书》,北京:中华书局 2000 年版,第 1023 页。
③ 晏殊:《中园赋》,载曾枣庄、刘琳主编:《全宋文(第 19 册)》,上海:上海辞书出版社、合肥:安徽教育出版社 2006 年版,第 196—199 页。

诗文以及朋僚之间的唱和可知,"中园"大概建成于天圣六年(1028)左右①。而晏殊早在天圣之前的大中祥符年间就已官至中央,"中园"之所营必然是在贬官期间。晏殊在宋仁宗亲政后受到重用,还于庆历二年(1042)时官至宰相,显然是没有把当初的"中隐"实践到最后。

再来看苏门四学士之一的晁补之的造园活动。元祐末年,新党复起,晁补之因名列元祐党籍而变贬离京,于绍圣元年(1094)出知济州,随后便于济州金乡县缗城遗址附近修葺"归来园"(又称"东皋"或"归去来园")以作"中隐"。"归来园"在造园构思上完全就是对陶渊明归隐田园的仿慕。据晁补之《归来子名缗城所居记》所述,其园为模拟"三径就荒,松菊犹存"之境而筑堂面草木,取名"松菊堂";为模拟"倚南窗以寄傲,审容膝之易安"之境而朝阳筑书室称"寄傲庵";为模拟"云无心以出岫,鸟倦飞而知还"之境而背阴筑居室称"倦飞庵";为模拟"登东皋以舒啸,临清流而赋诗"之境而筑轩迎风称"舒啸轩",筑亭瞰池称"临赋亭";为模拟"策扶老以流憩,时矫首而遐观"之境而积土为台,台身凿洞室称"流憩洞",台上建楼称"遐观楼";为模拟"既窈窕以寻壑,亦崎岖而经丘"之境而就园内冈阜凿渠引水环绕山丘,在水畔渠深如沟壑处作亭称"窈窕亭",在山丘高而路趿处作亭称"崎岖亭"②。晁补之的隐逸同样是在遭受到政治迫害后的被动做法,其虽然仿慕"陶隐",但却远没有陶渊明自愿归隐那么彻底。从晁补之归隐期间留下的闲居诗词中可以发现,晁补之一边赞颂着自己游园生活的闲适安适,另一边又屡屡暗示着自己壮心未已的惆怅。晁补之隐居之第八年,宋廷去除了其元祐党籍,晁补之因而起知泗州,半年后遍卒于岗位,可见其内心深处始终保留着对仕途的向往,并不是真正想做隐士。

更为典型的例子则是宋人所留下的许许多多的"小隐园"。"小隐"可谓是宋人建造隐逸园林时最常使用的名字。抚州金溪县朱世衡有"小隐园",

---

① 王佳琦:《晏殊诗文研究》,江西师范大学学位论文,2013年。
② 晁补之:《归来子名缗城所居记》,载曾枣庄、刘琳主编:《全宋文(第127册)》,上海:上海辞书出版社、合肥:安徽教育出版社2006年版,第29—31页。

"四洪"之一的洪遵在饶州城外有"小隐园",湖州北山法华寺后有赵氏"小隐园",宁宗理宗朝权相史弥远在临安葛岭有"小隐园",宋末词人薛梦桂在临安西湖五云山有"方厓小隐",林逋在西湖孤山之园也有"小隐"之称。"小隐"主题的流行虽然反映了隐逸思想在宋代所保有的强大文化影响力,然而从各家"小隐园"的经营者看却大都不是隐逸人士。以上述列举的6座小隐园为例,只林逋、朱世衡两位园主算是真正意义上的隐士。洪遵一身为仕,其"小隐园"仅是仕途不顺以及父逝之后归乡居丧时所葺。赵氏身份未知,但湖州多处产业均为赵姓之下①,故推测赵氏"小隐园"也非隐士所营。薛梦桂本温州人,周密称其中举后籍迁都城,建"方厓小隐"而居②,故也非隐者。而擅权用事、迫害济王的权相史弥远更与隐逸毫无瓜葛,"小隐园"仅是其都城诸多别墅中的一座。显然,"小隐"的园林主题已经开始频繁被隐士之外的个体所利用,以提供一种暂时性的隐逸体验。

隐逸文化在两宋士流园林中是如此风行。在这样一个时代,不仅权臣宦官的宅园可以"隐",甚至连衙署园林都开始以隐逸文化来标榜了③。种种迹象表明,自中唐开辟"中隐"思想以来,"隐"与隐士之间的关系就被进一步割裂了。而随宋代士大夫对造园活动的钟情以及"中隐"的服膺与弘扬,"隐"在两宋园林中只不过是一种名过其实的形式,其单纯成为园林景观的一种审美趣味,甚至是如"归来园"那般,直接物化为造园布景的设计线索。这种形式化的园林隐逸被后世所继承,并在明清园林中登峰造极,造就出"拙政"、"网师"那样发端于隐逸思想的天下名园。

第三节 "野"的人文渗透

在中国传统园林美学思想中,"野"是一个主流且饶有趣味的美学品格,

---

① 周密:《癸辛杂识》,北京:中华书局1988年版,第7—13页。
② 周密:《浩然斋雅谈》,北京:中华书局2010年版,第15页。
③ 王毅:《中国园林文化史》,上海:上海人民出版社2014年版,第259页。

其在概念与表达两个方面存在着十分深刻的差异,这一差异在宋代园林中表现得尤为明显。园林尚"野"的美学追求从魏晋、隋唐以来就一直存在。然而,魏晋、隋唐时期的尚"野"更多停留于赋予环境之"野"以主观层面的人格特征。两宋以来,社会主流文化对"野"的能动改造可谓发挥到了极致,不仅加深了环境之"野"的功利化,彻底消除了其与文明之间的对立,更对其美学品格作出了重新推敲,构建出"秀野"概念,使"野"完全成为园林之中可以悠然玩味的品格,将其源发的"崇高"美学意味扭转为"优美",使之由自然范畴转向为人文。"野"在宋代的美学流变之中不仅反映了宋人造园构景时的设计倾向,更折射出了中华民族的环境审美观念所发生的重要变革。

一、"野"的审美启蒙及发展

"野"起初只做名词使用,《说文解字》称:"野,郊外也。"段玉裁注曰:"邑外谓之郊,郊外谓之野。"此说表面,"野"是比"郊"更加遥远,其存在即是城市环境之外的存在。后来,"朝野"一词的出现促使"野"的名词内涵有了新的发展。荀悦《申鉴》云:"书藏于屋壁,义绝于朝野。"[①]可见至少在东汉时期,"野"就已经被用于指代"民间"。从其指代对象的变化上看,"郊之外"本是人类文明的对立,而到了"民间"则开始将人类社会的一大重要构成也纳入进来。这一现象的发生具有非常重大的意义,其虽然未能撼动"野"的消极、负面意义,但却为"野"在环境审美历程中逐步亲近生活埋下了重要伏笔。

除作为环境对象的指代外,"野"也具备描述对象属性特征的含义。在儒家的"文质"之论中,"野"被首次当作形容词引入到了美学范畴。《论语·雍也》云:"质胜文则野,文胜质则史。文质彬彬,然后君子。"[②]孔子指出,文章的美学品评大概有两个范畴:其一是"野",即单方面只强调内涵而不重文辞

---

① 荀悦:《申鉴》,上海:上海古籍出版社1990年版,第13页。
② 《论语》,陈晓芬译注,北京:中华书局2016年版,第70页。

修饰所展现出来的一种粗糙感;其二是"史",即太过强调文辞修饰而缺乏内涵与深度所表现出来的虚浮和矫揉。"野"虽然被孔子引介进入了美学的范畴,但其所表现出来的更多是一种粗野原始的消极意义。荀子则言:"由礼则雅,不由礼则夷固、僻违、庸众而野。"①进一步把"野"视为是儒家礼教的反极。道家思想对"野"的美学建构则完全与儒家相反,始终致力于挖掘其在积极方面所展现出来的审美信息。庄子认为,"野"是环境的道体,其寓意着完全自由的自然状态。《庄子》文中所提出来的"洞庭之野"、"圹埌之野"、"襄城之野"、"无极之野"、"无人之野"均在于诉诸"野"的自然朴质②。庄子说:"自吾闻子之言,一年而野,二年而从,三年而通。"③唐代道学家成玄英特别指出这里的"野"特指质朴,意在表述闻道一年后虽然学心未熟,但却已经表现出退去浮华,流露朴素的境地。

　　由于两汉期间儒家思想构成了国家意识形态,孔子的文质论始终禁锢着"野"作为审美概念的继续发展,这种情况随着历史朝代的演替最终得以改变。魏晋南北朝以来,道家思想在社会主流思潮——玄学的语境中继续发挥光彩,"野"的审美内涵也因此进一步深化。如被誉为"元嘉三大家"中的鲍照就极爱使用"野"的概念来造诣:"闭壁自往夏,清野径还冬。"(《代陈思王白马篇》);"抱锸垄上餐,结茅野中宿。"(《观圃人艺植诗》)"江渠合为陆,天野浩无涯。"(《发长松遇雪诗》)"酒出野田稻,菊生高冈草。"(《答休上人菊诗》)"野"不仅因为其自由、朴质的审美意象而被频频运用于诗歌创作,甚至还被视为是文艺评论的准则之一。如南朝文学批评家钟嵘就将左思的隐逸诗和陶渊明的田园诗视为是"野美"的代表。这种做法在唐代的表现更为突出。晚唐著名诗论家司空图直接于其《二十四诗品》中提出"疏野"的美学境界:"惟性所宅,真取不羁。控物自富,与率为期。筑室松下,脱帽看诗。但知旦暮,不辨何时。倘然适意,岂必有为。若其天放,如是得之。"可

---

① 《荀子》,安小兰译注,北京:中华书局2016年版,第21页。
② 张振谦:《古代诗学视阈内的"野"范畴》,《北方论丛》2011年第1期。
③ 《庄子译注》,杨柳桥译注,上海:上海古籍出版社2012年版,第286页。

见,"野"所表现出来的不羁、率真、适意、天放已经成为唐代审美文化中的一大核心范畴。

两宋以来,"野"的审美趣味则不只停留于"人之为诗要有野意"①的文学层面,更渗透至书法与绘画,表现出一种"野逸"的品格。宋人李建中《寄英公大师》云:"诗成野逸笔狂颠",所谓"野逸"就是书绘之时"笔简形具,得之自然"②而表现出来的潇洒天放的笔风。北宋初期,画坛中就同时盛行着五代以来的两种风格。其一是以黄筌父子为代表的工笔画,"妙在赋色,用笔极新细,殆不见墨迹,但以轻色染成"。其二以徐熙为代表的墨笔画,"以墨笔为之,殊草草,略施丹粉而已,神气迥出,别有生动之意"③。于是有谚语流传称:"黄家富贵,徐熙野逸。"④说明宋初之时,"野逸"已经摇身成为社会文化中的主流审美风尚了。造园活动中也同样充斥着"野逸"风尚求慕,各家园题、景题纷纷以"野"为名,营造、捕捉自然天放的"野逸"之趣。游园活动也美其名曰"野游"、"野步"、"野行"、"野望"、"野航"、"野钓"等,以"野"为媒介烘托出人与环境的化合交融。

二、"野"的人化改造

将"野"纳入园林美学是需要格外引起注意的,因为"野"本质上仍然是一个环境概念,园林亦是如此。然而,环境之"野"却又向来都是古人营建家园所摒弃的对象。尤其是在风水学中,对"野"的排斥拒绝甚至发展到了妖魔化的程度。《阳宅撮要》云:"四围旷野,总无人烟,一块荡气。空山僻坞独家村,一派阴霾之气。"⑤四旷无人的荒野是被视为聚集"荡气"、"阴气"、"瘴气"的

---

① 陈知柔:《休斋诗话》,载郭绍虞辑:《宋诗话辑佚》,北京:中华书局1980年版,第484页。

② 黄休复:《益州名画录》,何韫若、林孔翼注,成都:四川人民出版社1982年版,第6页。

③ 沈括:《梦溪笔谈》,张富祥译注,北京:中华书局2016年版,第198页。

④ 郭若虚、邓椿:《图画见闻志·画继》,米田水译注,长沙:湖南美术出版社2010年版,第45页。

⑤ 吴鼒等:《阳宅撮要(及其他两种)》,北京:中华书局1991年版,第5页。

地方,在荒野安家落户显然是十分荒唐的举动。宋代画论家郭熙提出,理想的山水景观应该是"可行、可望、可游、可居"①的亲人环境,显然不是荒野的存在。这于"野"进入园林审美范畴岂不是两相矛盾了? 从两宋诗文辞赋所题咏的园林景观上看,宋人推崇园林之"野"是不争的事实。不过,宋人在园林中所塑造的景观真的是"野"吗? 试看下文所举的几个以"野"为造园主旨的宋代园林之意象。

"野堂"为朝奉大夫钟元达于嘉定末年左右奉祠归乡后于苏州吴江县练塘镇所辟园林。据刘宰《野堂记》所述,"野堂"占地数十亩,原本荒草丛生、遍地荆棘,园主钟元达遣人"排萝蔓以植门,薙草莱以通径,芟夷其层枝剡棘而非嘉树者以百数,斩恶竹且万竿"②,经过一番整理后才开始兴修土木,筑为园林。因其建于野地,故取杜甫《晚登瀼上堂》诗"披(开)襟野堂豁"一句命名"野堂"。钟元达于"野堂"内引水凿渠、渠上架梁,又汇水为池、池边绕以朱栏,同时点缀以奇峰怪石。种植设计重视季相变化,桃、李、杏、林檎等果树为一区,金沙、酴醾、牡丹、芍药等花卉为一区,同时表现春景;江梅、山茶、松、杉作为一区,以表现冬景;荷花及菊花则分别表现夏、秋之景。园林中有旷远之景则筑台以登,有幽邃之景则置亭以休。其西南隅背林木而面水潭,故而垒石为山,可以下瞰池中鱼虾之游。上述文字显示,"野堂"在景观意象上与"野"并没有太多联系。该园原址本身就是荒野,而园主在修葺园林时反倒将萝蔓荆竹此类荒野景观的要素排除在外了。其园中春、夏、秋、冬的植物设计更是按照人对自然季相的理解为线索,亭台、假山、鱼池的布置更是彰显出了整座园林精致的设计构思,与"野"原生概念根本就是大相径庭。钟元达解释道:"名者实之宾也,吾生于野而安于野,又野性便于山林,其宾是名也宜矣。"其园林以"野堂"为名,原因有二:一指自己出生于郊野同时又安身于郊野;二指自己在品性上具有"野逸"的特点。为园作记的刘宰就对这种做法提出了质

---

① 郭思:《林泉高致》,北京:中华书局2010年版,第19页。

② 刘宰:《野堂记》,载曾枣庄、刘琳主编:《全宋文(第300册)》,上海:上海辞书出版社、合肥:安徽教育出版社2006年版,第113—114页。

疑,反问道:"夫以野名堂,堂固非野也。堂且不能自有其名,其能禅名于君乎?""野堂"之景本非荒野,"野"在这里实质只是园主将园林人格化的一种途径,脱离了环境属性的范畴。

初创于晚唐、流传于北宋的洛阳名园"绿野堂"也是以"野"为主题的代表作品。"绿野堂"也称"午桥庄"、"绿野庄",本是唐代名相裴度在洛阳城外建置的庄园,但其在180余年后的北宋大中祥符年间仍然保存完好,成为名臣张齐贤的居所,园名未易,景观格局也少有改动。据描绘"绿野堂"的系列诗文所述,该园最突出的景观特征及在于以远处青山为界的广袤的青田,其核心建筑四面开敞,将周围田野的旷远之景尽收其中。这一景致可通过刘禹锡诗"堂皇①临绿野,坐卧看青山"之句再现其园林意象。北宋时张齐贤又于田野之中"造一卧舆,以观田稼"②,从"卧舆"到"皇堂","绿野堂"的设计意图皆有四顾田园的异曲同工之妙。无论裴度还是张齐贤,"绿野堂"都是退居而休的庄园别墅,其四围青田的造景方式主旨在于烘托园主"春事看农桑"的逸致闲情。由此故知,"绿野"之"野"就是指代田园畴野,本质上还是属于"人化自然"的范畴。"绿野"所营造的景观意象,是田垄阡陌这般秩序化的、具备功利性质的半自然环境。换言之,即是一种亲人之"野"。

类似的情况还有王禹偁亲营的"野兴亭"、晁补之笔下的"拱翠堂"、苏轼笔下的"野吏亭"。"野兴亭"以城郊种树立亭,"杂以蔬果,间以花卉"为"野"③;"拱翠堂"以"平原绿野,桑拓禾黍,井间沟洫,什伍而纵横"为"野"④;"野吏亭"则以孔子所谓"先进于礼乐"的人格特征为"野"⑤。所有"野"的园

---

① 注:《汉书·胡建传》有"列坐堂皇上"之句,颜师古注曰:"室无四壁曰皇。"故"堂皇"即指四面通透的园林建筑。
② 释文莹、严羽:《玉壶清话·沧浪诗话》,南京:凤凰出版社2009年版,第24页。
③ 王禹偁:《野兴亭记》,载曾枣庄、刘琳主编:《全宋文(第8册)》,上海:上海辞书出版社、合肥:安徽教育出版社2006年版,第73页。
④ 晁补之:《拱翠堂记》,载曾枣庄、刘琳主编:《全宋文(第127册)》,上海:上海辞书出版社、合肥:安徽教育出版社2006年版,第13—15页。
⑤ 苏轼:《野吏亭记》,载曾枣庄、刘琳主编:《全宋文(第90册)》,上海:上海辞书出版社、合肥:安徽教育出版社2006年版,第438页。

林意象都无一例外地指向了经过能动改造的人文之"野"。

三、"秀野"概念的出现

"秀野"概念的出现是"野"在宋时发生人文渗透的终极表现。《尔雅》云:"荣而实者谓之秀。""秀"本义是禾的抽穗,同时具有美(即荣)和善(即实)的特征。而在后续的发展中,其美的一方面持续被强化。南朝文艺评论家刘勰指出,"秀以卓绝为巧"[1],其予人以拔萃精巧的审美快适。从美学角度分析,"秀"之美具有孕育生命及文明的倾向,即是康德美学中所提出来的"客观的合目的性",从属于"优美"的范畴。而"野"之美则阻滞生命与文明的发展,只是满足"主观的合目的性",从属于"崇高"的范畴[2]。"优美"与"崇高"本来是审美快适的两个极点,然而,"秀野"概念的出现却打破了这两者之间的二元对立,开拓出了一个全新的维度。这一创新在美学历程上无疑是历史性的突破。

作为一种园林审美品格,"秀野"在有宋一代的风靡程度可谓非常。如下表所统计,在两宋诗词文学中,直接以"秀野"为园林主题的作品就有 36 首,其中还排除了只是题咏景色"秀野"的情况。

表 5.1　两宋诗词中出现的以"秀野"为题的园林(作者自制)

序号	园林名称	诗词作品
1		沈庄可《秀野园》
2		周弼《秀野》
3		曹彦约《总领户部杨公挽诗(其三)》
4	秀野园	程公许《道山诸丈置酒饯秀野园以诗谢别》
5		释元肇《秀野园》
6		张炎《壶中天/念奴娇·穿幽透密》

---

[1]　刘勰:《文心雕龙校注通译》,戚良德校注,上海:上海古籍出版社 2008 年版,第 450 页。
[2]　康德:《判断力批判(上卷)》,宗白华译,北京:商务印书馆 1964 年版,第 83—86 页。

续表

序号	园林名称	诗词作品
7	秀野亭	元绛《题秀野亭》
8		王质《秀野亭观雪》
9		朱翌《过秀野亭观赵昌花》
10		米芾《书淮岸叙舟馆秀野亭》
11		李弥逊《天庆道士何丹林作亭竹间方成予名之以秀野因留小诗》
12		李新《秀野亭二首(其一)》
13		李新《秀野亭二首(其二)》
14		范浚《题四兄茂安秀野亭》
15		范端臣《秀野亭(其一)》
16		范端臣《秀野亭(其二)》
17		范端杲《秀野亭》
18		郭阗《秀野亭》
19		蒋堂《秀野亭》
20	秀野堂	王十朋《明庆忏院》
21		王之望《题王氏秀野堂》
22		刘一止《寄题李德修通判宣城隐舍二首仍次其韵(其二)》
23		刘克庄《寄题李尚书秀野堂一首》
24		吕本中《朱成伯秀野堂》
25		张侃《近于小圃筑堂名曰秀野隔河插木芙蕖旧有诗云》
26		李光《海南有五色雀土人呼为小凤罕有见者苏子瞻谪居此郡绍圣庚辰冬再见之常作诗记其事公实以是年北归癸酉冬亦两见之今二年矣乙亥八月二十二日会客陈氏园飞鸣庭下回翔久之众客惊叹创见因赋是诗》
27		杨万里《寄题程元成给事山居三咏(其二)》
28		陈造《次韵梁教授》
29		周必大《程元成待制书来叙别圃揽有亭葵心秀野二堂之胜见索恶语老病不暇遍赋谩往一篇》
30		周必大《致政杨图南金判惠园亭石刻来索恶语寄题四首(其一)》
31		周必大《致政杨图南金判惠园亭石刻来索恶语寄题四首(其二)》
32		洪适《题王氏秀野堂》
33		曹勋《题王懋功秀才秀野堂》
34		喻良能《题秀野堂》
35		赵彦端《鹊桥仙·江梅仙去》
36	秀野轩	赵抃《自温江宿僧净偲秀野轩》

　　"秀"与"野"的搭配具有两层含义。其一取草木繁荣之意来形容山野,实质就是对植被茂盛的自然景观的赞扬。这种理解比较常见,如元绛《题秀野

亭》所云:"亭占青山口,郊原四望平"以及文同登四川彭州南楼所叹"秀野含春煦,乔林拥暮寒"都取自这一含义。其二则专以"秀"表达小巧秀丽、以"野"表达质朴天然,形容园林的俭秀之美。开启这一园林审美风尚的先锋则是司马光及苏轼。熙宁十年(1077)苏轼读《独乐园记》时,对司马光自然俭秀的造园意匠大有感慨,于是提笔而作《司马君实独乐园》一诗,咏其"青山在屋上,流水在屋下。中有五亩园,花竹秀而野"。当然,"独乐园"坐落于洛阳坊巷之中,其景致并非完全符合"青山在上、流水在下"的意象。再者"独乐园"占地二十亩,也非诗中所云"五亩之园"。苏轼对"独乐园"作出的评价,实际只是抓住了该园简约天放的景观意象,通过文学手段对其进行了艺术处理。由于"独乐园"在宋代文人士大夫心中睥睨世间诸园的至高地位以及苏轼诗文突出的社会影响力,这一评价引发了宋人对"五亩之园、花竹秀野"的普遍追捧。如辛弃疾在《水调歌头·文字觑天巧》中咏园林"五亩园中秀野,一水田将绿绕,罢稏不胜秋"。王之望在《题王氏秀野堂》评价王氏之园"五亩丘园傍城市,一堂花竹带云山"。范端臣在《秀野亭》同样以"乞得天公五亩香"来联系"秀野"。

南宋诗人、教育家袁燮亦是"五亩之园、花竹秀野"的仰慕者,其在故里庆元府经营"秀野园",晚年与家人、门生徜徉于自家宅园的"秀野"之境。据袁燮《秀野园记》所述,此园最初仅有三亩大小,后来又增加了十余亩空间,扩建为"秀野园",其景观"不事华饰"、"虽秀而野"①。从袁燮的造园思想中可以看出,"秀野"格调的园林景观之所以空间局促、景色简朴,其原因并不是在设计上没有下工夫,而是不以游观为园林之乐。就好像司马光营独乐园一样,牡丹、芍药等观赏花卉每种只植两株,"识其名状而已,不求多也。"②袁燮认为,自己经营秀野园的初衷同司马光一样,并非落脚于享受园林游憩的乐趣。其

---

① 袁燮:《秀野园记》,载曾枣庄、刘琳主编:《全宋文(第281册)》,上海:上海辞书出版社、合肥:安徽教育出版社2006年版,第242—243页。

② 司马光:《独乐园记》,载曾枣庄、刘琳主编:《全宋文(第56册)》,上海:上海辞书出版社、合肥:安徽教育出版社2006年版,第236—238页。

于内在层面而言在于修心自省。"秀野园"内有花竹、景石,又有泉水环绕的假山,而其景物名目却均是"怡颜"、"蒙养"、"观妙"、"含清",修省之意可见一斑。袁燮的"秀野园"不纯粹只是对苏轼笔下之"秀野"的仿慕,其也有自己的专属内涵。袁燮早年家境清贫,园仅三亩,而其家人却于园中乐而忘贫。袁燮宦游归乡后,本着"稍有盈余,燕及宗族"的原则经营秀野园,以供亲党族人日涉闲游。再者,"秀野园"通达西塾,园林的经营也可为袁燮与其门人在教学过程中有景可观。因此,"秀野"之名在袁燮的加工下再度实现了园林立意上的超越,其意象的"刻意俭秀"成为园主"不寓意于游观之乐"的景观表达。

第四节 "清"的多义蕴含

"清"是中国园林之一大美学品格,尚"清"则一直是历代造园家所追求的一大风潮。作为一个源起于环境感知的审美概念,"清"与园林在环境构成层面就一直维系着物质上的客观联系。而随着"清"在人格审美、艺术审美方面的进一步拓展,其文化寓意逐渐丰实,进而成为园林造景立意的理想取材对象。宋时,尚"清"思想在园林之中可谓十分风行,但区别于本章所涉及的其他几大美学品格,"清"在宋代园林中的审美流变基本是继承性的。由于"清"的文化内涵具有明显的多义特征,其作为园林审美趣味时也承袭了这种多义倾向。由于"清"在宋代园林审美文化中的主流地位,这一品格的发展脉络仍然是园林历史研究中一个不容回避的议题。

一、"清"的哲学底蕴

在中国传统文化中,"清"是一个具有多重含义的复合概念。《说文解字》解"清"为"朖也,澂水之皃",表明了"清"发端于形容水之干净透彻,用来描述清水直接带来的视觉感官上的快适。随后其适用范围逐步扩大,开始通用于形容其他生理感觉,如触觉上的清凉,听觉上的清音。而随着先秦学术思想的发展,"清"逐渐被赋予了多重的哲学意义、宗教意义、伦理意义以及美学意义。首先在哲学方面,道家思想将"清"与"道"一同列入本体范畴,大力拓展了"清"在形而上层面的终极意义。老子云:"天得一以清,地得一以宁。"①"清"被视为是天"得一"后的一个概念。庄子认为,老子所谓"得一"就是"无为","天无为,以之清;地无为,以之宁。故两无为相合,万物皆化生。"②这类观点大致有两方面内涵,其一在于阐明了"清"是"道"的状态表现,即庄子所云:"夫道,渊乎其居也,漻乎其清也。"③其二在于将"清"与"天"对应联系,天对清、地对宁或浊,可以看出这一对应关系实质上没有脱离"清"之澄明通透的物象含义。总之,在老庄哲学中,"清"就是天道的表现。而在道教文化中,"清"与"天"的联系还有进一步发展。南北朝之后,道教"三清"世界观逐步成型。"三清"在发展历程上时间跨度较大。率先出现的是"太清",取自庄子"行之以礼义,建之以太清"之句,本义是天道,而东晋之后的道教典籍中则具备了仙境的意思,如《抱朴子·杂应》云:"上升四十里,名为太清,太清之中,其气甚罡,能胜人也。"④而在南北朝时,由"玉清"、"上清"、"太清"构成的"三清境"或"三清天"系统逐步完善。至隋唐时,"三清"指代已经十分明确。"玉清"为清微天玉清境、玉清元始天尊以及玉清九圣,"上清"为禹余天上清境、上清灵宝天尊以及上清九真,"太清"为大赤天太清境、太清道德天尊以及太清九仙。在意指天道或者描摹仙境时,"清"的文化品格都被升高到了人世之外的高度。其存在类似于"天地"之"天"、"阴阳"之"阳",被视为是一种极点性质的纯粹概念。

当然,"清"也不完全只有天道、仙境此类不近凡尘的缥缈内涵,道家哲学也常常将"清"与另外一个核心概念"静"相结合,以天道而诉诸人事。老子说:"清静以为天下正。"⑤又说:"孰能浊以静之徐清,孰能安以动之徐生。"⑥

① 《老子》,饶尚宽译注,北京:中华书局2016年版,第100页。
② 《庄子译注》,杨柳桥译注,上海:上海古籍出版社2012年版,第164页。
③ 《庄子译注》,杨柳桥译注,上海:上海古籍出版社2012年版,第104页。
④ 葛洪:《抱朴子内篇校释》,王明校释,北京:中华书局1986年版,第275页。
⑤ 《老子》,饶尚宽译注,北京:中华书局2016年版,第114页。
⑥ 《老子》,饶尚宽译注,北京:中华书局2016年版,第39页。

后一句意义在于阐述,类似于浊水静置而清,心浊同样可以通过平静而达到澄明的无为境地。"静"与"清"本身并无差异,只是前者具备过程含义,后者更侧重状态含义,二者之组合即在表达无为,而无为就是自然世界之道,也同时就是人生之道,故而得以为"天下正"。在诉诸人事时,道家的清静概念就是无为,或者更准确地说是无欲。"不欲以静,天下将自定。"[1]如若世人均以清静为思维及行动准则,那么社会秩序也就会自然产生。虽然道家哲学中也谈到了清静的社会价值,但其终究不过是个人价值的附属,清静的主要意义仍然是针对个人的。《庄子·在宥》写道:"无视无听,抱神以静,形将自正。必静必清,无劳女形,无摇女精,乃可以长生。"[2]"长生"未必非要指代生命的不朽,也可简单理解为延长寿命的养生含义。庄子认为,无欲则无以劳神,无为则无以劳形,养生之道即在于践行以清静为原则的生活方式。故此在道家思想中,清静本身就是利己的,只是这种利己极具智慧,不仅没有与社会产生矛盾,反而还促进了社会秩序的形成。

而在儒家思想中,"清"的概念则多数均是在社会语境下发生的,儒者对"清"的定位或评价均表现出了一定的伦理倾向。《论语·公冶长》载:

> 子张问曰:"令尹子文三仕为令尹,无喜色;三已之,无愠色。旧令尹之政,必以告新令尹。何如?"子曰:"忠矣。"曰:"仁矣乎?"曰:"未知;焉得仁?""崔子弑齐君,陈文子有马十乘,弃而违之。至于他邦,则曰:'犹吾大夫崔子也。'违之。之一邦,则又曰:'犹吾大夫崔子也。'违之。何如?"子曰:"清矣。"曰:"仁矣乎?"曰:"未知,焉得仁?"[3]

该典故中一共出现了"忠"、"清"、"仁"三个概念,楚人斗子文三度为相又三度被罢,面无喜怒,只是每每尽责完成新旧宰相的交接事务,被孔子评价

---

[1] 《老子》,饶尚宽译注,北京:中华书局2016年版,第94页。

[2] 《庄子译注》,杨柳桥译注,上海:上海古籍出版社2012年版,第96页。

[3] 《论语》,陈晓芬译注,北京:中华书局2016年版,第56—57页。

为"忠"。崔杼弑齐庄公,陈文子不仅弃而远之,每到一国时如有类似于崔杼一般的执政者则又选择离开,被孔子评价为"清"。"仁"则是儒家所推崇的核心伦理概念,在此段对话中并未给出释义,但其品格要高于前二者。子张与孔子的对话透露了两方面信息:其一,"清"是一种高洁道德操行,具体表现为不与浊者同流合污;其二,"清"与"忠"一样虽然值得肯定,但高度上仍未达到"仁"。孔子认为,最理想的状态应该是"仁"、"清"兼具,好比扣马谏阻、不食周粟的伯夷、叔齐,孔子称赞"不降其志,不辱其身"①。不降其志即为"仁",表现为社会的责任意识;不辱其身即为"清",表现为洁身自好的品行。若只"清"而不"仁",则"无可无不可"②。如果说道家屡屡将"清"与"静"并用来建构修身养性时无欲无为的境界,那么儒家则惯常将"清"与"仁"相联系来提倡独善其身与兼济天下之间的结合。除与"仁"相联系外,"清"在儒家思想中也存在一个"义"的伦理维度,其具体表现为"清廉"。《广雅释诂》曰:"廉,清也。"清廉在没有社会身份的立场下可以指代端正的道德素养,而站在士大夫的立场上则意味着公正无私的职业操守。"乐然后笑,人不厌其笑;义然后取,人不厌其取。"③处官宦之位并非是要求毫无索取,但只有取之有义才能算得上是清廉,如果是"可以取,可以无取"的情况,则"取伤廉"④。

二、"清"美的复合意义

"清"的美学意义随其概念的多义性而主要发散于三个方面。其一,"清"是一个以环境为对象的美学概念。最早与"清"相联系的对象是水,古人在环境审美、甚至其他维度的审美活动中对"清"的崇尚追根溯源就是农业文明对水的自然崇拜⑤。在这一点上,中国与西方文化均存在共同传统。郭店楚简版本的《老子》中的"太一生水"说、《管子》中的水为"万物之本原也"说都与

---

① 《论语》,陈晓芬译注,北京:中华书局 2016 年版,第 252 页。
② 《论语》,陈晓芬译注,北京:中华书局 2016 年版,第 252 页。
③ 《论语》,陈晓芬译注,北京:中华书局 2016 年版,第 186 页。
④ 《孟子》,万丽华、蓝旭译注,北京:中华书局 2016 年版,第 182 页。
⑤ 何庄:《尚清审美趣味与传统文化》,北京:中国人民大学出版社 2007 年版,第 52 页。

古希腊泰勒斯的"水为万物之原"说不谋而合①。于是,环境的"清"美就有了大致三种表现。第一种直观表现为环境中有清水的客观存在,取其存在意义。如李白《清溪行》所刻画的场景:"清溪清我心,水色异诸水……人行明镜中,鸟度屏风里。"第二种则具有一定抽象性,表现为与"生"的环境审美概念相联系,取水之功能意义。在"水原论"的背景下,环境之"清"美在于富有生机,然而并非所有的"生"都可以纳入"清"的范畴,其排除了生命的热烈而只吸纳生命的静态美感。如苏轼之句"竹外桃花三两枝,春江水暖鸭先知"。生意袭来却并不热闹,其画面感可谓"清"矣。第三种则人化程度较深,主要取自水之澄明、清凉等感知意义,在人化过程中演变为高洁、冷寂、平淡等情感或心性内涵,如白居易《清夜琴兴》"月出鸟栖尽,寂然坐空林"所描绘的清冷之境。

其二,"清"是一个以人为对象的美学概念,具体而言又可拆解为以人的外形为对象及以人的品格为对象。"清"可以传达人物外貌、特别是面部特征的俊秀之美。《诗经》就常常使用"清"来形容女子或男子眉目之间的清秀英俊,《郑风·野有蔓草》"有美一人,清扬婉兮"。《鄘风·君子偕老》"子之清扬,扬且之颜也"。《齐风·猗嗟》"猗嗟名兮,美目清兮"。具体而言就是具有水一般素雅、柔和、恬淡的拟人特征。在传达品格特征时,"清"则表现为高洁的思想及行事原则,甚至表现出了一定的隐逸倾向。如孔子认为隐士都具有"身中清"的特征②,司马迁作《史记》时也将伯夷树立为"清士"的榜样③。当然,清士也未必就是隐士,如上文在阐释"清廉"时所述,仕者兢业于职责、淡泊于名利,则同样是"清"的表现。

其三,"清"同时又是一个以艺术为对象的美学概念。最先与"清"发生联系的艺术形式是音乐,传黄帝战蚩尤时即奏有《清角》雅乐振威。在音乐艺术中,"清"具有高音的含义。对于黄帝之"清角",另外一种解释是指代"清角音",即与五声音阶"宫、商、角、徵、羽"中的"清宫"、"清商"、"清徵"等类似,

① 韩经太:《"清"美文化原论》,《中国社会科学》2003 年第 2 期。
② 《论语》,陈晓芬译注,北京:中华书局 2016 年版,第 252 页。
③ 司马迁:《史记(下)》,北京:中国文史出版社 2002 年版,第 416—417 页。

通过加"清"的方式在原音阶的基础上提高半音,故"清"在这里又有升高的意思。东汉经学家郑玄在疏注《乐记》时曰:"清,谓蕤宾至应钟也;浊,谓黄钟至仲吕。"①"清"直接指代了十二律中音调较高的后六律,其高音之义更加显而易见。古人对"清"乐的崇尚不纯粹是对高音的偏好,其同样具有伦理意义。荀子认为,君子之乐的根本特征在于"美善相乐",这种音乐"其清明象天,其广大象地,其俯仰周旋有似于四时",故其欣赏能够使人达到"耳目聪明,血气和平"的清和之境②。清和的审美评价同样也适用于文学艺术。《诗经·大雅·烝民》云:"吉甫作诵,穆如清风。"以"清风"喻文辞充分再现了尹吉甫作品所产生的和煦美感。魏晋南北朝后,文学艺术在"清"的审美品格之下又逐渐形成"清省"与"清丽"两种风格③。清省者纯素清淡,贵在自然简约。如陶渊明的田园诗,文藻质朴,却能创造出整体的冲和之美。相较而言,清丽则是具有修饰意味风格。然清丽虽华,却并不艳俗,其始终未脱离一个自然的范畴,具有"清新"或者"清巧"的倾向。清省与清丽的美学评价并非是不分伯仲的。从魏晋至隋唐,清丽一直是文风的主调,直到晚唐至两宋期间平淡美学的升格运动中,清省才得以超越清丽,成为文坛主流的艺术风格。书法及绘画领域同样存在着尚清的风向,且常常与其他概念交叉串联。如张彦远所辑《书法要录》中就有窦蒙提出的"贞"格,"骨清神正曰贞"④,其所表达的就是字体清秀、神态清正的艺术形象。黄休复在《益州名画录》提出画之"逸"格,"拙规矩于方圆,鄙精研于彩绘,笔简形具,得之自然"⑤,即类似于文章清省的绘画体现。"清"的审美特征不仅施展于尚意趣味的文人书画,也同时渗透于技艺精细的院休学派。北宋官修的《宣和书谱》及《宣和画谱》中同样常用"轻

---

① 郑玄:《礼记正义》,上海:上海古籍出版社 1990 年版,第 680 页。

② 《荀子》,安小兰译注,北京:中华书局 2016 年版,第 215 页。

③ 何庄:《尚清审美趣味与传统文化》,北京:中国人民大学出版社 2007 年版,第 165—184 页。

④ 张彦远:《书法要录》,武良成、周旭点校,杭州:浙江人民美术出版社 2012 年版,第 188 页。

⑤ 黄休复:《益州名画录》,何韫若、林孔翼注,成都:四川人民出版社 1982 年版,第 6 页。

清"、"清劲"、"清驶"的概念来形容书画走笔,使用"清约"、"清爽"、"清丽"的概念来形容书画作品的整体风格①②。

三、"清"的园林意蕴

尚"清"亦是宋人园林审美的普遍风气,江宁府城有"清虚堂"、成都府城有"清阴馆"、成州有"清风轩"、孟州有"扬清亭"、昭州有"清华阁"、京兆府奉天县有"清美轩"、庆元府慈溪县有"清清堂"、润州金坛县有"清修亭"、徐州萧县有"清心亭"等,以"清"为题的亭台楼阁遍布了两宋版图的南北东西,其各自吐露着"理一分殊"的园林"清"美意蕴。

北宋时有一名号"高识上人"的高僧曾于山水秀丽之处茸有一座名叫"清轩"的小园,僧人释契嵩曾对其留有题赋。"清轩"本身其实寻常,但其园赋对"清"的解读却十分精辟。《清轩赋》序曰:"夫天地之清,其感人也肃;圣贤之清,其感人也壮;时世之清,其感人也修;山川之清,其感人也爽。"③这段话梳理出了宋人对"清"的四大分类,其中"天地之清"属形而上的范畴,与园林美学关系不大,仅出现于少量道教文化浓郁的园林之中。剩余的三类,即"圣贤之清"、"时世之清"、"山川之清"则基本涵盖了两宋园林中"清"的所有美学品格,下文将对其展开论述。

(一)"圣贤之清"

"圣贤之清"事实上是一个儒、道兼顾的心性概念,意指不偏不倚、清静无为的人格审美特征,其之所以被纳入园林美学,本质上也是环境人格化的一种表现,即表达能够有益于形成圣贤品性,"浊以静之徐清"的园林环境。为突出"圣贤之清"的独立品格,美学语境中常常通过其对立面"浊"的塑造来于"清"形成对比,园林之中亦是如此。流传至今的北宋名园"沧浪亭"中的"沧

---

① 赵佶等:《宣和书谱》,桂第子译注,长沙:湖南美术出版社 2010 年版。

② 赵佶等:《宣和画谱》,岳仁译注,长沙:湖南美术出版社 2010 年版。

③ 释契嵩:《清轩赋》,载曾枣庄、刘琳主编:《全宋文(第 36 册)》,上海:上海辞书出版社、合肥:安徽教育出版社 2006 年版,第 371 页。

浪"即是凭借"清"、"浊"对比而创造出来的一个非常成功的园林美学话语。"沧浪"出自楚地民歌《沧浪歌》,孔、孟以及屈原都曾对这一话语作出过推敲。《孟子·离娄》记载了孔子听《沧浪歌》时的情景:"有孺子歌曰:'沧浪之水清兮,可以濯我缨;沧浪之水浊兮,可以濯我足。'孔子曰:'小子听之!清斯濯缨,浊斯濯足矣,自取之也。'"①《楚辞·渔父》中则叙述了屈原遭到流放后表明自己宁愿葬身湘江也不愿与世俗苟同,渔父听后"莞尔而笑,鼓枻而去,乃歌曰:'沧浪之水清兮,可以濯吾缨。沧浪之水浊兮,可以濯吾足。'遂去,不复与言"②。"清"与"浊"的对抗本应是激烈的,然而"沧浪"话语对其作出了调解,提出了一种更加圆通处世态度——"水清则濯缨、水浊则濯足"。人生之"清浊"如孔子所云"自取之也",其并不受世道"清浊"的禁锢。"沧浪"即是通过保持"圣贤之清"来驾驭世道的人生智慧。"沧浪亭"园主苏舜钦在庆历党争期间受旧党弹劾而被削籍为民,其与屈原有着相似的历史境遇。然而苏舜钦并没有选择极端的舍生取义,其被革职之后卜筑苏州,选择以园林生活的方式来坚持自己"圣贤之清"的人生信条,反思自己在官场时不能畅心于自然,却每日计较利弊得失,顿觉庸俗。

　　"圣贤之清"所表达的园林意象可以通过"沧浪亭"的景观构成略窥一二。从"清浊"到"沧浪",水始终是这一话语的本源意象。故此,水理当是该园最为突出的景观特征。从选址上看,"沧浪亭"建置于苏州城南三元坊一处与城市河道连通的湿地积水,其三面皆与水临。据推测,水在该园三十余亩的面积中占据了数十亩的分量③。水之两岸有杂花、修竹,以及南岸依地势之稍高而砌筑的景亭,其园林意象以苏舜钦《沧浪亭记》一句表现最佳:"澄川翠干,光影会合于轩户之间,尤与风月为相宜。"④此句中共反映出了三种类型的园林景观:其一为自然实物的水面及两旁竹树,是全园意象之核;其二为自然虚物

①　《孟子》,万丽华、蓝旭译注,北京:中华书局 2016 年版,第 154 页。
②　《楚辞全译》,黄寿祺、梅桐生译注,贵阳:贵州人民出版社 1993 年版,第 137 页。
③　王劲:《岂浊斯足清斯缨——沧浪亭之名实变迁考》,《建筑师》2011 年第 5 期。
④　苏舜钦:《沧浪亭记》,载曾枣庄、刘琳主编:《全宋文(第 41 册)》,上海:上海辞书出版社、合肥:安徽教育出版社 2006 年版,第 83—84 页。

的光影、风月,衬托、助力了园象艺术化的发生;其三是建筑,在园象中完全充当次要角色。三种类型中自然占据首要两席,充分反映了"沧浪"所表现的"圣贤之清"以自然造景为主的意象特征。作为全园景观的核心,水的意象尤为重要。从苏舜钦的描述中看,"沧浪亭"虽坐落城中,其水体却具备形态自然、水质清澈、流动通畅的三大特征,其园林之"清"美品格确可谓名副其实。

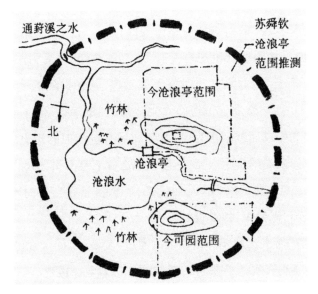

图 5.2　沧浪亭想象复原图①

（二）"时世之清"

"时世之清"即政事清平,其发源于儒家的"清"美思想,演绎至园林中则与上文所论述的"与民同乐"的情况类似,成为士大夫借造园活动宣扬政绩的一种手段,而这一手段随着两宋衙署园林的兴起而表现得尤其突出。宋人叔孙氏治婺源县时营有"清风堂",其立意即借"清风解暑"之名标榜为政之"清"。《婺源县清风堂记》云:"今夫徜徉于万物之表,而仁得之以除烦解暑

---

① 王劲:《岂浊斯足清斯缨——沧浪亭之名实变迁考》,《建筑师》2011 年第 5 期。

者,惟清风为然。"而政事"劳而愈炽",正好可以借"清风所以涤烦解愠"①。故此,"清风堂"实质为赞颂叔孙氏"胸中泾渭甚明"的品性以及治理婺源的政治功绩。此园除了以衙署官舍园林的类型出现外,并没有太多值得关注的特征。金坛县衙署有一"清修亭",为北宋士人吴中复治县时所建,其意图亦是标榜"曹无留事,讼源自闭"的政治功绩。从景观构成上看,这处园亭"绕带清渠,环映碧竹,野色在望",可以算是反映"时世之清"的表率意象了。不过为园作记的胡宿却提出,"置亭之本,不止专宴游、资赏眺、乐禽鱼驯闲、玩卉树华滋而已",其更在"靖共尔位"②。"靖共尔位"是《诗经·小雅》中的句子,意在告诫君子尽忠职守、恭谨治世。按胡宿的说法,修葺园亭更是成为官吏端正本职操守的一种方式了。再来看萧县县治内的"清心亭",其亭为尚书虞部员外郎梅氏知萧县时所建,其构园初衷"不敢以为游观之美,盖所以推本为治之意"③。亭成之后,梅氏就三番五次请曾巩为之作记,而曾巩则分别以"亡妹殇女之悲"两次推辞,然而梅氏之请却一直未休止,于是曾巩起笔草草写下《清心亭记》。这段记载更加说明,宋代士大夫不仅频频以"清"为主旨在其所任职的地方衙署修建园林,更想方设法地通过诗文的方式为园林留下痕迹。梅氏营"清心亭"数次向曾巩求文,其意图无非借助曾巩文章之名声来宣扬自己的园林以及政见。虽然不能排除梅氏执政之际确实秉承了"清正"原则,但此事至少说明,通过园林来宣扬政治已经成为两宋士人经营园林,特别是衙署园林的重要意图。

由此可见,两宋士大夫在园林中所崇尚的"时世之清"更多流于对自身执政态度的自诩及宣传。这一类型的园林尚"清"之风气或许仍与园林景观之间残存着一些蛛丝马迹的联系,但其造园意图与园林意象之间已经产生分离。

① 汪藻:《婺源县清风堂记》,载:曾枣庄、刘琳主编:《全宋文(第157册)》,上海:上海辞书出版社,合肥:安徽教育出版社2006年版,第266—267页。

② 胡宿:《润州金坛县清修亭记》,载曾枣庄、刘琳主编:《全宋文(第22册)》,上海:上海辞书出版社、合肥:安徽教育出版社2006年版,第196—197页。

③ 曾巩:《清心亭记》,载曾枣庄、刘琳主编:《全宋文(第58册)》,上海:上海辞书出版社、合肥:安徽教育出版社2006年版,第157页。

（三）"山川之清"

如果说"圣贤之清"与"时世之清"实质都是以人为中心的审美思想，那么"山川之清"则是完全弘扬道家"天地大美"而回归环境本身的一个类型。此类审美观念的推行者典型如邹浩、王景亮二人。邹浩是北宋晚期一位信奉道学的士人，崇宁初年遭蔡京党羽陷害而贬至昭州。昭州地处岭南，山水秀美，故而邹浩就风景之地营建了一座"清华阁"。当时，郡人见其以"清"名阁，认为意图也在标榜"圣贤之乐"，故问其之尚"清"是否也是乐于自己为政清平。不料邹浩却自叹道："此邦之人，仕者效官，居者营业，虽深好其景，而不暇游；樵者执柯，渔者布网，虽深造其景，而不能赏。"①邹浩的感叹代表了两宋又一大环境以及园林审美的品评观点——山川之美自在其中，何必寓意于人格。郓州城外汾水之北有一座名曰"清美堂"的湿地别墅，其园主王景亮又是一位彻底推崇自然之美在其自身的代表人物，其不仅以这一观点为造园主旨，更甚至连唐代名贤柳宗元通过建构"愚溪"而将园林人格化的做法给予了批判。唐永贞元年（805）柳宗元贬永州，于灌水之阳卜筑园林，名其园中溪水为"愚溪"，并写下了《愚溪对》假托梦之说创造了其与溪神之间的一场辩驳。在这段对话中，溪神质问柳宗元："我本清美，为何以'愚'之名侮辱我？"柳宗元的回答是："聪明的人如今被朝廷任用而驻留都城，只有我这么愚昧的人才会被发配至穷乡僻壤来守护着你。你虽然清美，却吸引不了聪明人，只能被愚昧的我来欣赏，难道不能称之为'愚'吗？"《愚溪对》虽然以柳宗元凿凿雄辩而取胜，但在王景亮看来，其道理却是不可取的。"物之清，惟其自然，宜不以人之所处要地僻壤改其度也。"②"清"美是自然景观的一个客观属性，其并不以人的意志为转移。虽然寓意于都市繁华的人面对"清"美的自然景观并不会给予太高的审美判断，但这种现象仅是由"人观之异"造成，并不波及景观之本

① 邹浩：《清华阁记》，载曾枣庄、刘琳主编：《全宋文（第131册）》，上海：上海辞书出版社、合肥：安徽教育出版社2006年版，第347—348页。

② 晁补之：《清美堂记》，载曾枣庄、刘琳主编：《全宋文（第127册）》，上海：上海辞书出版社、合肥：安徽教育出版社2006年版，第18—19页。

身。王景亮以"清美"作为园林主题,其意就在于展露自然美的本身。故王景亮将园林建置于靠山临水之地,南面广袤的天然湿地"梁山泊",既有丘陵冈阜,又有溪泉湖泊,周遭植被茂盛、麦田弥望,充分显露自然山水本身的面貌。王景亮倡导仕者无论进退都能以理性的思维来挖掘自然景观最真实的美学价值,这一做法与邹浩感叹樵夫渔民身于青山秀水之中却不能察觉到自然的美学价值无疑构成了呼应,"清华阁"与"清美堂"两座园林也一同成为以彰显"山川之清"为造园主旨的典型代表。

小　结

宋代园林审美意识的嬗变是中国美学思想在宋时发生重要转折的直接体现。自秦汉迄盛唐,园林美学的内涵表现得十分局促,期间所留下的多数历史名园,或如建章宫那样充满神话幻想,或如金谷园那样停留于对美好事物的堆砌,再或如始宁墅那样执着于林泉之间的田园生活,并没有涌现出个性鲜明的设计思想。而自晚唐迄两宋,文人士大夫阶层的迅速崛起,美学思想激荡奔流。而伴随着文人士大夫对造园实践的日益钟情,园林景观的建设开始融入了更多的人文关怀,园林审美活动中逐渐浮现出更为具体的、满目琳琅的美学品格,这一变化开启了造园理论首度普遍以文章形式出现的现象①,其标志着园林设计开始真正进入自由艺术的创作阶段,将园林视为艺术作品而探讨的意义大幅提升。

"乐"、"隐"、"野"、"清"是中国传统美学中品格各有殊异但又有融糅的几个范畴,其同时也是宋人在园林文学、园题景题中最常出现的四个概念,四者共同构成了宋代园林美学中尚"乐"、尚"隐"、尚"野"、尚"清"的主流思潮。这四种风尚的意义演变倾吐着有宋一代园林审美意识整体的嬗变趋向。

"乐"源起于孔孟的"乐"学思想、庄子的"至乐"思想等内容,其对人的心

---

① 侯迺慧:《宋代园林及其生活文化》,台北:三民书局 2010 年版,第 517 页。

性修养提出了超然于世俗之外的至高要求,故而长期以来都保持着非圣贤而不可企及的人生境界的地位。然而,宋代理学的发微一方面充分吸收先哲的"乐"学观念,另一方面却又对源发于情感的最基本的生活乐趣秉持着包容态度,将"乐"从境界高度重新引荐至世俗,同时贯通于园林美学之中,诞生出"安乐"、"独乐"、"同乐"此类生活化的、社会化的园林话语,形成了"乐"的雅俗共兼的审美趣味。经过宋人对"乐"的再次解读,这一美学品格愈发在园林之中风行阐扬,最终得以构成贯穿中国园林艺术之始终的最为突出的美学概念。

"隐"即隐逸思想在园林中的表达。自先秦到魏晋,隐逸从生命难以得到保障的苦行僧式的避世行为逐渐发展至自食其力、朝夕耕桑的田园生活。中唐以后,"中隐"思想浮出水面,隐逸与园林之间的关系首次发展到了极其紧密的程度,园林隐逸引来思想蜕变之前夜。在宋代党争激烈、宦海沉浮的特殊政治背景下,士大夫阶层虽对"中隐"思想表现出普遍服膺,但其"中隐于园"的隐逸实践却又表现出极强的被动性与暂时性。两宋士大夫在园林审美上保持着对"隐"的向往,然其心态却是"热"而不"诚",多数士人即便抛弃了"隐士"身份却仍然将自己的园林视为是隐逸的场所。南宋时,少量高官权臣经营隐逸园林的现象更是征兆着隐逸文化"变质"势头的悄然出现。至此,"隐"在园林之中逐渐成为了名过其实的形式。

"野"在先秦时期本指郊区之外文明尚未涉足的地方,即具有荒野的含义。东汉以来又使用"朝野"之"野"寓意民间,打破了"野"与文明之间的对立,将其视为人力精巧、高度秩序的反面。自孔子"文质"理论后,"野"逐步成为文艺评论中的一个重要范畴,描述作品不羁、率真、适意、天放的美学意味。宋时随造园艺术化程度的加深,这一概念也开始被纳入园林美学的范畴。然而深入分析两宋期间以"野"为主旨的园林后可以发现,宋人眼中的园林之"野"实质上却是人为的、秩序的表现。特别是在宋人所建构的"秀野"话语中,"野"的美学品格完全脱离了其所应有的"崇高",转而表现出"优美"的特征。这一转变标志着宋代园林美学所赋予"野"的终极人文关怀,使其成为一种可以品赏玩味的人化自然。

"清"的概念谱系则是一段由单纯形容水的澄净状态逐渐演变为具有哲学、美学、宗教、伦理多重意义的发展历程。"清"在道家及道教思想中地位尤其突出，其在世界观上分别充当着天及仙境的本体构成，于个人层面又视"清"为无为的表现。儒家思想则侧重于构建"清"的心性内涵，将其释义为不与世俗同流合污。在宋代园林美学中，"清"的复义属性被完全继承发扬，出现了推崇儒家"时世之清"、道家"山川之清"以及儒道兼顾的"圣贤之清"的三种主流园林尚"清"思想，其三者在塑造园林意象的艺术方法上各有侧重，不但使园林"清"美的表现变得更为多样，同时也将"清"打造成为一种能够被更多人接受的园林审美趣味。

无论"乐"、"隐"、"野"、"清"，其文化在源起之时均保持着一个相对狭窄的受力面，四种美学品格的鉴赏难以在更广泛的程度上推行开来。而在宋代园林的美学思想中，"乐"、"隐"、"野"、"清"从遥不可及、难以接受逐渐转变到了唾手可得、贴近生活，这一整体变化反映了人本主义思潮的阒然觉醒，其自由、活跃、休闲的园林创作气氛为两宋园林艺术之发展铸就了西方文艺复兴式的繁荣辉煌。

结　　论

　　宋代之所以被视为是中国古典园林的成熟伊始,其原因即在于造园活动发生了一系列深刻的变革,两宋园林变革的历史意义就在于将中国园林推向了成熟与完备。

　　宋代之前,园林的享有权一直局限于皇亲贵戚、门阀世族以及少数的知识精英,即便是中国封建社会鼎盛时期的李唐王朝也未能扭转园林作为上流社会专享的现实。由于园林的数量较为鲜少,且封闭程度较高,故其只能游离于社会主流文化之外的范畴。这一现象正是阻滞造园活动走向成熟的重要原因之一。而宋代园林相较前代而言,最直观的变化即表现于园林数量上的激增以及开放程度的提高。赵宋王朝虽然领土面积大不如前,但全国园林数量却明显超越李唐。除开历代均作为造园活动中心的都城城市圈之外,宋代园林的分布遍及黄河流域、长江流域、东南沿海三大区域,南宋之后更是覆盖了当时全国的大部分疆域。在开放程度上,宋时不仅城市郡圃、郊野名胜构成市民日常游憩的公共场所,甚至部分私人所有的宅园别墅也会定期对外开放,园林游憩开始成为大众生活的重要内容。虽然社会文明在整体上仍囿于封建制度的约束,但园林的概念已经明显开始向当代"公园"、"风景区"的方向逐渐发展。园林数量及开放程度的增高反映了园林服务对象突破了传统桎梏,在宋代实现扩大,园林借此际遇开始跻身社会主流文化。

　　自先秦至隋唐,国家的发展中心始终辗转于黄河流域的北方地区。就整体而言,长江以南的南方地区在经济和文化上远没有北方地区那么发达。因此,无论是城市、建筑还是园林,北方地区始终代表着中国最先进、最繁荣的技术与文化。然而在北宋时期,长江流域以及东南沿海一带的发展表现出了充沛活力,其经济、文化地位明显提高。江南地区更凭借长期积累的农业、商业、手工业优势,及其便利的陆运、河运、海运条件而发展到了与中原地区难分伯仲的境地。随着南北交流的日益频繁,南方植物、建筑、山石等景观要素都被北方采纳引进,南北园林实现了全面的交融。南宋之后,由于北方生态环境的恶化以及领土主权的丧失,其造园活动逐渐走向衰微。而南方地区在宋室南渡之后成了国家经济、政治、文化的共同中心,其社会发展超越北方地区。南方园林在此时开始以盖过北方园林的发展态势,正式成为中国园林历史舞台上的主角。

造成宋代园林变革的原因是多方面的,经济、政治无疑是根本,但是,我们不能不强调美学对于宋代园林变革的特殊作用。宋代是中国古典美学变革期,与整个中华古典文化在宋代趋向成熟的历史特征相一致的是,宋代的美学亦达到了历史上的最高峰,以儒家为主干,融道、释于一体的美学观基本形成,原本主导文学、艺术领域之发展的美学思想,开始更加深入地渗透到了造园活动之中,赋予了园林景观更强大的艺术生命力。宋代园林的主题是尘世的享受。虽包含物质享受,但主要是精神享受。固有的自然美欣赏继续存在,但被赋予了新的文化内涵,特别是植物花木的欣赏。文学、艺术大量的进入园林,园林成为文艺创作及展示的最佳场所。始自先秦、兴于魏晋南北朝的审美趣味"乐"、"隐"、"野"、"清"等,原本出于避世、寻仙、得道,在此时,名虽存,味却已变化。"乐",不再只是儒家所标榜的志在高远的"孔颜之乐",也不尽在只是"悠然心会"的"泉石之乐",而兼有世俗的吃喝玩乐。快乐回归它的本位,成为兼顾物质及精神两个层面的快乐。由于宋朝最高统治者重视文人,皇帝与士大夫共治天下。一般来说,优秀的知识分子较为容易获得晋升之阶,这就大大增强了知识分子原来就有的入世愿望。知识分子的社会担当意识得到张扬,范仲淹的"先天下之忧而忧,后天下之乐而乐",借《岳阳楼记》美文而名震天下。张载的"为天地立心,为生民立命,为往圣继绝学,为万世开太平"宏伟抱负绝不只是他一个人具有，而是宋代知识分子普遍的人生理想。可以说，宋代是知识分子最幸运的朝代，宋代的知识分子也称得上中国历代知识分子的楷模。在这种背景下，决心不与统治者合作的许由、严光式的隐士实在不多。有意思的是，知识分子仍然会固守自己的本位，以示独立性，故仍不忘标榜清高、疏野、恬淡，也时不时说一说归隐，然其真实想法是两者兼有。欧阳修在《浮槎山水记》中说了实话："夫穷天下之物，无不得其欲者，富贵者之乐也。至于荫长松，藉丰草，听山溜之潺湲，此山林者之乐也。而山林之士视天下之乐，不一动其心；或有欲于心，顾力不可得而止者，乃能退而获乐于斯。彼富贵者之能致物矣，而其不可兼者，惟山林之乐尔。"富贵与山林，在这里代表两种人生——红尘与尘外。由富贵之乐和山林之乐导出的两种审美方式——俗与雅、文与野、闹与静等，本来在日常生活中不可得兼的趣味却在园林中得兼了，于是造就了宋代园林"雅俗之乐"、"形式之隐"、"人文之野"、"多义之清"种种审美趣味的大千气象。总之，两宋美学思想对园林营造、景观品赏的影响比之前的朝代更加深刻，而宋代美学在中国历史上登峰造极的成就又在整体上提升了宋代园林的美学品格，园林至此得以摇身成为中华文化之集萃。

宋代园林的变革为后世造园活动奠定了基调，其作用可谓是为中国园林的历史发展指明了方向。元、明、清三代以来，社会主流园林的历史发展与宋代一脉相承。即使元明之际战争频发，但社会生产力的发展始终推动着园林在普及程度以及精致程度上的进一步加深。在明代商品经济的长期发展过程中，园林的设计与建构终于形成行业，造园手法的理论体系也开始出现。随后世王朝在国土疆域上实现的高度统一，各地园林的发展继续发挥光彩。承绪于两宋以黄河、长江以及东南沿海为轴线的园林分布特征，中国园林终于在清代完全形成北方、江南、岭南的三大地方风格。宋代以后，虽然皇家宫苑一反不求宏大的做法，开始再度显现出皇家气派，然其刻意修饰、积极吸收南方技艺的传统大致未变。元、明、清时的园林完全秉承了宋时开启的文人趣味。虽然在表面上，造园活动的实践主体已经由文人转变为职业造园师，然而诸如计成、张涟、戈裕良等明清造园巨匠，其无一不是自幼习墨、通晓文艺，其不仅具备文人的文化素养,更掌握着专业的造园技艺,文人园林的发展也因此达到了无以加复的巅峰。宋代园林日渐浓郁的生活休闲意识在后世市民文化全面崛起的背景下表现出了更为鲜明的人本主义情怀,造园主旨时刻围绕"闲适"二字,悠游于人工渐胜天工的壶中天地成为明清园林生活情趣的普遍表达。两宋文人所建树的园林简素清雅之风亦受到文震亨、李渔等后世园论家的赞赏与弘扬,其各自通过《长物志》《闲情偶寄》的著述,在日益流俗市民生活的造园趋向下,挽留住了文人园林的简雅风尚。可以说,宋代园林的变革为中国园林的发展确立了一条汇集中华文化之精粹的历史主线,其孕育了明清时期逐渐成形的中国园林印象。借钱穆先生"中国之为中国,是惟宋儒之功"的话语,中国园林之为中国园林,究其所以,是两宋之变革。

由于宋代在经济及科技上的世界领先地位,故其造园活动具备着高于世界水平的基础条件。然而即便除却这一客观表现,宋代园林在设计思想方面的转变同样在世界园林的发展历程上占据着十分重要的地位。两宋之所以有东方文艺复兴之誉,其表现之一就在于造园活动在文人士大夫阶层的引导下步入了更为自由的艺术领域。在宋代所处的10—13世纪期间,世界园林设计基本与宗教文化形影不离。"封闭式花园"(Hortus Conclusus)是中世纪盛期欧洲地区最为盛行的园林设计范式,其实际上是根据《圣经·旧约·雅歌》"一个围合花园就是我的姐妹,我的伴侣(皆指圣母玛利亚);一条闭合的泉水,一个密封的喷泉"而做出的一种景观摹写。11世纪之后,伊斯兰地区的"四分园"(Chahar Bagh)设计也表现出了强烈的宗教倾向,其以横纵交叉的水渠将园林四分,其目的也在于模拟《古兰经》中果树荫翳,酒、奶、蜜、水四条河流纵横交错的"乐园"意象。中国园林在宋代之前同样交织着宗教文化,例如"一池三山"的仙苑设计范式,高台建筑的通神求仙功能,园林植物的长生不老、驱邪制鬼寓意等。而在理学文化的濡养下,宋代的园林设计基本摆脱了宗教文化,代之以具有伦理纲常或自然审美意味的生活文化。呼应于艺术脱离宗教而走向自由独立的发展历程,宋代园林在设计思想上的转变为世界园林设计摆脱宗教、走向艺术与生活发出了先声。

　　然而遗憾的是,在宋代灭亡直至封建社会结束的七个多世纪以来,中国园林的营造技艺虽然精益求精,但却再也没有出现本质上的创新。而伊斯兰园林则随着与欧洲文化的频繁交流而与之发生了诸多融合,欧洲园林更在经历了西方文艺复兴之后出现了巴洛克风格、新古典主义、浪漫主义等令人欣喜的发展。长期拜服于唐宋文化的日本园林也终于在充分吸纳禅宗思想后创新性的造就了枯山水园林。中国园林为何在两宋之后再未出现根本的创新成为一个发人深思的历史问题。

参 考 文 献

一、历史文献

1.《楚辞全译》,黄寿祺、梅桐生译注,贵阳:贵州人民出版社,1993 年。

2.《道藏》,北京:文物出版社、上海:上海书店、天津:天津古籍出版社,1988 年。

3.《尔雅译注》,胡奇光、方环海译注,上海:上海古籍出版社,1999 年。

4.《韩非子》,李维新等注译,郑州:中州古籍出版社,2008 年。

5.《皇宋中兴两朝圣政》,台北:文海出版社,1980 年。

6.《老子》,饶尚宽译注,北京:中华书局,2016 年。

7.《论语》,陈晓芬译注,北京:中华书局,2016 年。

8.《孟子》,万丽华、蓝旭译注,北京:中华书局,2016 年。

9.《宋元方志丛刊》,北京:中华书局,1990 年。

10.《山海经译注》,陈成译注,上海:上海古籍出版社,2014 年。

11.《荀子》,安小兰译注,北京:中华书局,2016 年。

12.《周礼译注》,杨天宇译注,上海:上海古籍出版社,2016 年。

13.《周易》,杨天才译注,北京:中华书局,2016 年。

14.《庄子译注》,杨柳桥译注,上海:上海古籍出版社,2012 年。

15. 毕沅:《续资治通鉴》,北京:中华书局,1957 年。

16. 陈澔注:《礼记》,金晓东校点,上海:上海古籍出版社,2016 年。

17. 陈淏子:《花镜》,北京:农业出版社,1962 年。

18. 陈景沂:《全芳备祖》,程杰、王三毛点校,杭州:浙江古籍出版社,2014 年。

19. 陈均:《九朝编年备要》,见［清］永瑢等《文渊阁四库全书(第 328 册)》,上海:上海古籍出版社,2003 年。

20. 陈思:《海棠谱》,北京:当代中国出版社,2014 年。

21. 陈寿：《三国志》，金名、周成点校，杭州：浙江古籍出版社，2002 年。

22. 陈知柔：《休斋诗话》，见郭绍虞辑：《宋诗话辑佚》，北京：中华书局，1980 年。

23. 陈翥：《桐谱校注》，潘清连校注，北京：农业出版社，1981 年。

24. 程颐、程颢：《二程集》，北京：中华书局，2004 年。

25. 程颢、程颐：《二程遗书》，上海：上海古籍出版社，2000 年。

26. 戴埴等：《鼠璞（及其他两种）》，北京：中华书局，1985 年。

27. 邓牧：《洞霄宫图志》，北京：中华书局，1985 年。

28. 邓玉函：《奇器图说》，王徵译，见张福江：《四库全书图鉴（第 10 册）》，北京：东方出版社，2004 年。

29. 杜绾：《云林石谱》，北京：中华书局，2012 年。

30. 杜佑撰：《通典》，北京：中华书局，1984 年。

31. 董诰等：《全唐文》，北京：中华书局，1983 年。

32. 范成大：《吴郡志》，南京：江苏古籍出版社，1999 年。

33. 范成大：《范成大笔记六种》，孔凡礼点校，北京：中华书局，2002 年。

34. 范晔：《后汉书》，李贤等注，北京：中华书局，2000 年。

35. 范镇、宋敏求：《东斋记事·春明退朝录》，北京：中华书局，1980 年。

36. 房玄龄等：《晋书》，北京：中华书局，2000 年。

37. 高承：《事物纪原》，北京：中华书局，1985 年。

38. 葛洪：《抱朴子内篇校释》，王明校释，北京：中华书局，1986 年。

39. 龚明之：《中吴纪闻》，上海：上海古籍出版社，2012 年。

40. 郭若虚、邓椿：《图画见闻志·画继》，米田水译注，长沙：湖南美术出版社，2010 年。

41. 郭思：《林泉高致》，北京：中华书局，2010 年。

42. 韩愈：《韩愈选集》，孙昌武选注，上海：上海古籍出版社，2013 年。

43. 黄休复：《益州名画录》，何韫若、林孔翼注，成都：四川人民出版社，1982 年。

44. 黄以周等：《续资治通鉴长编拾补》，顾吉辰点校，北京：中华书局，2004 年。

45. 黄仲昭：《八闽通志》，福州：福建人民出版社，2006 年。

46. 黄宗羲：《宋元学案》，北京：中华书局，1986 年。

47. 计成：《园冶注释》，陈植注释，北京：中国建筑工业出版社，2006 年。

48. 孔元措：《孔氏祖庭广记》，北京：中华书局，1985 年。

49. 郦道元：《水经注校正》，陈桥驿校正，北京：中华书局，2013 年。

50. 黎靖德：《朱子语类》，王星贤点校，北京：中华书局，1986 年。

51. 梁克家：《淳熙三山志》，见《宋元珍稀地方志丛刊（甲编）》，王晓波等点校，成都：四川大学出版社，2007 年。

52. 李昉：《太平御览》，夏剑钦校点，石家庄：河北教育出版社，1994 年。

53. 李诫：《营造法式》，上海：商务印书馆，1954 年。

54. 李吉甫：《元和郡县图志》，贺次君点校，北京：中华书局，1983 年。

55. 李林甫等：《唐六典》，陈仲夫点校，北京：中华书局，1992 年。

56. 李焘：《续资治通鉴长编》，北京：中华书局，2004 年。

57. 李格非、范成大：《洛阳名园记·桂海虞衡志》，北京：文学古籍刊行社，1955 年。

58. 李濂：《汴京遗迹志》，北京：中华书局，1999 年。

59. 李时珍：《本草纲目》，北京：中国书店，1988 年。

60. 李攸：《宋朝事实》，北京：中华书局，1955 年。

61. 梁廷楠：《南汉书》，林梓宗校点，广州：广东人民出版社，1981 年。

62. 林洪等：《山家清事》，北京：中华书局，1991 年。

63. 刘安：《淮南子》，陈静注译，郑州：中州古籍出版社，2010 年。

64. 刘勰：《文心雕龙校注通译》，戚良德校注，上海：上海古籍出版社，2008 年。

65. 刘灏：《广群芳谱》，上海：上海书店，1985 年。

66. 柳宗元：《柳宗元集校注》，尹占华、韩文奇校注，北京：中华书局，2013 年。

67. 陆九渊：《陆九渊集》，钟哲点校，北京：中华书局，1980 年。

68. 陆玑：《毛诗草木鸟兽虫鱼疏》，北京：中华书局，1985 年。

69. 陆游：《入蜀记校注》，蒋方校注，武汉：湖北人民出版社，2004 年。

70. 陆游：《老学庵笔记》，李剑雄、刘德权点校，北京：中华书局，1979 年。

71. 马端临：《文献通考》，北京：中华书局，1986 年。

72. 孟元老：《东京梦华录笺注》，伊永文笺注，北京：中华书局，2006 年。

73. 欧阳修：《欧阳修全集》，李逸安点校，北京：中华书局，2001 年。

74. 欧阳修、宋祁：《新唐书》，北京：中华书局，2000 年。

75. 钱易、黄休复：《南部新书·茅亭客话》，尚成、李梦生点校，上海：上海古籍出版社，2012 年。

76. 秦观：《淮海集》，徐培均笺注，上海：上海古籍出版社，2000 年。

77. 唐慎微：《证类本草》，上海：上海古籍出版社，1991 年。

78. 脱脱：《宋史》，北京：中华书局，2000 年。

79. 司马迁：《史记》，北京：中国文史出版社，2002 年。

80. 司马光：《司马温公文集》，北京：中华书局，1985年。

81. 宋敏求：《长安志（附长安志图）》，北京：中华书局，1991年。

82. 邵雍：《伊川击壤集》，北京：中华书局，2013年。

83. 邵伯温：《邵氏闻见录》，北京：中华书局，1983年。

84. 沈括：《梦溪笔谈》，张富祥译注，北京：中华书局，2016年。

85. 沈约：《宋书》，北京：中华书局，2000年。

86. 师旷等：《师旷禽经·相鹤经·续诗传鸟名》，北京：中华书局，1991年。

87. 释文莹、严羽：《玉壶清话·沧浪诗话》，南京：凤凰出版社，2009年。

88. 苏轼：《苏轼文集》，孔凡礼点校，北京：中华书局，1986年。

89. 苏辙：《苏辙集》，陈宏天、高秀芳点校，北京：中华书局，2004年。

90. 王象之：《舆地纪胜》，杭州：浙江古籍出版社，2012年。

91. 王明清：《挥尘录》，上海：上海书店出版社，2009年。

92. 王应麟：《玉海》，南京：江苏古籍出版社，上海：上海书店，1987年。

93. 王溥：《唐会要校正》，牛继清校正，西安：三秦出版社，2012年。

94. 王称：《二十五别史·东都事略》，济南：齐鲁书社，2000年。

95. 韦庄：《韦庄集笺注》，聂安福笺注，上海：上海古籍出版社，2002年。

96. 吴鼐等：《阳宅撮要（及其他两种）》，北京：中华书局，1991年。

97. 吴自牧：《梦粱录》，杭州：浙江人民出版社，1980年。

98. 徐梦莘：《三朝北盟会编》，台北：大化书局，1979年。

99. 徐松：《宋会要辑稿》，刘琳等校点，上海：上海古籍出版社，2014年。

100. 徐松：《唐两京城坊考》，[清]张穆校补，方严点校，北京：中华书局，1985年。

101. 荀悦：《申鉴》，上海：上海古籍出版社，1990年。

102. 杨仲良：《皇宋通鉴长编纪事本末》，哈尔滨：黑龙江人民出版社，2006年。

103. 袁采：《袁氏世范》，贺恒祯、杨柳注释，天津：天津古籍出版社，2016年。

104. 袁褧、周煇：《枫窗小牍·清波杂志》，尚成、秦克校点，上海：上海古籍出版社，2012年。

105. 岳珂：《桯史》，吴企明点校，北京：中华书局，1981年。

106. 曾枣庄、刘琳：《全宋文》，上海：上海辞书出版社，合肥：安徽教育出版社，2006年。

107. 长孙无忌等：《唐律疏议》，北京：中国政法大学出版社，2013年。

108. 张君房：《云笈七签》，北京：中华书局，2003年。

109. 张载：《张载集》，北京：中华书局，1978年。

110. 张世南、李心传：《游宦纪闻·旧闻证误》，北京：中华书局，1981 年。

111. 张彦远：《书法要录》，武良成、周旭点校，杭州：浙江人民美术出版社，2012 年。

112. 赵佶等：《宣和书谱》，桂第子译注，长沙：湖南美术出版社，2010 年。

113. 赵佶等：《宣和画谱》，岳仁译注，长沙：湖南美术出版社，2010 年。

114. 赵佶等：《大观茶论》，北京：中华书局，2013 年。

115. 赵令畤、彭乘：《侯鲭录·墨客挥犀·续墨客挥犀》，孔凡礼点校，北京：中华书局，2002 年。

116. 赵彦卫：《云麓漫钞》，北京：中华书局，1983 年。

117. 郑玄：《礼记正义》，上海：上海古籍出版社，1990 年。

118. 郑樵：《通志二十略》，王树民点校，北京：中华书局，1995 年。

119. 庄绰：《鸡肋编》，北京：中华书局，1983 年。

120. 周城：《宋东京考》，北京：中华书局，1988 年。

121. 周敦颐：《周敦颐集》，梁绍辉等点校，长沙：岳麓书社，2007 年。

122. 周密：《癸辛杂识》，北京：中华书局，1988 年。

123. 周密：《武林旧事》，钱之江校注，杭州：浙江古籍出版社，2011 年。

124. 周密：《齐东野语》，黄益元校点，上海：上海古籍出版社，2012 年。

125. 周密：《浩然斋雅谈》，北京：中华书局，2010 年。

126. 祝穆、祝洙：《方舆胜览》，北京：中华书局，2003 年。

127. 周应合：《景定建康志》，见《宋元珍稀地方志丛刊（甲编）》，王晓波等点校，成都：四川大学出版社，2007 年。

二、当代著作

1. 卜孝萱、郑学檬：《五代史话》，北京：北京出版社，1985 年。

2. 曹婉如等：《中国古代地图集（战国—元）》，北京：文物出版社，1990 年。

3. 曹林娣：《中国园林文化》，北京：中国建筑工业出版社，2005 年。

4. 陈寅恪：《金明馆丛稿二编》，北京：生活·读书·新知三联书店，2001 年。

5. 陈从周：《园林谈丛》，上海：上海文化出版社，1980 年。

6. 陈从周：《中国园林鉴赏辞典》，上海：华东师范大学出版社，2000 年。

7. 陈明达：《营造法式大木作研究》，北京：文物出版社，1981 年。

8. 陈望衡：《中国古典美学史》，武汉：武汉大学出版社，2007 年。

9. 陈望衡：《中国美学史》，北京：人民出版社，2005 年。

10. 陈振:《宋史》,上海:上海人民出版社,2003 年。

11. 陈野:《南宋绘画史》,上海:上海古籍出版社,2008 年。

12. 仇春霖:《群芳新谱》,北京:科学普及出版社,1981 年。

13. 邓洪波:《中国书院史》,武汉:武汉大学出版社,2012 年。

14. 傅熹年:《中国科学技术史(建筑卷)》,北京:科学出版社,2008 年。

15. 傅熹年:《中国古代建筑史(第 2 卷,三国、两晋、南北朝、隋唐、五代建筑)》,北京:中国建筑工业出版社,2009 年。

16. 傅伯星、胡安森:《南宋皇城探秘》,杭州:杭州出版社,2002 年。

17. 傅合远:《中华审美文化通史(宋元卷)》,合肥:安徽教育出版社,2007 年。

18. 葛金芳:《中国经济通史:第五卷》,长沙:湖南人民出版社,2002 年。

19. 郭黛姮:《中国古代建筑史(第 3 卷,宋、辽、金、西夏建筑)》,北京:中国建筑工业出版社,2009 年。

20. 郭黛姮:《南宋建筑史》,上海:上海古籍出版社,2014 年。

21. 侯迺慧:《宋代园林及其生活文化》,台北:三民书局,2010 年。

22. 何庄:《尚清审美趣味与传统文化》,北京:中国人民大学出版社,2007 年。

23. 胡孚琛:《中华道教大辞典》,北京:中国社会科学出版社,1995 年。

24. 胡志宏:《西方中国古代史研究导论》,郑州:大象出版社,2002 年。

25. 金学智:《中国园林美学》,北京:中国建筑工业出版社,2005 年。

26. 钱穆:《中国学术通义》,台北:兰台出版社,2009 年。

27. 蓝勇:《西南历史文化地理》,重庆:西南师范大学出版社,1997 年。

28. 梁思成:《中国建筑史》,北京:生活·读书·新知三联书店,2011 年。

29. 柳诒徵:《中国文化史》,长沙:岳麓书社,2009 年。

30. 粟品孝等:《成都通史·五代(前后蜀)两宋时期》,成都:四川人民出版社,2011 年。

31. 李泽厚:《美的历程》,北京:文物出版社,1981 年。

32. 李浩:《唐代园林别业考录》,上海:上海古籍出版社,2005 年。

33. 李敏、何志榕:《闽南传统园林营造史研究》,北京:中国建筑工业出版社,2014 年。

34. 潘谷西、何建中:《营造法式解读》,南京:东南大学出版社,2005 年。

35. 漆侠:《中国经济通史:宋代经济卷》,北京:经济日报出版社,1999 年。

36. 漆侠:《辽宋西夏金代通史》,北京:人民出版社,2010 年。

37. 史念海:《中国古都与文化》,北京:中华书局,1998 年。

38. 童寯:《江南园林志》,北京:中国建筑工业出版社,1984 年。

39. 王国维:《宋元戏曲史》,上海:上海古籍出版社,2011 年。

40. 汪篯:《汪篯隋唐史论稿》,北京:中国社会科学出版社,1981 年。

41. 王毅:《中国园林文化史》,上海:上海人民出版社,2014 年。

42. 王炳照、郭齐家:《中国教育史研究(宋元分卷)》,上海:华东师范大学出版社,2000 年。

43. 王水照:《宋代文学通论》,开封:河南大学出版社,1997 年。

44. 王铎:《中国古代苑园与文化》,武汉:湖北教育出版社,2003 年。

45. 王劲峰:《空间分析》,北京:科学出版社,2006 年。

46. 吴怀祺:《中国文化通史(两宋卷)》,北京:北京师范大学出版社,2009 年。

47. 许少飞:《扬州园林史话》,扬州:广陵书社,2013 年。

48. 徐书城:《宋代绘画史》,北京:人民美术出版社,2000 年。

49. 袁琳:《宋代城市形态和官署建筑制度研究》,北京:中国建筑工业出版社,2013 年。

50. 杨渭生:《两宋文化史》,杭州:浙江大学出版社,2008 年。

51. 张家骥:《中国造园史》,台北:明文书局,1990 年。

52. 张立文、祁润兴:《中国学术通史(宋元明卷)》,北京:人民出版社,2004 年。

53. 张十庆:《五山十刹图与南宋江南禅寺》,南京:东南大学出版社,2000 年。

54. 张薇、郑志东、郑翔南:《明代宫廷园林史》,北京:故宫出版社,2015 年。

55. 张国强、贾建中:《风景规划:〈风景名胜区规划规范〉实施手册》,北京:中国建筑工业出版社,2002 年。

56. 周维权:《中国古典园林史》,北京:清华大学出版社,2008 年。

57. 周宝珠:《宋代东京研究》,开封:河南大学出版社,1998 年。

58. 朱汉民:《中国书院》,长沙:湖南教育出版社,2000 年。

59.《天童寺志》编纂委员会:《新修天童寺志》,北京:宗教文化出版社,1997 年。

60. 中国科学院自然科学史研究所:《中国古代建筑技术史》,北京:中国建筑工业出版社,2014 年。

三、期刊论文及论文集论文

1. 鲍沁星:《两宋园林中方池现象研究》,《中国园林》2012 年第 4 期。

2. 曹汛:《略论我国古代园林叠山艺术的发展演变》,见《建筑历史与理论(第一辑)》,南京:江苏人民出版社,1980 年。

3. 陈望衡、刘思捷:《试论宋代建筑色调的审美嬗变——〈营造法式〉美学思想研究之一》,《艺术百家》2015 年第 2 期。

4. 陈平平:《范成大与梅花》,《中国园林》1999 年第 4 期。

5. 陈德懋、曾令波:《中国植物学发展史略》,《华中师范大学学报》1987 年第 1 期。

6. 陈国灿:《略论南宋时期绍兴城的发展与演变》,《绍兴文理学院学报(哲学社会科学)》2010 年第 3 期。

7. 程民生:《北宋商税统计及简析》,《河北大学学报》1988 年第 3 期。

8. 程民生:《论宋代河北路经济》,《河北大学学报》1990 年第 3 期。

9. 程民生:《简论宋代两浙人口数量》,《浙江学刊》2002 年第 1 期。

10. 戴俭:《禅与禅宗寺院建筑布局研究》,《华中建筑》1996 年第 3 期。

11. 戴显群:《唐代福建海外交通贸易史论述》,《海交史研究》2000 年第 2 期。

12. 戴建国:《从佃户到田面主:宋代土地产权形态的演变》,《中国社会科学》2017 年第 3 期。

13. 邓广铭:《谈谈有关宋史研究的几个问题》,《社会科学战线》1986 年第 2 期。

14. 邓绍基、曾枣庄、王水照等:《〈全宋文〉五人谈》,《文学遗产》2007 年第 2 期。

15. 丁海斌:《谈中国古代陪都的经济意义》,《辽宁大学学报(哲学社会科学版)》2017 年第 1 期。

16. 杜玉华:《社会结构:一个概念的再考评》,《社会科学》2013 年第 8 期。

17. 傅熹年:《试论唐至明代官式建筑发展的脉络及其与地方传统的关系》,《文物》1999 年第 10 期。

18. 冯秋季、管学成:《论宋代园艺古籍》,《农业考古》1992 年第 1 期。

19. 冯仕达:《中国园林史的期待与指归》,慕晓东译,《建筑遗产》2017 年第 2 期。

20. 冯继仁:《〈木经〉内容与文献价值考辨——兼论其对北宋建筑实践之实际影响》,《版本目录学研究》2013 年。

21. 方立天:《儒、佛以心性论为中心的互动互补》,《中国哲学史》2000 年第 2 期。

22. 葛金芳:《两宋东南沿海地区海洋发展路向论略》,《湖北大学学报(哲学社会科学版)》2003 年第 3 期。

23. 葛金芳:《宋代经济——从传统向现代转变的首次启动》,《中国经济史研究》2005 年第 1 期。

24. 耿曙生:《从石刻〈平江图〉看宋代苏州城市的规划设计》,《城市规划》1992 年第 1 期。

25. 顾凯：《范式的变革——读〈多视角下的园林史学〉》,《风景园林》2008 年第 4 期。

26. 郭黛姮：《伟大创造时代的北宋建筑》,见张复合：《建筑史论文集（第 15 辑）》,北京：清华大学出版社,2002 年。

27. 郭明友：《中国古"亭"建筑考源与述流》,《沈阳建筑大学学报》2012 年第 4 期。

28. 郭风平、方建斌、范升才：《试论两宋观赏花木学主要成就及其成因》,《农业考古》2002 年第 1 期。

29. 郭孔秀：《中国古代龟文化试探》,《农业考古》1997 年第 3 期。

30. 关传友：《中国植柳史与柳文化》,《北京林业大学学报（社会科学版）》2006 年第 4 期。

31. 韩经太：《"清"美文化原论》,《中国社会科学》2003 年第 2 期。

32. 何忠礼：《科举改革与宋代人才的辈出》,《河北学刊》2008 年第 5 期。

33. 何新所：《试论西京洛阳的交游方式与交游空间——以邵雍为中心》,《河南社会科学》2011 年第 4 期。

34. 和希格：《论金代黄河之泛滥及其治理》,《内蒙古大学学报（人文社会科学版）》2002 年第 2 期。

35. 贺业钜：《南宋临安城市规划研究——兼论后期封建社会城市规划制度》,见贺业钜：《中国古代城市规划史论丛》,北京：中国建筑工业出版社,1986 年。

36. 贺林：《中晚唐赏石文化：赏石文化的第一座高峰（一）》,《宝藏》2011 年第 9 期。

37. 贺林：《赏石文化第一高峰上的顶峰（一）：第一个与石结缘的大文学家白居易赏石活动概述》,《宝藏》2013 年第 6 期。

38. 贺林：《赏石文化第一高峰上的顶峰（四）：第一个与石结缘的大文学家白居易赏石活动概述》,《宝藏》2013 年第 10 期。

39. 金荷仙、华海镜：《寺庙园林植物造景特色》,《中国园林》2004 年第 12 期。

40. 贾珺：《北宋洛阳私家园林考录》,《中国建筑史论汇刊》2014 年第 2 期。

41. 江俊浩、蒋静静、陈敏、陈丽娜：《南宋德寿宫遗址后苑园林景观意象探讨》,《浙江理工大学学报（社会科学版）》2016 年第 2 期。

42. 李泽、张天洁：《文化景观——浅析中国古典园林史之现代书写》,《建筑学报》2010 年第 6 期。

43. 李传斌：《浅说道观园林》,《中国道教》1993 年第 1 期。

44. 李四龙：《论儒释道"三教合流"的类型》,《北京大学学报（哲学社会科学版）》2011 年第 2 期。

45. 李峰：《论北宋"不杀士大夫"》，《史学月刊》2005 年第 12 期。

46. 李正春：《论唐代景观组诗对宋代八景诗定型化的影响》，《苏州大学学报（哲学社会科学版）》2015 年第 6 期。

47. 李华瑞：《"唐宋变革"论的由来与发展（下）》，《河北学刊》2010 年第 5 期。

48. 林焰：《论恢复发展榕城风貌特征》，《中国园林》1992 年第 2 期。

49. 林正秋：《杭州西湖历代疏治史（下）》，《现代城市》2007 年第 4 期。

50. 刘雅萍：《唐宋影堂与祭祖文化研究》，《云南社会科学》2010 年第 4 期。

51. 刘方：《独乐精神与诗意栖居——司马光的城市文学书写与洛阳城市意象的双向建构》，《江西社会科学》2008 年第 1 期。

52. 刘益安：《北宋开封园苑的考察》，见庄昭编：《宋史论集》，郑州：中州书画社，1983 年。

53. 刘祖陛：《唐五代闽地茶叶生产初探》，《福建史志》2017 年第 5 期。

54. 卢苇：《宋代海外贸易和东南亚各国关系》，《海交史研究》1985 年第 1 期。

55. 马倩、潘华顺：《古代莲文化的内涵及其演变分析》，《天水师范学院学报》2001 年第 1 期。

56. 孟兆祯：《假山浅识》，见《科技史文集（二）》，上海：上海科技出版社，1979 年。

57. 漆侠：《宋代社会生产力的发展及其在中国古代经济发展过程中所处的地位》1986 年第 1 期。

58. 祁振声：《唐代名花"玉蕊"原植物考辨》，《农业考古》1992 年第 3 期。

59. 齐君、郝娉婷：《宋代城市及园林植物的传承与演变》，《中国园林》2016 年第 2 期。

60. 丘刚、李合群：《北宋东京金明池的营建布局与初步勘探》，《河南大学学报（社会科学版）》1998 年第 1 期。

61. 丘刚：《开封宋城考古述略》，《史学月刊》1999 年第 6 期。

62. 桑兵：《傅斯年"史学只是史料学"再析》，《近代史研究》2007 年第 5 期。

63. 孙宗文：《中国道教建筑艺术的形成、发展与成就》，《华中建筑》2005 年第 7 期。

64. 单远慕：《金代的开封》，《史学月刊》1981 年第 6 期。

65. 单远慕：《论北宋时期的花石纲》，《史学月刊》1983 年第 6 期。

66. 唐代剑：《宋代道教发展研究》，《广西大学学报（哲学社会科学版）》1997 年第 4 期。

67. 王贵祥：《略论中国古代高层木构建筑的发展（一）》，《古建园林技术》1985 年第 1 期。

68. 王水照：《文体不变与宋代文学新貌》，《中国文学研究》1996 年第 1 期。

69. 王岩、陈良伟、姜波：《洛阳唐东都上阳宫园林遗址发掘简报》，《考古》1998 年第 2 期。

70. 王宗训：《中国植物学发展史略》，《中国科技史料》1983 年第 2 期。

71. 王劲：《岂浊斯足清斯缨——沧浪亭之名实变迁考》，《建筑师》2011 年第 5 期。

72. 王欣、胡坚强：《谢灵运山居考》，《中国园林》2005 年第 8 期。

73. 王曾瑜：《谈宋代的造船业》，《文物》1975 年第 10 期。

74. 翁俊雄：《唐代的州县等级制度》，《北京师范学院学报（社会科学版）》1991 年第 1 期。

75. 伍惠生：《中国的珍奇动物——绿毛龟》，《动物学杂志》1988 年第 6 期。

76. 吴朋飞：《黄河变迁对金代开封的影响》，《井冈山大学学报（社会科学版）》2015 年第 4 期。

77. 吴欣：《山水百家言——导读》，《风景园林》2010 年第 5 期。

78. 奚柳芳：《洞霄宫遗址考实》，《浙江师范学院学报（社会科学版）》1985 年第 1 期。

79. 徐规、周梦江：《宋代两浙的海外贸易》，《杭州大学学报（哲学社会科学版）》1979 年第 1—2 期。

80. 徐吉军：《论宋代文化高峰形成的原因》，《浙江学刊》1988 年第 4 期。

81. 谢元鲁：《长江流域交通与经济格局的历史变迁》，《中国历史地理论丛》1995 年第 1 期。

82. 薛政超：《唐宋以来"富民"阶层之规模探考》，《中国经济史研究》2011 年第 1 期。

83. 杨际平：《唐宋土地制度的继承与变化》，《文史哲》2005 年第 1 期。

84. 杨际平：《宋代"田制不立"、"不抑兼并"说驳议》，《中国社会经济史研究》2006 年第 2 期。

85. 杨霞：《紫薇的文化意蕴及园林应用》，《安徽农业科学》2015 年第 5 期。

86. 杨德泉：《试谈宋代的长安》，《陕西师范大学学报（哲学社会科学版）》1983 年第 4 期。

87. 叶持跃：《论人物地理分布计量分析的若干问题——以唐五代时期诗人分布为例》，《宁波大学学报（理工版）》1999 年第 1 期。

88. 游彪：《宋代寺观数量问题考辨》，《文史哲》2009 年第 3 期。

89. 张亚祥、刘磊：《泮池考论》，《古建园林技术》2001 年第 1 期。

90. 张邻、周殿杰：《唐代商税辨析》，《中国社会经济史研究》1986 年第 1 期。

91. 张仲谋、张綖：《〈诗余图谱〉研究》，《文学遗产》2010 年第 5 期。

92. 张剑、吕肖奂：《两宋党争与家族文学》，《中国文化研究》2008 年第 4 期。

93. 张全明：《论中国古代城市形成的三个阶段》，《华中师范大学学报（人文社会科学版）》1998 年第 1 期。

94. 张国强、贾建中、邓武功：《中国风景名胜区的发展特征》，《中国园林》2012 年第 8 期。

95. 张威：《楼阁考释》，《建筑师》2004 年第 5 期。

96. 张希清：《论宋代科举取士之多与冗官问题》，《北京大学学报（哲学社会科学版）》1987 年第 5 期。

97. 张振谦：《古代诗学视阈内的"野"范畴》，《北方论丛》2011 年第 1 期。

98. 周向频、陈喆华：《史学流变下的中国园林史研究》，《城市规划学刊》2012 年第 4 期。

99. 周凡力、阴帅可：《从杜甫草堂园林化过程管窥巴蜀纪念园林之流变》，《中国园林》2016 年第 4 期。

100. 周怡：《社会结构由"结构"到"解构"——结构功能主义、结构主义和后结构主义理论之走向》2000 年第 3 期。

101. 郑学檬：《论唐五代长江中游经济发展的动向》，《厦门大学学报（哲学社会科学版）》1987 年第 1 期。

102. 朱育帆：《关于北宋皇家苑囿艮岳研究中若干问题的探讨》，《中国园林》2007 年第 6 期。

103. 诸葛忆兵：《宋代士大夫的境遇与士大夫精神》，《中国人民大学学报》2001 年第 1 期。

四、学位论文

1. 崔梦一：《北宋祠庙建筑研究》，河南大学硕士论文，2007 年。

2. 陈欣：《南汉国史》，暨南大学博士论文，2009 年。

3. 陈阳阳：《唐宋鹤诗词研究》，南京师范大学硕士论文，2011 年。

4. 党蓉：《禅宗各宗派及其重要寺庙布局发展演变初探》，北京工业大学硕士论文，2015 年。

5. 黄宪梓：《芭蕉的古典文化叙事》，西北大学硕士论文，2009 年。

6. 贾玲利：《四川园林发展研究》，西南交通大学博士论文，2009 年。

7. 景遐东:《江南文化与唐代文学研究》,复旦大学博士论文,2003年。

8. 江成志:《唐宋时期四川盆地市镇分布与变迁研究》,西南大学硕士论文,2012年。

9. 毛华松:《城市文明演变下的宋代公共园林研究》,重庆大学博士论文,2015年。

10. 梅新林:《中国古代文学地理形态与演变》,上海师范大学博士论文,2004年。

11. 林建华:《论朱熹教育思想体系的生成与建构》,福建师范大学博士论文,2010年。

12. 李合群:《北宋东京布局研究》,郑州大学博士论文,2005年。

13. 李若南:《文人审美旨趣影响下的上海古典园林特点》,南京农业大学硕士论文,2009年。

14. 李琳:《北宋时期洛阳花卉研究》,华中师范大学硕士论文,2009年。

15. 刘枫:《湖湘园林发展研究》,中南林业科技大学博士论文,2014年。

16. 彭蓉:《中国孔庙研究初探》,北京林业大学博士论文,2008年。

17. 孙云娟:《嘉兴传统园林调查与研究》,浙江农林大学硕士论文,2012年。

18. 王福鑫:《宋代旅游研究》,河北大学博士论文,2006年。

19. 王风扬:《宋人动物饲养与休闲生活》,华东师范大学博士论文,2014年。

20. 王劲韬:《中国皇家园林叠山研究》,清华大学博士论文,2009年。

21. 王佳琦:《晏殊诗文研究》,江西师范大学硕士论文,2013年。

22. 魏丹:《唐代江南地区园林与文学》,西北大学硕士论文,2010年。

23. 吴书雷:《北宋东京祭坛建筑研究》,河南大学硕士论文,2005年。

24. 玄胜旭:《中国佛教寺院钟鼓楼的形成背景与建筑形制及布局研究》,清华大学博士论文,2013年。

25. 徐望朋:《武汉园林发展历程研究》,华中科技大学硕士论文,2012年。

26. 姚乐野:《汉唐间巴蜀地区开发研究》,四川大学博士论文,2004年。

27. 杨晶晶:《唐代福建研究——以安史乱后经济与科举为中心》,扬州大学硕士论文,2013年。

28. 杨毓婧:《凤翔历史城市风景秩序及其传承研究》,西安建筑科技大学硕士论文,2017年。

29. 永昕群:《两宋园林史》,天津大学硕士论文,2003年。

30. 袁牧:《中国当代汉地佛教建筑研究》,清华大学博士论文,2008年。

31. 朱育帆:《艮岳景象研究》,北京林业大学,1997年。

32. 朱嬴:《南宋临安园林研究》,浙江农林大学硕士论文,2012年。

33. 张劲:《两宋开封临安皇城宫苑研究》,暨南大学博士论文,2004年。

34. 张斌:《绍兴历史园林调查与研究》,浙江农林大学硕士论文,2011 年。

35. 张荣东:《中国古代菊花文化研究》,南京师范大学博士论文,2008 年。

36. 周方高:《宋朝农业管理初探》,浙江大学博士论文,2005 年。

37. 周加胜:《南汉国研究》,陕西师范大学博士论文,2008 年。

五、外文文献及译著

1. Anne Whiston Spirn. *The Language of Landscape*, New Haven and London: Yale University Press, 2000.

2. Maggie Keswick. *The Chinese Garden: History, Art and Architecture*, London: Academy Editions, 1978.

3. Theophrastus. *Enquiry into Plants Volume I: Books 1−5*, Trans, Arthur F. Hort. 1999, Cambridge, MA: Harvard University Press, 1916.

4. 埃娃·多曼斯卡:《邂逅:后现代主义之后的历史哲学》,彭刚译,北京:北京人学出版社,2007 年。

5. 费尔迪南·德·索绪尔:《普通语言学教程》,高名凯译,北京:商务印书馆,2009 年。

6. 施坚雅:《中华帝国晚期的城市》,叶光庭等译,北京:中华书局,2000 年。

7. 李约瑟:《中国科学技术史:第一卷·导论》,上海:科学出版社,上海古籍出版社,1990 年。

8. 康德:《判断力批判》,宗白华译,北京:商务印书馆,1964 年。

9. 中村久四郎:《唐代的广东(上)》,朱耀廷译,《岭南文史》1983 年第 1 期。

10. 斯波义信:《宋代江南经济史研究》,何忠礼、方健译,南京:江苏人民出版社,2011 年。

11. 吾妻重二:《朱熹〈家礼〉实证研究》,吴震等译,上海:华东师范大学出版社,2011 年。

12. 宫崎市定:《宫崎市定全集(第 1 册)》,东京:岩波书店,1993 年。

六、报纸

1. 周德钧、王耀:《长江城镇带的历史角色》,《人民日报》2016 年 5 月 16 日。

附图1　宋代园林地域分布点状图

（据《全宋文》中的园记自绘）

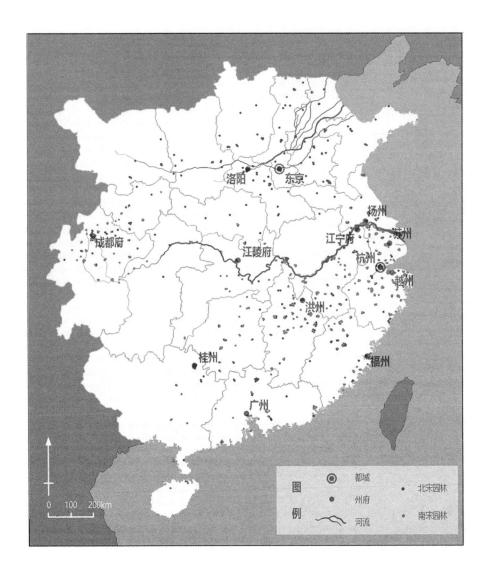

附图 2　宋代园林地域分布密度图

（据《全宋文》中的园记自绘）

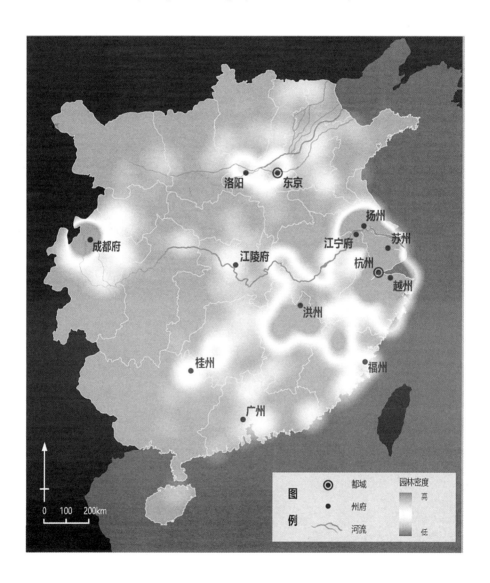

附表 1 《全宋文》园林记文中所反映的宋代园林

序号	名称	别名	时间线索一	时间线索二	路	州/府/军/监	州城/县城	册数	起始页
1	卫氏林亭		952		江南东路	江宁府	江宁府	2	216
2	徐孺亭			964			同安县	2	228
3	乔公亭	乔公旧居	954		福建路	泉州		2	229
4	南原亭馆		961		江南东路	江宁府	江宁府	2	230
5	甘棠院		976		福建路	福州	福州	5	355
6	严子陵钓台	严陵濑	25	1180	两浙路	睦州	桐庐县	6/62/261	19/268/382
7	李氏林亭							6	134
8	张氏林泉							6	138
9	来贤亭							6	381
10	云庄		1004		江南西路	建昌军	南丰县	7	14
11	说性亭		991		京东西路	郓州	阳谷县	7	133
12	李氏园亭		990		京畿路	开封府	开封府	8	68
13	野兴亭		998		京畿路	开封府	开封府	8	73
14	无愠斋		1000		淮南西路	黄州	黄州	8	78
15	姑苏台		-505		两浙路	苏州	苏州	8	349
16	独游亭		998		广南东路	潮州	潮州	10	10
17	疏泉亭		1019	1125	江南西路	袁州	袁州	13/174	417
18	荣梨山亭		1016		梓州路	荣州	荣州	14	122
19	张氏池亭		992		福建路	建州	浦城县	14	390

续表

序号	名称	别名	时间线索一	时间线索二	路	州/府/军/监	州城/县城	册数	起始页
20	凝籍阁		998		两浙路	处州	处州	14	401
21	涵虚阁		995		江南西路	洪州	洪州	14	405
22	建安郡斋三亭		1006		福建路	建州	建州	14	413
23	夜讲亭		1018		两浙路	杭州	杭州	15	283
24	待苏楼		1023		广南西路	柳州	柳州	15	413
25	养正堂		1023		淮南东路	泗州	泗州	16	39
26	静胜亭		1028		京西北路	蔡州	蔡州	16	41
27	秋香亭		1036		江南东路	饶州	饶州	18	6
28	清白堂		1039		两浙路	越州	越州	18	419
29	岳阳楼			1045/1251	荆湖北路	岳州	岳州	18/340	420
30	眉寿堂		1040		永兴军路	邠州	邠州	18	425
31	中园		1028					19	196
32	清思堂		1048		京西北路	陈州	陈州	19	226
33	信道堂		1038		京东西路	兖州	奉符(泰安)县	19	313
34	鲁浦亭		1028		两浙路	秀州	秀州	19	327
35	逸心亭		1056		成都府路	成都府	成都府	19	414
36	望海亭		1061		两浙路	越州	越州	20	65
37	子隐台		297	1058	江南东路	江宁府	江宁府	20	113
38	介庵		1048		两浙路	苏州	苏州	20	114
39	中隐堂	王氏中隐堂						20	419

续表

序号	名称	别名	时间线索一	时间线索二	路	州/府/军/监	州城/县城	册数	起始页
40	清修亭		1038		两浙路	润州	金坛县	22	196
41	流杯亭		1046		京西北路	颍昌府	颍昌府	22	201
42	清暑堂		1022		京西北路	颍昌府	颍昌府	22	201
43	会景亭		1022		京西北路	颍昌府	颍昌府	22	201
44	净居堂				京西北路	颍昌府	颍昌府	22	201
45	延射亭		1029		两浙路	苏州	苏州	23	16
46	绮霞阁		1062		江南东路	宣州	宣州	23	18
47	凝碧堂		1039		两浙路	湖州	湖州	24/38	376/10
48	彭祖楼		1035		京东西路	徐州	徐州	24	377
49	燕子楼		1035		京东西路	徐州	徐州	24	377
50	西园		1036		淮南西路	寿州	寿州	24	391
51	西园		1056		成都府路	成都府	郫县	26/26	158/160
52	伽民亭				成都府路	成都府	郫县	26	159
53	韶亭		1032		广南东路	韶州	韶州	27	46
54	涌泉亭		1047		广南东路	韶州	韶州	27	47
55	望京楼		1038		广南东路	韶州	韶州	27	48
56	真水馆		1036		广南东路	韶州	韶州	27	50
57	谭氏东斋		1050		广南东路	韶州	韶州	27	102
58	岘山亭		280	1069	京西南路	襄州	襄州	28/35	29/125
59	志古堂				京西北路	郑州	新郑县	28	33

289

续表

序号	名称	别名	时间线索一	时间线索二	路	州/府/军/监	州城/县城	册数	起始页
60	会隐园	和乐庵			京西北路	河南府	河南府	28/98	34/286
61	共乐亭	后园	1054		江南东路	宣州	宣州	28	165
62	会饮亭	重梅亭	1054		江南东路	宣州	宣州	28	165
63	览翠亭		1054		江南东路	宣州	宣州	28	165
64	淮易堂		-11	1048	成都府路	成都府	成都府	28	256
65	燕堂		1033		京西北路	河南府	寿安县	29	32
66	浣花亭		1041		成都府路	成都府	成都府	30	52
67	思凤亭		1032		河东路	太原府	榆次县	31	57
68	先春亭		1036		淮南东路	泗州	泗州	35	102
69	至喜堂		1036		荆湖北路	峡州	峡州	35	103
70	至喜亭		1037		荆湖北路	峡州	峡州	35	104
71	画舫斋		1042		京西北路	滑州	滑州	35	107
72	丰乐亭		1046		淮南东路	滁州	滁州	35	114
73	醉翁亭		1046	1150	淮南东路	滁州	滁州	35/160	115
74	许氏南园		1048		淮南东路	泰州	泰州	35	118
75	东园		1051		淮南东路	真州	真州	35/346	119
76	有美堂		1059		两浙路	杭州	杭州	35	122
77	书锦堂	后圃	1065		河北西路	相州	相州	35	124
78	荣乡亭		1031		京西北路	河南府	河南府	35	129
79	丛翠亭		1032		京西北路	河南府	河南府	35	132

续表

序号	名称	别名	时间线索一	时间线索二	路	州/府/军/监	州城/县城	册数	起始页
80	非非堂		1032		京西北路	河南府	河南府	35/35	133/140
81	李氏东园		1034		京西北路	河南府	河南府	35	134
82	东园		1031		京西北路	河南府	河南府	35	138
83	游鲦亭		1038		荆湖北路	江陵府	江陵府	35	140
84	荷香亭		1069		两浙路	杭州	杭州	36	369
85	清轩		1048		两浙路	杭州	杭州	36	371
86	南轩		1049		两浙路	杭州	杭州	36	372
87	朱氏园				京畿路	开封府	开封府	38	9
88	众春园		1051		河北西路	定州	定州	40	37
89	阅古堂		1048		河北西路	定州	定州	40	38
90	康乐园		1056		河北西路	相州	相州	40	42
91	归来亭	北园	1067		两浙路	杭州	富春(阳)县	40	284
92	沧浪亭		1044		两浙路	苏州	苏州	41	83
93	照水堂		1041		两浙路	处州	处州	41	87
94	浩然堂		1045		两浙路	苏州	苏州	41	89
95	章贡台		1062		江南西路	虔州	虔州	41	274
96	集宝亭		1041		江南西路	建昌军	建昌军	42	306
97	欧冶亭		1069		福建路	福州	福州	43	227
98	申申堂		1040		京东东路	齐州	齐州	43	320
99	庆丰堂		1053		江南西路	袁州	袁州	43	324

序号	名称	别名	时间线索一	时间线索二	路	州/府/军/监	州城/县城	册数	起始页
100	安乐窝		1062		京西北路	河南府	河南府	46	68
101	待月亭		1044		京东西路	兖州	兖州	46/59	84/354
102	葛氏草堂	东园	1052		两浙路	常州	江阴县	47	192
103	清暑堂		1066		两浙路	杭州	杭州	47	198
104	如归亭		1040		两浙路	苏州	苏州	47	201
105	蒙亭		1062		广南西路	桂州	桂州	48	29
106	思亭		1054		广南西路	雷州	雷州	48	52
107	众乐亭		1069		两浙路	明州	明州	48	77
108	西亭	章章亭	1054		夔州路	万州	万州	48	201
109	众乐园		1086		淮南东路	高邮军	高邮军	48	243
110	休林亭		903	1056	永兴军路	河中府	河中府	48	260
111	安静阁		1063		江南东路	饶州	德兴县	48	284
112	养心亭		1056		梓州路	合州	合州	49	279
113	乐闲堂		1064		梓州路	梓州	中江县	51	128
114	燕思堂		1066		成都府路	成都府	成都府	51	134
115	伐木堂		1064		成都府路	绵州	绵州	51	135
116	洽己堂		1069		成都府路	彭州	彭州	51	136
117	杜氏南园	杜氏园亭	1041		梓州路	梓州	梓州	51	137
118	拾遗亭		1063		梓州路	梓州	射洪县	51	151
119	观空堂		1076		秦凤路	凤翔府	盩厔县	51	309

续表

序号	名称	别名	时间线索一	时间线索二	路	州/府/军/监	州城/县城	册数	起始页
120	叩云亭		1063		梓州路	梓州	盐亭县	51	375
121	独乐园		1073		京西北路	河南府	河南府	56	236
122	颜乐亭		1059		京东西路	兖州	仙源县	56	246
123	思轩		1054		江南西路	抚州	抚州	58	5
124	醒心亭		1047		淮南东路	滁州	滁州	58	136
125	南轩		1048		江南西路	建昌军	南丰县	58	145
126	思政堂		1058		江南东路	池州	池州	58	149
127	饮归亭		1048		江南西路	抚州	金溪县	58	151
128	拟岘台		1057	1272	江南西路	抚州	抚州	58/348	152/321
129	清心亭		1061		京东西路	徐州	萧县	58	157
130	尹公亭		1036	1067	京西南路	随州	随州	58	161
131	道山亭		1068		福建路	福州	福州	58/226	178/14
132	双源（别墅）	澄心堂	1080		福建路	建州	建州	58	190
133	纳川亭		1056		京东东路	登州	登州	58	353
134	时会堂		1057		淮南东路	扬州	扬州	59	205
135	乐郊池亭		1058		京东西路	郓州	郓州	59	356
136	汉中三亭		1060		利州路	兴元府	兴元府	59	357
137	岁寒堂		1043		两浙路	越州	萧山县	59	358
138	宝书阁		1058		两浙路	苏州	苏州	59	360
139	真像堂		1070		福建路	兴化军	仙游县	60	126

续表

序号	名称	别名	时间线索一	时间线索二	路	州/府/军/监	州城/县城	册数	起始页
140	州宅后亭		1047		两浙路	润州	润州	61	373
141	重阳亭		851	1065	利州路	剑州	剑州	62	323
142	西园		1061		成都府路	成都府	成都府	62	328
143	石门亭		1047		两浙路	处州	青田县	65	56
144	见山阁	见山阁	1047	1144/1211	江南西路	抚州	抚州	65/181/304	57/307/132
145	扬州园亭		1043		淮南东路	扬州	扬州	65	61
146	王氏山园	小隐堂	1051		两浙路	越州	越州	65	345
147	井仪堂	西园	1061		两浙路	越州	越州	65	346
148	东斋		1069		河北东路	大名府	大名府	67	149
149	思闲堂		1069		江南东路	江宁府	江宁府	68	158
150	玩芳亭		1071		淮南东路	泰州	泰州	69	189
151	美章园	郡圃	1081		京东西路	兖州	兖州	69	190
152	寄老庵		1077		淮南西路	和州	乌江县	69	192
153	翠峰亭		1062		利州路	兴州	兴州	69	310
154	逍遥斋		1064		两浙路	越州	诸暨县	70	34
155	燕喜亭		1071		广南东路	连州	连州	70	154
156	蔡公泉亭		1055		福建路	泉州	泉州	70	305
157	乐安庄		1066		永兴军路	河中府	河中府	71	299
158	如诏亭		1077		成都府路	成都府	新繁县	71	302
159	遗爱亭		1081		淮南西路	黄州	黄州	72	77

序号	名称	别名	时间线索一	时间线索二	路	州/府/军/监	州城/县城	册数	起始页
160	辩兰亭		1078		成都府路	成都府	成都府	72	210
161	合江亭	合江园	785	1078/1088/1175	成都府路	成都府	成都府	72/119/259	212/113/125
162	众乐亭		1058		江南东路	宣州	太平县	73	30
163	清溪亭		1066		江南东路	池州	池州	73	55
164	池轩		1058		江南东路	宣州	宣州	73	57
165	白云庵			1066	江南东路	江宁府	江宁府	73	58
166	西楼			1062	成都府路	成都府	成都府	74	47
167	晦高		1062		夔州路	夔州	夔州	75	31
168	浯溪三绝记堂		1053		荆湖南路	永州	祁阳县	75	41
169	志省堂		1060		两浙路	越州	越州	75	149
170	燕习堂		1080		京西北路	颍昌府	临颍县	75	233
171	九华药圃		1085		江南东路	池州	池州	75	234
172	采衣堂		1073		江南东路	歙州	婺源县	75	236
173	圆同庵		1085		两浙路	睦州	桐庐县	75	245
174	希恋堂		1068		江南西路	洪州	奉新县	76	182
175	乐养轩	杨氏乐养轩	1066		荆湖北路	江陵府	石首县	77	99
176	阅武亭		1072		荆湖北路	岳州	临湘县	77	101
177	九曲池亭		1065		淮南东路	扬州	扬州	77	330
178	苍梧台		1055		淮南东路	海州	东海县	77	333
179	揽秀亭		1085		江南东路	江州	江州	77	341

续表

序号	名称	别名	时间线索一	时间线索二	路	州/府/军/监	州城/县城	册数	起始页
180	梦溪园		1086		两浙路	润州	润州	77/77	340/369
181	水乐亭		1072		两浙路	婺州	东阳县	80	1
182	笑岘亭		1068		荆湖南路	永州	祁阳县	80	4
183	逍遥园		1073		江南西路	筠州	筠州	80	24
184	介立亭		1086		江南东路	歙州	休宁县	80	188
185	山居		1080		江南东路	太平州	繁昌县	80	189
186	东园		1086		利州路	利州	昭化县	81	349
187	内乐亭		1066		两浙路	婺州	武义县	82	41
188	节亭							82	43
189	静胜斋		1086		京畿路	开封府	开封府	83	313
190	西园		1004		梓州路	梓州	中江县	84	129
191	制胜楼		1078		夔州路	夔州	夔州	84	202
192	静轩		1071		河东路	隆德府	隆德府	84	205
193	庚亭	东园	1077		两浙路	处州	龙泉县	85	127
194	醉白堂		1075		河北西路	相州	相州	90	380
195	盖公堂		1076		京东东路	密州	密州	90	382
196	喜雨亭		1062		秦凤路	凤翔府	凤翔府	90	385
197	凌虚台		1061		秦凤路	凤翔府	凤翔府	90	387
198	超然台		1075		京东东路	密州	密州	90	388
199	墨妙亭	逍遥堂	1072		两浙路	湖州	湖州	90	391

续表

序号	名称	别名	时间线索一	时间线索二	路	州/府/军/监	州城/县城	册数	起始页
200	放鹤亭		1078		京东西路	徐州	徐州	90	399
201	张氏园亭	张氏园	1079		淮南东路	宿州	灵（零）壁县	90	408
202	野吏亭		999		广南东路	惠州	惠州	90	438
203	雪堂	东坡雪堂	1082		淮南西路	黄州	黄州	90	451
204	广丰亭		1069		京西北路	蔡州	正（真）阳县	92	279
205	北园		1068		江南东路	太平州	繁昌县	92	331
206	嵩岫亭		1073		两浙路	润州	润州	93	30
207	乐圃		1080		两浙路	苏州	苏州	93	160
208	清美轩		1079		永兴军路	京兆府	奉天县	93	190
209	尽美亭		1089		两浙路	台州	仙居县	93	220
210	白云庵		1078		福建路	邵武军	光泽县	93	340
211	东轩		1080		江南西路	筠州	筠州	96	180
212	九曲亭		1077		荆湖北路	鄂州	武昌县	96	182
213	清虚堂	王氏清虚堂	1077		江南东路	江宁府	江宁府	96	183
214	浩然堂	吴氏浩然堂	1081		江南西路	临江军	新喻县	96	184
215	快哉亭		1083		淮南西路	黄州	黄州	96	186
216	师中庵	任公亭	1081		淮南西路	黄州	黄州	96	187
217	直节堂		1085		江南西路	南安军	南康县	96	188
218	李氏园池	李侯园	1074		京畿路	开封府	开封府	96	189
219	（苏辙园）		1100		京西北路	颍昌府	颍昌府	96	193

续表

序号	名称	别名	时间线索一	时间线索二	路	州/府/军/监	州城/县城	册数	起始页
220	方圆庵		1083		两浙路	杭州	杭州	97	146
221	来喜园		1085		广南东路	英州	英州	100	4
222	（邓子山园）		1077		广南东路	韶州	韶州	100	15
223	岁寒堂		1069		广南东路	潮州	潮阳县	100	21
224	北轩		1078		淮南东路	楚州	楚州	100	304
225	安堂		1083		江南东路	信州	信州	100	308
226	桂冠亭		1086		江南西路	临江军	新喻县	100	311
227	无讼堂		1097		江南西路	筠州	筠州	100	314
228	后圃	孔武仲园	1097		江南西路	筠州	筠州	100	315
229	信安公园亭	信安公园	1090		京畿路	开封府	开封府	100	316
230	爱山楼		1078		江南东路	饶州	浮梁县	101	82
231	适南亭		1077		两浙路	越州	越州	101	223
232	寒亭		766	1080	荆湖南路	道州	江华县	101	279
233	玩芳亭		1084		福建路	福州	永福县	101	323
234	秀楚堂		1089		京东西路	徐州	徐州	102	300
235	审政堂		1067		江南西路	抚州	宜黄县	102	337
236	怀远亭		1078		福建路	南剑州	南剑州	103	299
237	观尽轩		1078		福建路	南剑州	南剑州	103	301
238	潜轩				福建路			103	307
239	看山亭		1102		京东东路	青州	青州	103	308

续表

序号	名称	别名	时间线索一	时间线索二	路	州/府/军/监	州城/县城	册数	起始页
240	三乐堂		1103		京东东路	青州	青州	103	311
241	澄心堂		1080		广南东路	循州	循州	103	315
242	步云阁		1093		福建路			103	316
243	延平阁		1066		福建路	南剑州	南剑州	103	318
244	葆光阁		1084		京西北路	河南府	河南府	103	323
245	阅古堂		1071		两浙路	越州	萧山县	103	329
246	佚老堂		1082		福建路	南剑州	南剑州	103	330
247	默堂后圃	南华洞						103	333
248	风月堂		1080		福建路	南剑州	南剑州	103	339
249	寄老庵		1088		淮南西路	和州	和州	104	231
250	休亭		1090		江南西路	吉州	大和县	104	232
251	放目亭		1098		夔州路	黔州	黔州	104	245
252	整暇堂				利州路	阆州	阆州	107	168
253	养正堂				河北东路	冀州	冀州	107	169
254	贤乐堂				河北东路	大名府	大名府	107	171
255	瑞芝亭				江南西路	筠州	新昌县	107	176
256	扬清亭		1088		京西北路	孟州	孟州	107	178
257	南园				两浙路	越州	新昌县	107	180
258	大雅堂		1100		成都府路	眉州	丹棱县	107	180
259	松菊亭				成都府路			107	181

续表

序号	名称	别名	时间线索一	时间线索二	路	州/府/军/监	州城/县城	册数	起始页
260	自然堂							107	199
261	绿阴堂		1100		梓州路	戎州	戎州	107	207
262	吴叔元亭壁		1102					107	209
263	三堂				江南西路	洪州	分宁县	107	256
264	东轩				江南西路	洪州	武宁县	107	256
265	县学				河北西路	真定府	元氏县	108	219
266	琴堂				福建路	南剑州	南剑州	108	221
267	熙熙亭		1086		广南东路	南恩州	南恩州	109	3
268	东园	九经堂			两浙路	明州	明州	109	54
269	大清楼	垂拱殿西池	1112		京畿路	开封府	开封府	109	168
270	保利殿		1119		京畿路	开封府	开封府	109	172
271	鸣鸾堂		1119		京畿路	开封府	开封府	109	177
272	延福宫		1120		京畿路	开封府	开封府	109/166/166	178/375/380
273	陈氏宅	灌园						109	291
274	老懒轩		1081		江南西路	建昌军	建昌军	109	298
275	虚斋				江南西路	建昌军	建昌军	109	300
276	东高				淮南西路	舒州	枞阳县	109	318
277	双松道院				江南西路	洪州	分宁县	112	180
278	藏海斋		1115		京畿路	开封府	开封府	112	181
279	善应轩				江南东路	江宁府	江宁府	112	182

续表

序号	名称	别名	时间线索一	时间线索二	路	州/府/军/监	州城/县城	册数	起始页
280	西轩	张氏园	1105					112	192
281	隐静堂		1095		荆湖南路	全州	全州	112	193
282	勿幕亭		1091		广南东路	连州	连州	117	203
283	思堂				河东路	绛州	绛州	117	204
284	海山楼		1110		淮南东路	通州	通州	117	251
285	仰止亭		1089		淮南东路	海州	海州	117	257
286	王氏园	王氏至乐山			成都府路	嘉州	嘉州	117	276
287	茶马司衙署		1100		成都府路	成都府	成都府	117	312
288	来威堂				成都府路	黎州	黎州	117	317
289	渊乐堂				成都府路	成都府	成都府	117	328
290	持正堂				江南西路	吉州	吉水县	119	44
291	愚堂		1091		江南西路	吉州	吉州	119	47
292	曦斋							119	84
293	龙溪亭				江南西路	吉州	永新县	119	50
294	共乐亭				福建路	兴化军	兴化军	119	54
295	足庵		1082		河北东路	清州	清州	119	56
296	澄碧轩		1077		江南西路	吉州	吉州	119	57
297	千里楼				梓州路	遂州	遂州	119	104
298	湘南楼		1102	1259	广南西路	桂州	桂州	119/340	149/339
299	八桂堂				广南西路	桂州	桂州	119	155

续表

序号	名称	别名	时间线索一	时间线索二	路	州/府/军/监	州城/县城	册数	起始页
300	汤泉		1077		淮南西路	和州	汤泉镇	120	136
301	兰堂		1090		淮南东路	滁州	滁州	120	233
302	灵泉		1114		江南西路	袁州	袁州	120	245
303	椒湖		1115		两浙路	婺州	浦江县	120	265
304	仰高堂		1105		淮南西路	无为军	无为军	121	35
305	净名斋		1098		两浙路	润州	润州	121	37
306	致爽轩		1102					121	42
307	巽台				京东西路	徐州	徐州	121	214
308	真乐堂							121	216
309	负日轩							121	220
310	椎庵		1117					121	344
311	多暇亭				福建路	泉州	泉州	121	346
312	于于斋				河东路	隆德府	隆德府	122	85
313	覆篑高				河东路	隆德府	隆德府	122	86
314	静斋							122	87
315	归仁园				京西北路	河南府	河南府	122	94
316	孟亭	浩然亭		1105	京西南路	鄂州	鄂州	122	96
317	后圃				秦凤路	原州	原州	122	97
318	迎薰阁		1092		永兴军路	解州	解州	122	210
319	凉飔阁		1092		秦凤路	秦州	陇城县	122	229

续表

序号	名称	别名	时间线索一	时间线索二	路	州/府/军/监	州城/县城	册数	起始页
320	绿筠亭		1085		江南西路	临江军	新喻县	122	249
321	果育斋				两浙路	杭州	杭州	123	137
322	颐轩		1087		两浙路	温州	温州	123	138
323	适斋		1093		荆湖南路	道州	道州	123	140
324	芭蕉轩				淮南东路	高邮军	高邮军	123	141
325	清宁台				京西北路	河南府	新安县	123	145
326	舅氏园亭		1083		京东西路	郓州	郓州	123	219
327	岁寒堂		1102		河东路	汾州	汾州	123	223
328	岁寒堂		1126		河北东路	永静军	永静军	123	224
329	学易堂		1113		河北东路	永静军	永静军	123	226
330	忘归亭		1074		京西南路	金州	金州	123	362
331	思白堂		1083		两浙路	杭州	杭州	123	363
332	关氏园		1086		两浙路	杭州	杭州	123	364
333	披云楼		1097		京东西路	广济军	广济军	123	374
334	是是亭		1097		京东西路	济州	济州	123	376
335	面壁庵		1101		京西北路	河南府	嵩山	123	380
336	尽心堂							124	70
337	求仁斋		1088		福建路	南剑州	将乐县	125	1
338	踵息庵				福建路	南剑州		125	3
339	乐全亭				福建路	南剑州	将乐县	125	9

续表

序号	名称	别名	时间线索一	时间线索二	路	州/府/军/监	州城/县城	册数	起始页
340	归鸿阁				荆湖南路	潭州	浏阳县	125	12
341	白云庵				福建路	南剑州	将乐县	125	14
342	养浩堂				福建路	建州	建州	125	17
343	思忠堂				河东路	绛州	绛州	125	140
344	敬亭				两浙路	温州	温州	125	142
345	朱氏阁				江南东路	饶州	饶州	125	246
346	望汉台				河北西路	赵州	赵州	125	270
347	去思堂				京东西路	应天府	虞城县	125	280
348	照碧堂		1101		京东西路	应天府	应天府	127	11
349	拱翠堂				京东西路	徐州	徐州	127	13
350	有竹堂		1089		京东东路	齐州	齐州	127	15
351	清美堂		1087		京东西路	郓州	郓州	127	18
352	张氏园亭		1108		京东西路	济州	金乡县	127	23
353	近智斋		1110					127	26
354	睡乡阁				京东东路	齐州	齐州	127	27
355	潜斋	归去来园						127	28
356	归来园				京东西路	济州		127	29
357	积善堂					济州	金乡县	127	31
358	冰玉堂					黄州		128	90
359	鸿轩				淮南西路	黄州	黄州	128	96

续表

序号	名称	别名	时间线索一	时间线索二	路	州/府/军/监	州城/县城	册数	起始页
360	思淮亭				京西北路	河南府	寿安县	128	97
361	双槐堂				京畿路	开封府	酸枣县	128	100
362	素丝堂				京西北路	蔡州	正(真)阳县	128	106
363	进高							128	110
364	众乐亭		1095		广南东路	英州	英州	128	202
365	插竹亭		1096		江南东路	江宁府	溧水县	128	237
366	清理堂		1101		两浙路	睦州	睦州	128	238
367	清隐阁		1096					128	287
368	蒙亭			1096	广南西路	桂州	桂州	128	293
369	无讼堂		1113		京东东路	莱州	莱州	128	310
370	无尽亭		1127		江南东路	信州	弋阳县	128	311
371	待济亭		1111		永兴军路	解州	解州	128	365
372	宾适亭		1097		河东路	隆德府	屯留县	128	398
373	澄纷阁				成都府路	成都府	成都府	129	201
374	藏游轩				成都府路	成都府	成都府	129	202
375	竹斋				成都府路	成都府	成都府	129	204
376	壮观亭		1116		淮南东路	真州	真州	129/239	212/308
377	东湖				成都府路	彭州	彭州	129	237
378	望峨亭				荆湖北路	鄂州	武昌县	129	244
379	贤乐堂		1124		利州路	巴州	巴州	129	370

续表

序号	名称	别名	时间线索一	时间线索二	路	州/府/军/监	州城/县城	册数	起始页
380	荣伯楼		1100		河北西路	磁州	武安县	130	257
381	娱山堂		1103		河北西路	保州	保州	130	258
382	爱萱堂		1103		河北西路	定州	定州	130	259
383	双松堂		1105		京西北路	河南府	河南府	130	260
384	兰室		1110		京畿路	开封府	开封府	130	264
385	钝庵		1121		京东东路	青州	临淄县	130/130	268/275
386	灌风轩		1122		秦凤路	凤翔府	凤翔府	130	272
387	清风轩		1123		秦凤路	成州	成州	130	273
388	发兴阁		1124		秦凤路	成州	成州	130	274
389	白雪楼				京西南路	郢州	郢州	130	402
390	东园	阅武亭	1099		江南东路	江宁府	江宁府	131	17
391	归愚庵				淮南东路	泰州	泰州	131	325
392	双寂庵				淮南东路	泰州		131	326
393	拱北轩	来仙阁/翱凤亭			广南西路	昭州	昭州	131/131	332/333
394	柬理堂							131	334
395	审思堂							131	335
396	兑斋				京西北路	颍昌府	颍昌府	131	336
397	颐斋				京西北路	颍昌府	颍昌府	131	337
398	浩然斋				京西北路	颍昌府	阳翟县	131	339
399	金粟轩							131	341

续表

序号	名称	别名	时间线索一	时间线索二	路	州/府/军/监	州城/县城	册数	起始页
400	计过斋		1088		两浙路	常州	常州	131	342
401	清华阁				广南西路	昭州	昭州	131	347
402	天与堂				广南西路	昭州	恭城县	131	353
403	得志轩				广南西路			131	354
404	芝老堂							132	173
405	安老堂		1087					132	174
406	济美堂		1097		荆湖北路	江陵府	江陵府	132	179
407	合翠亭		1090		京畿路	开封府	开封县	132	180
408	尽心堂				京西北路	河南府	登封县	132	182
409	斑衣寨		1108		京西北路	汝州	叶县	132	186
410	宝籍堂							132	187
411	双石堂	韶光园	1096		两浙路	衢州	衢州	132	290
412	连云观	清风楼	1092		利州路	利州	利州	132	299
413	无畏庵		1111		两浙路	湖州	湖州	132	302
414	行藏楼							132	304
415	自得斋				江南东路	饶州	余干县	132	305
416	月波楼				两浙路	秀州	秀州	132	306
417	通惠亭				两浙路	常州	无锡县	133	208
418	淇澳堂		1108					133	238
419	三益斋							133	239

续表

序号	名称	别名	时间线索一	时间线索二	路	州/府/军/监	州城/县城	册数	起始页
420	浩然高				荆湖南路	衡州	安仁县	133	240
421	介庵				京畿路	开封府	开封府	133	241
422	小隐园				江南西路	抚州	金溪县	133	242
423	拟岘台		1057	1111	江南西路	抚州	抚州	133	247
424	漪岚堂		1116		江南东路	江州	江州	133	299
425	万芝堂		1117		淮南西路	蕲州	蕲州	133	301
426	三瑞堂							134	134
427	卧云亭							134	147
428	市隐堂							134	148
429	移辩亭							134	151
430	招星阁				成都府路	陵井监	陵井监	134	152
431	览秀亭				梓州路	果州	果州	135	100
432	仰高亭		1104		两浙路	湖州	湖州	135	100
433	钝庵				成都府路	成都府	成都府	135	133
434	会文阁		1104		两浙路	温州	平阳县	135	189
435	冷泉亭				两浙路	杭州	杭州	135	191
436	肖蓬瀛亭		1109		京东东路	青州	青州	136	346
437	适正堂							136	362
438	超隐堂		1117		江南东路	江宁府	溧阳县	137	27
439	介轩							137	148

续表

序号	名称	别名	时间线索一	时间线索二	路	州/府/军/监	州城/县城	册数	起始页
440	陶隐居丹堂		1104		两浙路	温州	瑞安县	137	151
441	耘斋	溉堂			两浙路	婺州	东阳县	138	3
442	荣事堂		1119		河北西路	相州	相州	138	242
443	三径堂		1113		京西南路	邓州	南阳县	138	243
444	尉迟氏园园亭	擢秀亭	1108		河北东路	河间府	河间府	138	244
445	庆芝堂		1113		江南西路	筠州	上高县	138	347
446	濠轩		1155		荆湖南路	桂阳监	嘉禾县	139	246
447	环翠楼				福建路	南剑州	顺昌县	139	247
448	寓轩				福建路			139	248
449	后圃		1122		福建路	汀州	汀州	139	249
450	圆庵		1121		福建路	南剑州	顺昌县	139	251
451	越王台				广南东路	惠州	博罗县	140	13
452	寄傲斋				广南东路	惠州	惠州	140	17
453	李氏山园				广南东路	惠州	惠州	140	21
454	思政堂	整暇堂	1099		成都府路	眉州	丹棱县	140	24
455	愚斋		1100		利州路	阆州	南部县	140	26
456	竹轩				利州路			140	27
457	笙踞轩		1096		利州路	阆州		140	28
458	书浪轩		1101		利州路			140	211
459	菖蒲斋						阆州	140	234

续表

序号	名称	别名	时间线索一	时间线索二	路	州/府/军/监	州城/县城	册数	起始页
460	舫斋				江南东路	江宁府	江宁府	140	234
461	延真阁				江南西路	筠州	筠州	140	238
462	思古堂				荆湖南路	潭州	衡山	140	239
463	远游堂		1119		荆湖南路	永州	祁阳县	140	240
464	布景堂		1121		江南西路	袁州	萍乡县	140	245
465	寄老庵				江南西路	筠州	筠州	140	248
466	南池		1114		河东路	慈州	慈州	141	117
467	静思堂		1097		江南西路	建昌军	建昌军	141	171
468	王氏茗圃	植茗灵园	1109		夔州路	达州	达州	141	222
469	韦斋		1121		福建路	南剑州	南剑州	142	171
470	遂初亭				两浙路	常州	无锡县	143	39
471	茂苑堂		1139		两浙路	苏州	苏州	143	185
472	江楼		1098		江南西路	建昌军	南丰县	143	211
473	逸老阁				两浙路	明州	慈溪县	143	224
474	迎坡阁				两浙路	温州	平阳县	144	87
475	飘然斋				两浙路	温州	瑞安县	144	88
476	春风楼				利州东路	隆庆府	隆庆府	145	77
477	彭公堂	后面			潼川府路	普州	普州	145	104
478	艮岳	华阳宫	1122		京畿路	开封府	开封府	145/146/166/308	180/86/383/231
479	独有堂	云溪			成都府路	成都府	成都府	145	332

序号	名称	别名	时间线索一	时间线索二	路	州/府/军/监	州城/县城	册数	起始页
480	卜台				成都府路	汉州	汉州	145	333
481	集端堂	后圃	1115		荆湖南路	邵州	邵州	145	361
482	听讼堂				福建路	福州	连江县	145	369
483	东园				成都府路	成都府	成都府	146	51
484	经武堂		1107		河北东路	河间府	河间府	146	353
485	旌隐园		1107		河北东路	河间府	河间府	146	355
486	绸书阁				江南东路	建康府	建康府	147	332
487	同庵		1145		成都府路	成都府	成都府	148	346
488	潏公轩		1117		河东路	绛州	翼城县	148	375
489	纵云台		1135		两浙西路	湖州	德清县	152	223
490	容斋		1103		荆湖北路	江陵府	江陵府	154	1
491	介堂		1137		江南西路	吉州	永新县	154	2
492	养生堂				两浙路	越州	余姚县	154	231
493	洞酌亭		1145		广南西路	琼州	琼州	154	233
494	安养庵		1106					155	327
495	漫堂		1101		淮南东路	宿州	临涣县	155	333
496	寓斋				两浙东路	衢州	开化县	155	337
497	饱山阁		1137		两浙东路	衢州	开化县	155	339
498	空翠堂		1122		永兴军路	京兆府	鄠县	156	6
499	虚舟斋				两浙路	睦州	桐庐县	156	37

续表

序号	名称	别名	时间线索一	时间线索二	路	州/府/军/监	州城/县城	册数	起始页
500	东园				淮南东路	滁州	滁州	156	57
501	鱼计亭				江南东路	信州	玉山县	156	119
502	乐圃	莘堂	1122		两浙路	杭州	杭州	156	160
503	殖斋				两浙西路	湖州	长兴县	157	239
504	高风堂		1139		两浙西路	严州	严州	157	243
505	翠微堂				江南东路	徽州	徽州	157	245
506	画秀堂		1139		江南东路	宁国府	宁国府	157	246
507	尽心堂				江南西路	洪州	洪州	157	249
508	月观		1139		两浙西路	镇江府	镇江府	157	250
509	何氏书堂		1140		两浙西路	湖州	湖州	157	251
510	养浩斋				两浙西路	湖州	长兴县	157	252
511	寓屋				江南东路	信州	信州	157	258
512	玩鸥亭		1147		荆湖南路	永州	永州	157	261
513	种德堂				江南东路	饶州	德兴县	157	262
514	进楼		1113		江南东路	饶州	德兴县	157	264
515	清风堂		1104		江南东路	徽州	婺源县	157	266
516	道隐园		1132		两浙西路	平江府	平江府	158	43
517	清隐堂		1120		两浙东路	庆元府	慈溪县	158	44
518	庐山				江南东路	江州	庐山	158	247
519	靖共堂		1144		江南西路	吉州	安福县	158	250

续表

序号	名称	别名	时间线索一	时间线索二	路	州/府/军/监	州城/县城	册数	起始页
520	寄轩							158	254
521	燕诏堂		1136		两浙西路	嘉兴府	华亭县	160	358
522	慧山		1141		两浙西路	常州	无锡县	160	363
523	巢凤亭	县圃	1142		两浙西路	常州	宜兴县	160	365
524	朋溪		1148		两浙西路	常州	宜兴县	160	368
525	忠乐斋		1139		两浙西路	常州	常州	160	369
526	静冶堂		1143		两浙西路	常州	常州	160	371
527	香山		1146		福建路	兴化军	仙游县	160	380
528	不波堂		1157		两浙西路	常州	常州	160	396
529	燕香堂		1159		淮南东路	真州	真州	160	399
530	梅露堂		1159		两浙西路	常州	常州	160	400
531	魏彦成湖山		1160		江南东路	饶州	饶州	160	403
532	自觉斋		1167		两浙西路	江阴军	江阴军	160	417
533	如农斋		1167		两浙西路	常州	常州	160	419
534	潜心堂		1121		河东路	绛州	绛州	161	311
535	双梅阁							162	275
536	风玉亭							162	276
537	振民堂		1133		淮南西路	无为军	无为军	162	277
538	从所好堂							162	279
539	钓鲈台		1140					162	281

续表

序号	名称	别名	时间线索一	时间线索二	路	州/府/军/监	州城/县城	册数	起始页
540	木居士蓁							162	285
541	妙香蓁				江南西路	兴国军	兴国军	162	287
542	卷雪楼				淮南西路	无为军	无为军	162	290
543	山堂							162	292
544	农隐		1137		两浙西路	嘉兴府	崇德县	163	137
545	环山亭		1122		河北西路	赵州	赞皇县	167	102
546	月泉亭	月泉	1113		两浙路	婺州	浦江县	167/360	106/199
547	求仁堂							172	200
548	寅轩	拙轩	1120		福建路	南剑州	沙县	172	202
549	凝翠阁		1120		福建路	南剑州	沙县	172	205
550	丛桂堂		1120		福建路	南剑州	沙县	172	206
551	松风堂		1132		福建路	福州	长乐县	172	219
552	养素亭		1135		两浙西路	常州	常州	172	220
553	似足堂		1122		成都府路	成都府	成都府	173	20
554	神秀轩				福建路	南剑州	南剑州	173	26
555	双溪(亭)		1123		梓州路	荣州	荣州	173	80
556	植桂堂	植桂圃	1140		两浙西路	临安府	临安府	174	16
557	四老堂		1143		两浙西路	常州	常州	174	17
558	拙堂		1158		荆湖南路	永州	永州	174	136
559	二季亭	后圃	1125		江南东路	江宁府	溧水县	174	205

附表1 《全宋文》园林记文中所反映的宋代园林

序号	名称	别名	时间线索一	时间线索二	路	州/府/军/监	州城/县城	册数	起始页
560	更隐堂		1125		永兴军路	耀州	淳化县	174	400
561	东圃		1125		河东路	绛州	襄城县	174	407
562	惠民堂		1125		永兴军路	陕州	灵宝县	174	422
563	致霖亭				江南东路	南康军	南康军	175	127
564	跨鳌堂				荆湖北路	德安府	德安府	175	147
565	同庄	李氏同庄	1124		荆湖南路	邵州	邵州	175	255
566	谷滕轩							176	60
567	仁荣轩		1120					176	61
568	秘阁		1102					176	131
569	鸣琴阁		1145		江南西路	抚州	崇仁县	176	174
570	南山亭	秦潭			两浙西路	镇江府	镇江府	176	192
571	最高亭		1126		两浙路	处州	龙泉县	176	194
572	映书轩		1139		潼川府路	合州	合州	177	337
573	漫吾亭				江南东路	饶州	浮梁县	177	369
574	扪膝轩		1128		成都府路	成都府		178	17
575	南南亭	后圃			梓州路	广安军	广安军	178	20
576	理窟堂		1115		利州路	阆州	阆州	178	21
577	杜工部草堂	杜甫草堂		1139	成都府路	成都府	成都府	178/206	22/337
578	义胜轩				成都府路	成都府	成都府	178	26
579	可友亭				两浙东路	黎州	黎州	178	300

续表

序号	名称	别名	时间线索一	时间线索二	路	州/府/军/监	州城/县城	册数	起始页
580	忠义堂			1136	两浙东路	温州	温州	178	304
581	知旨斋		1139		两浙东路	婺州	婺州	178	317
582	思耕亭		1142		利州东路	利州	利州	178	318
583	草亭							178	324
584	众美堂							178	325
585	碧云亭		1128		成都府路	嘉定府	夹江县	179	155
586	惊秋堂				两浙东路	婺州	永康县	179	211
587	中和堂				广南东路	惠州	博罗县	179	248
588	贤乐堂		1145		广南西路	象州	象州	180	417
589	梦山堂		1137		两浙东路	衢州	衢州	181	309
590	紫芝庵				江南西路	抚州	抚州	181	310
591	颐轩				京西北路	汝州	汝州	182	62
592	双清堂				两浙东路	台州	天台山	182	181
593	清心堂		1134		两浙东路	处州	龙泉县	182	265
594	谯楼			1149	江南西路	建昌军	南丰县	183	72
595	具瞻堂			1129	福建路	南剑州	沙县	183	170
596	亦骥轩							183	171
597	静胜斋		1153		两浙东路	温州	温州	184	153
598	竹轩				江南西路	南安军	南安军	184	154
599	清音亭				成都府路	嘉定府	嘉定府	184	410

续表

序号	名称	别名	时间线索一	时间线索二	路	州/府/军/监	州城/县城	册数	起始页
600	静胜轩	后圃			潼川府路	果州	果州	184	410
601	乐岁亭							184	411
602	耦耕堂		1129		江南东路	饶州	安仁县	185	394
603	忠孝堂		1142		江南西路	抚州	抚州	185	395
604	谦牧寨		1155		福建路	福州	长乐县	185	398
605	三江亭		1140		两浙东路	庆元府	庆元府	185	424
606	清平阁				广南东路	潮州	潮州	186	44
607	溪山精舍				江南西路	建昌军	南丰县	186	99
608	荣赐亭				两浙西路	常州	常州	186	274
609	崇山崖园亭		1120		京西南路	光化军	光化军	187	203
610	岁寒堂				京西南路	房州	竹山县	187	204
611	继恩堂		1139		成都府路	成都府	成都府	187	208
612	环胜阁			1146	江南东路	池州	石埭县	187	212
613	思政堂				两浙东路	衢州	衢州	187	218
614	三省堂		1138		荆湖南路	永州	永州	188	130
615	灌缨堂				广南东路			188	133
616	清轩				福建路	建宁府	建阳县	188	324
617	信天缘堂				两浙东路	庆元府	庆元府	188	347
618	云庄				荆湖北路	岳州	岳州	190	61
619	旅堂		1141		荆湖南路	永州	永州	190	65

续表

序号	名称	别名	时间线索一	时间线索二	路	州/府/军/监	州城/县城	册数	起始页
620	蒙斋							190	66
621	戏口堂				荆湖南路	永州	永州	190	71
622	企疏堂							190	76
623	麟蒿		1146					190	89
624	会亭亭							190	91
625	复斋							190	92
626	观澜阁							190	94
627	有裕堂				荆湖南路	衡州	衡州	190	95
628	岸帻亭		1127		两浙东路	台州	宁海县	190	314
629	清隐庵		1165		两浙西路	湖州	湖州	191	87
630	金山亭		1148		广南东路	潮州	潮州	191	181
631	近古堂				成都府路	眉州	眉州	192	74
632	招真庵		1147		两浙西路	平江府	常熟县	192	127
633	最胜斋				荆湖南路	潭州	潭州	192	233
634	后乐堂				两浙东路	衢州	衢州	192	318
635	浮远堂		1150		两浙西路	江阴军	江阴军	192	324
636	简字堂		1141		两浙西路	平江府	平江府	192	365
637	瞻兖堂		1134		淮南东路	高邮军	高邮军	193	19
638	友石台	南园			广南东路	肇庆府	肇庆府	193	204
639	卧云庵				成都府路	成都府	成都府	193	224

续表

序号	名称	别名	时间线索一	时间线索二	路	州/府/军/监	州城/县城	册数	起始页
640	吴宁台		1140		两浙东路	婺州	东阳县	193	229
641	学易堂				潼川府路	遂宁府	遂宁府	193	347
642	独有堂				成都府路	成都府	成都府	193	348
643	稽古堂				夔州路	涪州	乐温县	193	349
644	拙懒轩				两浙东路	婺州	兰溪县	194	149
645	不欺堂		1146		两浙东路	温州	温州	194	150
646	寂然斋				成都府路	眉州	眉州	194	300
647	真一轩				两浙西路	临安府	临安府	195	6
648	友贤堂		1142		潼川府路	泸州	合江县	195	7
649	鉴湖	浮光亭			潼川府路	昌州	昌州	195	8
650	双溪楼				福建路	南剑州	南剑州	195	12
651	二友堂		1137		江南西路	吉州	吉州	195	358
652	绍堂	刘氏绍堂			广南西路			195	361
653	继美堂		1150		广南西路	儋州	儋州	195	373
654	世德堂				广南西路			195	394
655	秀野堂		1166					196	7
656	青著堂				两浙东路	绍兴府	绍兴府	197	11
657	三获堂				江南西路	吉州	吉州	197	69
658	挂笏轩				江南东路	饶州	饶州	197	414
659	云山台		1158		潼川府路	潼川府	潼川府	197	417

续表

序号	名称	别名	时间线索一	时间线索二	路	州/府/军/监	州城/县城	册数	起始页
660	留槎阁			1158	两浙东路	处州	龙泉县	198	99
661	隐轩		1159		两浙东路	台州	台州	198	139
662	不息斋		1172		荆湖南路	潭州	衡山	198	378
663	真隐园		1144		两浙东路	庆元府	庆元府	200	62
664	隐德堂				两浙东路	庆元府	庆元府	200	354
665	西湖				广南西路	静江府	静江府	201	1
666	雪岩	张氏雪岩	1181			巴州		206	20
667	广锡堂（阁）	荣封庵	1135		利州东路	巴州		206	21
668	梅坞							206	23
669	丛桂堂				福建路	福州	怀安县	206	24
670	固存堂							206	25
671	务本堂				成都府路	雅州		206	26
672	北岩					雅州		206	31
673	爽西楼							206	31
674	盘溪	勾氏盘溪			成都府路	成都府	成都府	206/258	33/139
675	北园	苏氏北园	1178		潼川府路	资州	资州	206	42
676	心逸堂				江南东路	太平州	太湖	206	189
677	如是斋		1130		两浙西路	平江府		206	190
678	筹思堂	公圃	1150		江南东路	建康府	建康府	206	360
679	濯缨亭			1133	淮南东路	高邮军	兴化县	206	386

续表

附表1 《全宋文》园林记文中所反映的宋代园林

序号	名称	别名	时间线索一	时间线索二	路	州/府/军/监	州城/县城	册数	起始页
680	袭美亭（堂）		1060		利州东路	洋州	洋州	207	189
681	韫晖楼				福建路	福州	福州	208	68
682	四友堂				两浙东路	温州	温州	209	110
683	绿画轩				两浙东路	温州		209	111
684	代笠亭				两浙东路	温州	温州	209	113
685	天香亭				两浙东路	绍兴府	嵊县	209	125
686	思贤阁	潇洒斋/郡圃	1165		江南东路	饶州	饶州	209/209	127/128
687	宣风楼		1151		两浙西路	平江府	常熟县	209	253
688	五芝亭	三瑞堂	1150		福建路	兴化军	兴化县	210	85
689	丰登楼				福建路	兴化军	兴化军	210	86
690	金山草堂	静侯轩			福建路	兴化军	兴化军	210	88
691	清华楼	后圃	1158		潼川府路	合州	合州	210	171
692	乖崖堂		1170		荆湖北路	鄂州	鄂州	210	249
693	连物斋	师氏连物斋						210	251
694	逍遥堂				成都府路	成都府	双流县	210	258
695	嘯台			1179	潼川府路	绍熙府	绍熙府	210	263
696	南楼				荆湖北路	鄂州	武昌县	210	272
697	章华台		前535		荆湖北路	岳州	华容县	210	305
698	也足轩				成都府路			210	392
699	辉映楼				两浙东路	婺州	东阳县	211	6

续表

序号	名称	别名	时间线索一	时间线索二	路	州/府/军/监	州城/县城	册数	起始页
700	美报亭				福建路	泉州	安溪县	211/284	65/88
701	兰菊轩				夔川路	云安军	云安军	212	43
702	监乐堂	郡圃	1154		潼川府路	合州	合州	212	158
703	分秀阁				两浙东路	台州	天台县	213	352
704	漱汀轩				江南西路	吉州	吉水县	213	358
705	赋归亭				广南东路	封州	封州	213	365
706	师吴堂				广南东路	广州	广州	213	366
707	爽堂				广南东路	英德府	英德府	213	369
708	风月堂				江南西路	徽州	徽州	213	372
709	得江楼				两浙西路	镇江府	镇江府	213	376
710	盘洲		1172		江南东路	饶州	饶州	213	379
711	遗爱亭		1158		江南西路	建昌军	建昌军	214	240
712	清溪阁		1169		江南东路	建康府	建康府	214	274
713	豹隐堂		1145		两浙东路	婺州	武义县	215	231
714	万象亭		1143		福建路	福州	长乐县	215	292
715	东皋				两浙西路	临安府	西湖	216	187
716	风云台		1180		福建路	邵武军	邵武军	216	194
717	风鹤楼				江南西路	江州	江州	216	196
718	可庵		1182		两浙东路	婺州	婺州	216	198
719	竹友高		1185		两浙东路	婺州	东阳县	216	207

附表1 《全宋文》园林记文中所反映的宋代园林

续表

序号	名称	别名	时间线索一	时间线索二	路	州/府/军/监	州城/县城	册数	起始页
720	双莲塘							216	216
721	凌风亭				福建路	建宁府	建宁府	216	222
722	四老堂		1167		江南东路	建康府	建康府	216	223
723	武夷精舍		1183		福建路	建宁府	武夷山	216	226
724	望仙阁		1144		成都府路	成都府	成都府	218	298
725	清贤堂		1159		成都府路	绵州	绵州	218	299
726	李氏林亭				成都府路	嘉定府	嘉定府	218	300
727	房湖	训农亭			成都府路	汉州	汉州	218	302
728	明碧轩							218	306
729	任亭		1167					218	307
730	大愚堂		1159		两浙西路		太湖	219	53
731	愚庵	抱瓮园	1165		两浙西路	湖州	湖州	219	54
732	直节堂		1166					219	57
733	棣华堂		1170		夔州路	重庆府	重庆府	219	58
734	泸江亭				潼川府路	泸州	泸州	219	194
735	桐庐		1161		福建路	建宁府	九峰山	219	203
736	摩苍轩					成都府	成都府	219	239
737	浣花溪				成都府路	成都府	成都府	219	250
738	也足轩			1166	成都府路	简州	简州	219	260
739	画筒亭		1193		江南西路	临江军	新喻县	220	36

续表

序号	名称	别名	时间线索一	时间线索二	路	州/府/军/监	州城/县城	册数	起始页
740	新亭			1169	江南东路	建康府	建康府	220	212
741	二水亭				江南东路	建康府	建康府	220	213
742	义方堂		1131	1188	福建路	邵武军	光泽县	220	282
743	潇轩							220	285
744	思洛亭	县圃			潼川府路	合州	合州	221	119
745	清映亭				成都府路	汉州	绵竹县	221	254
746	待鹤亭				成都府路	成都府	灵泉县	221	256
747	峨松亭				成都府路	成都府	灵泉县	221	260
748	临湖阁		1169		江南西路	隆兴府	隆兴府	222	72
749	鄱江楼				江南东路	饶州	饶州	222	86
750	西山		1180		江南东路	饶州	饶州	222	87
751	稼轩				江南东路	信州	信州	222	88
752	平山堂	揽翠亭			淮南东路	扬州	扬州	222/225/265	92/100/21
753	种玉亭				广南东路	南雄州	南雄州	222	93
754	冰泽亭			1146	两浙西路	临安府	西湖	222	94
755	友恭堂		1193		两浙东路	庆元府	庆元府	222	97
756	挂颍楼				福建路	福州	长乐县	222	99
757	敛乃斋				福建路	福州	长乐县	222	104
758	洞斋	后圃			江南东路	太平州	太平州	222	105
759	松风阁				江南东路	饶州	饶州	222	106

续表

序号	名称	别名	时间线索一	时间线索二	路	州/府/军/监	州城/县城	册数	起始页
760	凤亭				两浙东路	衢州	衢州	222	107
761	濠亭		1160		两浙东路	绍兴府	绍兴府	223	83
762	烟艇		1161					223	84
763	乐郊				荆湖北路	江陵府	江陵府	223	91
764	对云堂			1171	夔州路	夔州	巫山县	223	92
765	筹边楼		1176		成都府路	成都府	成都府	223	95
766	铜壶阁	借阴亭			成都府路	成都府	成都府	223/271	96/15
767	翠屏堂		1205		淮南东路	盱眙军	盱眙军	223	127
768	东篱		1205		两浙东路	绍兴府	绍兴府	223	129
769	阅古泉				两浙西路	临安府	西湖	223	143
770	南园		1197		两浙西路	临安府	西湖	223	144
771	半隐斋				江南东路	信州	铅山县	223	145
772	清平阁				两浙东路	台州	台州	223	389
773	龙潭	龙吟亭			潼川府路	资州	资州	224	32
774	竹洲		1178		江南东路	徽州	休宁县	224	120
775	爱民堂							224	124
776	尊己堂				江南东路	徽州		224	128
777	仰高亭							224	134
778	骑鲸轩	招仙亭	1140		荆湖南路	衡州	安仁县	224	137
779	适野亭		1164		淮南东路	海州	海州	224	152

续表

序号	名称	别名	时间线索一	时间线索二	路	州/府/军/监	州城/县城	册数	起始页
780	超览堂				两浙东路	衢州	衢州	224	169
781	舍盖堂				江南东路	徽州	徽州	224	376
782	思贤堂	思贤亭		1161	两浙西路	平江府	平江府	224	381
783	范村		1190		两浙西路	平江府	平江府	224	399
784	北野		1155			绍兴府	上虞县	225	109
785	月林堂		1188		两浙东路	绍兴府		225	111
786	霞起堂		1176		两浙东路	台州	台州	225	231
787	玉霄亭			1176	两浙东路	台州	台州	225	232
788	节爱堂		1177		两浙东路	台州	台州	225	233
789	雪巢				两浙东路	台州	天台县	225/237	246/13
790	将相堂		1188		利州东路	阆州	南部县	225	414
791	艺林	向氏艺林			江南西路	临江军	临江军	230	330
792	盘园	任氏盘园			江南西路	临江军	临江军	230	330
793	川泳轩		1156		江南东路	建康府	建康府	231	216
794	静晖堂		1168		江南西路	赣州	赣州	231	219
795	眉寿堂		1169		江南西路	袁州	袁州	231	220
796	麦堂	东楼	1084	1190	荆湖北路	德安府	德安府	231	227
797	赏心楼				江南西路	吉州	吉州	231	234
798	平园	蜀锦堂	1194		江南西路	吉州	吉州	231	234
799	玉和堂		1200		江南西路	吉州	吉州	231	251

续表

序号	名称	别名	时间线索一	时间线索二	路	州/府/军/监	州城/县城	册数	起始页
800	景延楼		1164		江南西路	临江军	临江军	239	274
801	竹所							239	278
802	水月亭							239	279
803	聚山堂	郡圃			两浙西路	严州	严州	239	279
804	棠月楼	山光楼			江南西路	吉州	永丰县	239/239	282/343
805	宜雪轩							239	282
806	范公亭				江南东路	广德军	广德军	239	300
807	藏书山房		1187		江南西路	建昌军	麻姑山	239	304
808	泉石膏肓轩		1192		江南东路	建康府	建康府	239	312
809	山月亭		1193		江南西路	吉州	吉州	239	315
810	远明楼							239	317
811	唤春园		1196		江南西路	临江军	新喻县	239	332
812	醉乐堂		1202		江南西路	吉州	安福县	239	348
813	瑞莲斋		1198		江南西路	吉州	吉水县	239	352
814	菊泉							241	166
815	识山堂				江南西路	江州	江州	241	174
816	山堂							241	175
817	清荫堂							241	178
818	梅隐堂		1212		江南西路	抚州	崇仁县	241	296
819	宝唐堤		1200		江南西路	抚州	崇仁县	241	297

续表

序号	名称	别名	时间线索一	时间线索二	路	州/府/军/监	州城/县城	册数	起始页
820	西园							242	44
821	南湖				两浙东路	婺州	东阳县	242	436
822	西园			1171	广南东路	南恩州	南恩州	242	453
823	射圃		1156		福建路	泉州	同安县	252	21
824	畏垒庵				福建路	泉州	同安县	252	25
825	百丈山				福建路	建宁府	崇安县	252	54
826	云谷				福建路	建宁府	建阳县	252	55
827	曲江楼		1179		荆湖北路	江陵府	江陵府	252	83
828	卧龙庵		1180		江南西路	江州	庐山	252	86
829	西原庵				江南西路	江州	庐山	252	88
830	知乐亭		1181		广南西路	琼州	琼州	252	92
831	冰玉堂		1192		江南东路	南康军	南康军	252	124
832	密庵		1181					252	148
833	琴坞		1178		两浙东路	绍兴府	诸暨县	252	152
834	场老堂		1175		福建路	泉州	嘉禾屿（厦门）	252	155
835	棠阴阁				广南西路	静江府	静江府	254	109
836	朝阳亭		1166		广南西路	静江府	静江府	254	110
837	千山观		1166		广南西路	静江府	静江府	254	111
838	金堤		1168		荆湖北路	江陵府	江陵府	254	115
839	绿云楼	鹿园	1190		成都府路	成都府	成都府	254	321

续表

序号	名称	别名	时间线索一	时间线索二	路	州/府/军/监	州城/县城	册数	起始页
840	小飞来		1178		江南东路	徽州	徽州	254	352
841	南楼			1178	广南西路	静江府	静江府	255	391
842	仰止堂							255	406
843	尊美堂				荆湖南路	潭州	潭州	255	407
844	多稼亭				两浙西路	常州	常州	255	415
845	东山				荆湖南路	永州	永州	255	416
846	双凤亭				荆湖南路	永州	永州	255	419
847	思可轩							256	355
848	殖轩							256	356
849	静观轩	熙然亭			淮南东路	高邮军	高邮军	256	356
850	知乐亭	蜚云亭			淮南东路	高邮军	高邮军	256	357
851	寅隐轩				淮南东路			256	358
852	快哉堂			1228	淮南东路	真州	真州	256	365
853	清风亭							256	367
854	继雅亭				淮南东路	高邮军	高邮军	256	368
855	引月亭				淮南东路	高邮军	高邮军	256	368
856	秀野堂				淮南东路	高邮军	高邮军	256	370
857	衮绣堂	此君轩			两浙西路	临安府	临安府	257/307	10/238
858	清白泉				两浙西路	临安府	于潜县	257	14
859	弦歌堂				荆湖北路	鄂州	武昌县	258	17

续表

序号	名称	别名	时间线索一	时间线索二	路	州/府/军/监	州城/县城	册数	起始页
860	松风阁				利州东路	巴州	巴州	258	18
861	殊亭				荆湖北路	鄂州	武昌县	258	19
862	诚台	正己堂/良止亭			荆湖北路	鄂州	武昌县	258/258/258	20/22/23
863	羹溪堂				荆湖北路	鄂州	武昌县	258	20
864	胜亭				荆湖北路	鄂州	武昌县	258	21
865	梅坞				荆湖北路	鄂州	武昌县	258	24
866	仰韩阁				广南东路	潮州	潮州	258	124
867	仰高亭				两浙西路	临安府	盐官县	258	135
868	胜栖堂	沈氏胜栖堂	1158					258	310
869	去思楼				江南西路	兴国军	兴国军	258	314
870	平政堂				江南西路	兴国军	兴国军	258	331
871	压波亭				两浙西路	镇江府	洮湖	258	338
872	读书堂	樊氏读书堂	1173		淮南西路	和州	和州	259	58
873	奠枕楼		1172		淮南东路	滁州	滁州	259/269	59/122
874	嘉禾堂		1180		潼川府路	遂宁府	遂宁府	259	106
875	步云楼	许氏步云楼						259	238
876	琴堂	棋轩	1174					259	240
877	小蓬莱				江南西路	南安军	南安军	259	311
878	三峡堂		1179		夔州路	夔州	瞿塘关	259	340
879	伏老庵							261	388

续表

序号	名称	别名	时间线索一	时间线索二	路	州/府/军/监	州城/县城	册数	起始页
880	赤松山				两浙东路	婺州	婺州	261	396
881	澧阳楼		1193		荆湖北路	澧州	澧州	264	366
882	淮海楼			1199	两浙东路	庆元府	定海县	265	4
883	觅简堂			1198	两浙东路	绍兴府	绍兴府	265	15
884	曦翠亭		1178		两浙西路	平江府	平江府	268	353
885	双峰堂	后园			江南西路	隆安府	靖安县	269	239
886	逸老堂	詹氏逸老堂			江南西路	徽州	婺源县	270	320
887	东园				江南东路	徽州	婺源县	270	321
888	双溪园				江南东路	徽州	婺源县	270	323
889	爱山亭				两浙东路	绍兴府	新昌县	270	387
890	劳拙堂	县圃		1177	江南西路	袁州	萍乡县	271	64
891	飞泳楼		1187		江南西路	袁州	萍乡县	271	65
892	弄水亭		1180		江南东路	池州	池州	274	367
893	文选楼			1183	京西南路	襄阳府	襄阳府	274	414
894	莫能名斋		1184		两浙西路	临安府	西湖	275	402
895	咏春堂		1210		两浙东路	温州	温州	275/275	403/416
896	知乐亭						温州	276	5
897	节庵				江南东路	饶州	乐平县	276	9
898	静观亭							276	313
899	博见亭				广南东路	惠州	罗浮山	277	385

续表

序号	名称	别名	时间线索一	时间线索二	路	州/府/军/监	州城/县城	册数	起始页
900	注倚阁		1187		广南西路	静江府	静江府	277	388
901	得異亭		1190		荆湖南路	衡州	衡州	277	390
902	山月亭				江南西路	抚州	乐安县	278	10
903	致远楼		1188		荆湖南路	潭州	衡山	278	19
904	遂情阁		1194					278	25
905	忘仙楼		1203					278	31
906	西园				江南西路	抚州	乐安县	278	39
907	东岩堂		1197		两浙东路	台州	台州	278	42
908	仁智堂			1183	江南东路	信州	信州	280	210
909	比莘堂		1190		淮南东路	真州	真州	280	212
910	明善堂		1195		利州东路	隆庆府	隆庆府	280	329
911	歌凤台				成都府路	嘉定府	峨眉山	280	349
912	冈南郊居				江南西路	临江军	新淦县	280	352
913	南塘		1187		两浙东路	台州	宁海县	280	379
914	应星楼		1207		两浙东路	处州	处州	280	382
915	北峰亭			1203	荆湖北路	鄂州	崇阳县	281	10
916	信美亭							281	11
917	镇边楼	郡圃	1188		荆湖南路	邵州	邵州	281	17
918	注目亭			1220	淮南东路	真州	真州	281/282	24/375
919	廉清阁				两浙东路			281	230

序号	名称	别名	时间线索一	时间线索二	路	州/府/军/监	州城/县城	册数	起始页
920	噇爽亭	云巢别墅	1212		江南西路	抚州	抚州	281	232
921	直清亭		1221		两浙东路	庆元府	庆元府	281	238
922	是亦园	是亦楼			两浙东路	庆元府	庆元府	281/281	239/241
923	愿丰楼				两浙东路	庆元府	庆元府	281	240
924	秀野园				两浙东路	庆元府	庆元府	281	242
925	扶春亭		1212		江南西路	抚州	抚州	281	244
926	隐求堂				两浙东路	庆元府	庆元府	281	249
927	天开图画亭		1186		淮南东路	真州	真州	282	141
928	甫江楼		1165	1185	两浙东路	庆元府	庆元府	282	247
929	候涛山				两浙东路	庆元府	定海县	282	247
930	景韩堂	郡圃		1199	江南西路	袁州	袁州	282	404
931	镇远楼				潼川府路	泸州	泸州	282	419
932	可庵	洪氏可庵			两浙西路	临安府	天目山	283	5
933	环翠阁			1204	两浙西路			283	6
934	东湖			1190	江南西路	袁州	袁州	283	310
935	灵湖				广南东路	广州	新会县	283	336
936	黄降邨				荆湖北路	澧州	石门县	284	3
937	喜雨亭		1201		淮南西路	和州	合山县	284	38
938	识山楼		1219		荆湖南路	潭州	宁乡县	284	70
939	钓雪亭			1203	两浙西路	平江府	吴江县	284	93

续表

序号	名称	别名	时间线索一	时间线索二	路	州/府/军/监	州城/县城	册数	起始页
940	云海观		1231		两浙东路	台州	仙居县	284	99
941	东园	桂氏东园			江南东路	信州	贵溪县	285	11
942	烟霏楼		1192		淮南西路	蕲州	蕲州	286	69
943	中洲	李氏中洲	1192		淮南西路	蕲州	蕲州	286	70
944	醉乐亭		1194		两浙东路	温州	温州	286	76
945	萱竹堂	沈氏萱竹堂	1197		两浙东路	温州	瑞安县	286	79
946	敬亭	雁池		1211	两浙东路	台州	黄岩县	286	88
947	留耕堂				两浙东路	台州	黄岩县	286	89
948	北村				两浙西路	湖州	湖州	286	98
949	风雩堂		1214		江南西路	隆兴府	隆兴府	286	102
950	胜赏楼				两浙西路	湖州	湖州	286	126
951	龙门庵		1210		福建路	建宁府	建阳县	288	381
952	乐斯庵	竹原草堂	1221		福建路	建宁府	建阳县	288	400
953	饱山亭		1192		两浙西路	严州	遂安县	290	91
954	阜民堂	郡圃		1215	潼川府路	泸州	泸州	290	201
955	苏坡		1230		夔州路	夔州		290	399
956	少陵故居	杜甫故居	1197		夔州路	夔州	夔州	293	169
957	魁星亭		1207		荆湖南路	衡州	常宁县	293	205
958	玩芳亭				两浙西路	平江府	平江府	294	142
959	齐云楼			1213	两浙西路	平江府	平江府	294/306	143/77

序号	名称	别名	时间线索一	时间线索二	路	州/府/军/监	州城/县城	册数	起始页
960	西湖			1199	广南东路	潮州	潮州	294	192
961	简靖堂		1220		江南东路	饶州	乐平县	294	222
962	正戈亭	郡圃			两浙西路	镇江府	镇江府	294	235
963	金山		1199		广南东路	潮州	潮州	294	249
964	惠悦堂				福建路	福州	连江县	294	283
965	胜绝楼				潼川府路	叙州	叙州	294	321
966	杜公亭			1200	荆湖南路	潭州	湘阴县	294	324
967	香远堂		1136		两浙东路	台州	黄岩县	294	332
968	思古亭				广南东路	潮州	潮州	294	342
969	华丰楼		1213		江南西路	隆兴府	奉新县	294	350
970	橘官堂		1199		夔州路	云安军	云安军	294	388
971	中和堂		1213		两浙西路	临安府	临安府	294	390
972	北榭		1224		荆湖北路	鄂州	鄂州	294	395
973	仁智堂		1218					296	65
974	涌翠亭		1218		江南西路	隆兴府	武宁县	296	228
975	云窝		1215		福建路	建宁府	武夷山	296	233
976	驻云堂		1216		福建路	建宁府	武夷山	296	235
977	橘隐				福建路	建宁府	武夷山	296	237
978	棘隐				福建路	建宁府	武夷山	296	239
979	止止庵				福建路	建宁府	武夷山	296	242

续表

序号	名称	别名	时间线索一	时间线索二	路	州/府/军/监	州城/县城	册数	起始页
980	授墨堂				江南西路	江州	庐山	296	247
981	成蹊庵				江南东路	南康军	南康军	296	262
982	小桃源		1202	1203	广南西路	柳州	柳州	297	81
983	六瑞堂				广南西路	琼州	琼州	297	100
984	金柅园	郡圃		1228/1263	江南西路	抚州	抚州	297/354/354	152/104/105/112
985	研山园	崇台别墅			两浙西路	镇江府	镇江府	297	169
986	湖山楼		1206		江南东路	建康府	建康府	298	95
987	静胜楼							298	98
988	白桧轩			1221	两浙西路	平江府	平江府	299	132
989	云庄				两浙西路	镇江府	丹阳县	300	83
990	醉愚堂		1214		两浙西路	临安府	盐官县	300	86
991	燕居堂				两浙西路	镇江府	金坛县	300	98
992	野堂				两浙西路	嘉兴府	华亭县	300	113
993	双玉亭				江南东路	建康府	溧水县	300	123
994	宝经堂	杨氏宝经堂	1226		两浙西路	镇江府	镇江府	300	125
995	静山堂	石氏静山堂			江南东路	池州	九华山	300	151
996	竹洞							300	155
997	仁智堂		1216		成都府路	成都府	新都县	301	155
998	爱莲亭							301	158
999	嶙松亭				两浙东路	台州	宁海县	301	267

续表

序号	名称	别名	时间线索一	时间线索二	路	州/府/军/监	州城/县城	册数	起始页
1000	南园	新亭		1206	两浙西路	临安府	于潜县	301	298
1001	登临怀古亭				广南西路	横州	横州	301	301
1002	白云庵				两浙西路	临安府	于潜县	301	323
1003	集瑞堂		1195		利州东路	隆庆府	普成县	301	354
1004	万象楼				广南东路	南恩州	南恩州	302	34
1005	登云阁			1216	荆湖北路	峡州	峡州	303	419
1006	梦野亭			1218	荆湖北路	复州	复州	303	420
1007	荆汉楼		1226		荆湖北路	郢州	郢州	303	422
1008	兰薰堂				江南西路	筠州	筠州	303	422
1009	乐圃							303	423
1010	寄傲斋							303	424
1011	淡轩							303	425
1012	方洲			1228	淮南东路	泰州	泰州	304/304/319	2/6/210
1013	筠溪				江南西路	赣州	赣州	304	54
1014	西湖				福建路	漳州	漳浦县	304	62
1015	左顾亭			1248	两浙西路	湖州	湖州	304	75
1016	瀛洲亭		1210		江南西路	抚州	抚州	304	131
1017	碧梧台				广南西路	静江府	静江府	304	136
1018	秀野（园）							304	167
1019	竹坡		1223					304	170

续表

序号	名称	别名	时间线索一	时间线索二	路	州/府/军/监	州城/县城	册数	起始页
1020	四洋亭					永州	永州	304	172
1021	群玉山				荆湖南路	永州	永州	304	193
1022	云蓼亭			1222	两浙东路	绍兴府	绍兴府	304	208
1023	镇越堂		1222		两浙东路	绍兴府	绍兴府	304	208
1024	蓬莱阁			1222	两浙东路	绍兴府	绍兴府	304	209
1025	西园	清旷轩		1222	两浙东路	绍兴府	绍兴府	304	210
1026	秋风亭			1222	两浙东路	绍兴府	绍兴府	304	210
1027	飞翼楼			1232	两浙东路	绍兴府	绍兴府	304	211
1028	勤顺堂	郡圃	1206		江南西路	袁州	袁州	304	247
1029	瑞莲堂		1214		荆湖南路			304	296
1030	李氏山房	喻氏大飞书堂		1218	江南西路	江州	庐山	305	204
1031	大飞书堂				福建路	兴化军	仙游县	305	207
1032	松泉精舍				福建路	建宁府	浦城县	305	218
1033	东圃		1212		江南东路	饶州	饶州	307	222
1034	竹洲		1195		江南东路	饶州	饶州	307	237
1035	善圃		1231		成都府路	永康军	青城县	307	239
1036	会心楼		1232		两浙西路	临安府	于潜县	307	245
1037	冽泉亭		1242		两浙西路	平江府	平江府	307	315
1038	静安堂				两浙东路	绍兴府	绍兴府	307	345
1039	云隐				两浙东路	庆元府	慈溪县	307	350

续表

序号	名称	别名	时间线索一	时间线索二	路	州/府/军/监	州城/县城	册数	起始页
1040	东窝				江南东路	池州	池州	307	352
1041	齐山				江南东路	池州	池州	307	353
1042	芝山				江南东路	饶州	饶州	307	354
1043	达观楼		1232		两浙西路	严州		307	364
1044	南山				两浙西路	严州	淳安县	307	370
1045	敬悦堂		1228		两浙西路	严州	淳安县	307	372
1046	牧庄		1236		两浙西路	严州		307	374
1047	岁寒亭							307	375
1048	江山胜概楼				两浙东路	温州	温州	308	199
1049	白居易竹阁			1228	两浙西路	临安府	西湖	308	257
1050	环观阁				荆湖南路	永州	永州	308	268
1051	寿台楼				两浙东路	台州	台州	308	377
1052	罗浮山				广南东路	惠州	罗浮山	308	380
1053	花洲	果园			成都府路	永康军	永康军	310	265
1054	南楼				成都府路	邛州	邛州	310	275
1055	环湖				成都府路	眉州	眉州	310	288
1056	西湖	房公楼			成都府路	汉州	汉州	310	304
1057	省元楼				潼川府路	资州	资州	310	353
1058	卧龙山				夔州路	夔州	夔州	310	364
1059	璧津楼				成都府路	嘉定府	嘉定府	310	375

续表

序号	名称	别名	时间线索一	时间线索二	路	州/府/军/监	州城/县城	册数	起始页
1060	东园	东湖	1227		荆湖北路	常德府	常德府	310	421
1061	北园				荆湖南路	靖州	靖州	310	429
1062	白鹤山			1229	成都府路	邛州	邛州	311	3
1063	观亭		1231		荆湖南路	靖州	靖州	311	5
1064	西山精舍	睦亭	1221		福建路	建宁府	浦城县	313	400
1065	溪山伟观		1231		福建路	南剑州	南剑州	313	425
1066	观时园				江南东路	南康军	南康军	313	448
1067	不改色亭		1227		两浙西路	临安府	余杭县	315	108
1068	意会台		1232		荆湖北路	常德府	龙阳县	315	111
1069	竹坡		1233					315	112
1070	长春园	李氏长春园						315	120
1071	摇碧阁				江南东路	徽州	黄山	315	122
1072	秀春园		1235		江南东路	建康府	建康府	318	354
1073	心舟亭		1220		夔州路	重庆府	江津县	318	394
1074	竹居				两浙东路	温州	瑞安县	319	117
1075	神秀楼		1175		两浙东路	台州	台州	319	130
1076	松山林壑(园)	丁(氏)园			江南东路	宁国府	太平县	319	137
1077	北园				潼川府路	泸州	泸州	319	229
1078	东园				潼川府路	泸州	泸州	319	229
1079	西园				潼川府路	泸州	泸州	319	229

续表

序号	名称	别名	时间线索一	时间线索二	路	州/府/军/监	州城/县域	册数	起始页
1080	韫玉轩				江南西路	建昌军	南丰县	319	357
1081	爱方亭		1239		福建路	福州	长乐县	322	289
1082	纪瑞亭		1223		广南西路	郁林州	郁林州	322	379
1083	怀古亭				广南西路	横州	横州	323	225
1084	秀锦阁		1227		江南东路	徽州	徽州	324	30
1085	静观亭		1229		江南东路	池州	池州	324	41
1086	六野堂							324	138
1087	盘隐				福建路	泉州	泉州	324	395
1088	云华亭		1263		两浙东路	台州	天台山	325	99
1089	使华堂		1230		江南东路	建康府	建康府	325	130
1090	南溪樟隐				福建路	建宁府	崇安县	325	163
1091	武夷山				福建路	建宁府	武夷山	325	164
1092	超然堂		1227		两浙西路	平江府	平江府	325	222
1093	狮子庵		1227		广南东路	惠州	罗浮山	325	232
1094	习池馆				京西南路	襄阳府	襄阳府	325	252
1095	云泉精舍				江南西路	临江军	阁皂山	330	219
1096	风月窝							330	253
1097	群山囿堂				荆湖南路	潭州		330	286
1098	小孤山							330	312
1099	碧栖山房				两浙东路	台州	仙居县	330	313

续表

序号	名称	别名	时间线索一	时间线索二	路	州/府/军/监	州城/县城	册数	起始页
1100	雪溪亭				两浙东路	绍兴府	嵊县	330/334	330/176
1101	水村堂					福州	福清县	330	333
1102	石塘				福建路	福州	福清县	330	335
1103	山桥隐居				两浙东路	婺州	婺州	333	55
1104	城山	东溪			两浙东路	婺州	婺州	333	60
1105	近民亭				两浙西路	嘉兴府	华亭县	333	101
1106	郡圃		1197	1226	江南西路	南安军	南安军	333	258
1107	梅隐庵		1217	1229	两浙西路	平江府	平江府	333	320
1108	梅屋				两浙西路	平江府	平江府	333	378
1109	制锦堂		1230		两浙西路	嘉兴府	华亭县	333	399
1110	秀野堂		1239		两浙西路	嘉兴府	海盐县	333	412
1111	翠微亭		1250		江南东路	建康府	建康府	334	29
1112	横碧堂				江南东路	建康府	建康府	334	33
1113	郡圃				江南东路	太平州	太平州	334	34
1114	镇山楼				两浙东路	绍兴府	绍兴府	334	186
1115	拱极楼				两浙东路	婺州	婺州	334	188
1116	四时园				两浙东路	婺州	东阳县	334	191
1117	春雨堂		1242		两浙西路	平江府	平江府	334	415
1118	存心堂			1262	江南东路	建康府	建康府	335	180
1119	寒亭			1243	荆湖南路	道州	江华县	335	186

续表

序号	名称	别名	时间线索一	时间线索二	路	州/府/军/监	州城/县城	册数	起始页
1120	虚直楼				江南东路	徽州	祁门县	335	233
1121	施水庵		1269		两浙东路	处州	处州	336	14
1122	京山书舍		1269		广南东路	潮州	潮州	336	15
1123	拊园	迎隐（园）	1269					336	24
1124	睾云亭		1233		江南东路	太平州	太平州	336	367
1125	大隐楼		1236		福建路	兴化军	仙游县	336	392
1126	（县楼）		1226		两浙西路	嘉兴府	崇德县	337	253
1127	长啸山				两浙东路	婺州	婺州	338	328
1128	仲宣楼			1250	荆湖北路	江陵府	江陵府	340	330
1129	清风亭			1230	两浙东路	台州	台州	341	33
1130	飞跃亭		1132					341	34
1131	与清堂							341	35
1132	四友堂				广南西路	静江府	静江府	341	193
1133	山水佳处	后圃	1252		荆湖南路	道州	道州	341	195
1134	善施水庵		1174		两浙西路	湖州	德清县	341	251
1135	依绿堂							342	351
1136	野堂							342	355
1137	莱山堂	方氏莱山堂	1243					342	357
1138	月庄							342	359
1139	友梅堂							342	359

续表

序号	名称	别名	时间线索一	时间线索二	路	州/府/军/监	州城/县域	册数	起始页
1140	荷嘉坞	归来馆	1253		江南东路	徽州	祁门县	342/342	361/362
1141	清泉亭				江南东路	池州	青阳县	343	243
1142	壮献堂	元老壮献之堂		1212/1246	广南东路	广州	广州	344	97
1143	诗隐楼		1236		广南东路	广州	广州	344	105
1144	温乐堂	老圃	1262					344	240
1145	赏心亭			969	江南东路	建康府	建康府	344	318
1146	寒翠亭		1242		广南东路	英德府	英德府	344	330
1147	佳丽楼		1260		江南东路	建康府	建康府	344	372
1148	小金山				两浙西路	严州	淳安县	344	379
1149	皆山亭				荆湖南路	全州	全州	344	416
1150	见日庵		1245		广南东路	惠州	罗浮山	345	435
1151	北极观			1245	广南东路	广州	香山县	345	436
1152	渔堂	后圃		1237	两浙西路	嘉兴府	嘉兴府	346	56
1153	小憩亭		1251		荆湖南路	永州	祁阳县	346	236
1154	不欺堂		1239		江南西路	筠州	上高县	346	278
1155	六香吟室		1255					347	90
1156	翠微亭	碧落堂	1264		江南西路	筠州	筠州	347/347	93/130
1157	嘉莲亭		1251					347	117
1158	逸老堂							347	118
1159	清如堂		1259		江南东路	建康府	建康府	347	207

续表

序号	名称	别名	时间线索一	时间线索二	路	州/府/军/监	州城/县城	册数	起始页
1160	立雪亭		1262		两浙西路			348	257
1161	湖山一览楼		1264		两浙西路	临安府	临安府	348	262
1162	林水会心（园）		1265		两浙西路	临安府	临安府	348	262
1163	梅溪		1266					348	273
1164	水竹村		1268		江南东路			348	278
1165	佐清堂		1268		江南东路	广德军	广德军	348	288
1166	万山楼		1269		两浙东路	婺州	婺州	348	296
1167	龙山堂	西园	1270		两浙东路	绍兴府	绍兴府	348	303
1168	万柳堂		1271		两浙东路	绍兴府	萧山县	348	304
1169	清源隐居		1273		江南西路	抚州	金溪县	348	333
1170	见山亭							349	147
1171	秀野亭							349	148
1172	瀛圃	道山堂			河北东路	河间府	河间府	349	149
1173	清隐山房				两浙东路	庆元府	庆元府	351	96
1174	梅山							351	102
1175	识全轩				两浙西路	临安府	临安府	351	108
1176	竹隐精舍		1259		广南东路	广州	东莞县	351	262
1177	百花头上亭		1264		江南东路	太平州	太平州	351	263
1178	左氏书庄				江南西路	筠州	筠州	352	81
1179	芳润阁		1253					352	83

续表

序号	名称	别名	时间线索一	时间线索二	路	州/府/军/监	州城/县城	册数	起始页
1180	双清堂	胡氏双清堂	1253		江南西路	隆兴府	丰城县	352	86
1181	赵氏村墅							352	88
1182	水阁							352	90
1183	菊花岩		1260					352	93
1184	竹溪				福建路	南剑州	南剑州	352	94
1185	盘隐				两浙东路	婺州	婺州	352	101
1186	仁智堂				江南西路	抚州	金溪县	352	107
1187	双桂亭				淮南东路	通州	崇明镇	352	112
1188	天多轩		1251		江南东路	徽州	婺源县	352	218
1189	天边风露楼		1255		两浙西路	严州	淳安县	353	255
1190	芳润堂	勤有堂						353/353	257/258
1191	绿山胜迹（园）				江南东路	徽州	婺源县	354	55
1192	五峰堂			1262	江南西路	抚州	抚州	354	97
1193	玉茗亭	东园		1262	江南西路	抚州	抚州	354	98
1194	明润阁			1264	江南西路	抚州	抚州	354	111
1195	湘春楼			1264	荆湖南路	全州	全州	354	464
1196	丽芳园			1267	淮南东路	真州	真州	355	17
1197	苍山小隐				江南东路	徽州	婺源县	355	354
1198	交乐轩							355	367
1199	桃坞		1236					355	379

续表

序号	名称	别名	时间线索一	时间线索二	路	州/府/军/监	州城/县城	册数	起始页
1200	山园		1260					356/356	102/105
1201	碧松亭	寿庆楼	1277		两浙西路	嘉兴府	海宁县	356	144
1202	菊墅							356	148
1203	在轩				福建路	邵武军	邵武军	356	402
1204	美固堂		1250		两浙西路	嘉兴府	海盐县	356	403
1205	浮虚山				广南东路	广州	香山县	356	415
1206	蜀阜				两浙西路	严州	淳安县	356	425
1207	快阁				江南西路	吉州	吉州	357	98
1208	小斜川				两浙东路	绍兴府	新昌县	357	125
1209	秀野堂				荆湖南路	潭州	潭州	357	126
1210	大隐堂							357	127
1211	暧暧堂				两浙东路	处州	龙泉县	357	152
1212	同元亭				江南东路	南康军	南康军	357	165
1213	虎溪莲舍堂				江南西路	吉州	吉州	357	169
1214	归来庵				江南东路	饶州	饶州	357	174
1215	林岩	耐隐						357	182
1216	江村							357	196
1217	晚圃堂							357	221
1218	古山楼				荆湖南路	潭州	湘乡县	357	225
1219	安远亭				江南西路			357	231

347

序号	名称	别名	时间线索一	时间线索二	路	州/府/军/监	州城/县城	册数	起始页
1220	大园		1275		两浙东路	黎州	浦江县	358	47
1221	易庵				两浙西路	严州	淳安县	358	126
1222	邵古香行窝		1297		荆湖南路	桂阳军	嘉禾县	358	149
1223	垂芳堂				江南西路	吉州	吉州	359	177
1224	梅亭				江南西路	吉州	吉州	359	179
1225	刘公谷(赵氏园)		1262		两浙东路	温州	乐清县	359	322
1226	四望亭				河北西路	真定府	真定府	359	336
1227	凝云小隐				两浙西路	临安府	西湖	360	99
1228	南风堂	三膜堂	1281		两浙西路			360/360	102/104
1229	翔辉亭				两浙西路	平江府	平江府	360	163
1230	渔舍	王氏镜湖渔舍			两浙东路	绍兴府	绍兴府	360	201
1231	乐闲山房		1294					360	202
1232	小炉峰三嶂(亭)				两浙西路	严州	严州	360	203
1233	剡泉	凌涝亭			利州东路	隆庆府	梓潼县	360	224

注:1. 附表所梳理的园林,主要是依据园林"记"这一文体,但同时也包含少量园林,祠坛园林以及学校园林。

2. 由于数据量庞大,附表所梳理的园记并不包含寺观园林,祠坛园林以及学校园林。

3. 附表中"时间线索一"指园林始修/建日期或园记或重修园林后所留园记的落款日期,"时间线索二"指园林的重修日期或重修园林后所留园记的落款日期。

4. 附表中"路"、"州/府/军/监"、"州城/县城"中存在同一地区不同名称或归属的现象,其原因为北宋、南宋行政区划的变更所致。

责任编辑:洪　琼

图书在版编目(CIP)数据

宋代园林变革论/齐君 著. —北京:人民出版社,2023.3
ISBN 978－7－01－022737－5

Ⅰ.①宋…　Ⅱ.①齐…　Ⅲ.①古典园林-园林艺术-研究-中国-宋代
Ⅳ.①TU986.62

中国版本图书馆 CIP 数据核字(2020)第 241086 号

宋代园林变革论

SONGDAI YUANLIN BIANGE LUN

齐 君　著

人民出版社 出版发行
(100706 北京市东城区隆福寺街 99 号)

北京中科印刷有限公司印刷　新华书店经销

2023 年 3 月第 1 版　2023 年 3 月北京第 1 次印刷
开本:710 毫米×1000 毫米 1/16　印张:22
字数:360 千字

ISBN 978－7－01－022737－5　定价:99.00 元

邮购地址 100706　北京市东城区隆福寺街 99 号
人民东方图书销售中心　电话 (010)65250042　65289539